西北旱区生态水利学术著作丛书

黄土高原沟壑区绿水的水文过程及驱动机制

宋孝玉　王光社　李怀有　李垚林　著

科学出版社
北　京

内 容 简 介

本书选取黄土高原沟壑区典型小流域南小河沟流域为研究对象,通过野外试验和室内模拟相结合的方法,分析天然和人工降雨条件下不同地貌及植被类型的绿水循环过程及其分布特征,建立野外降雨条件下绿水循环转化过程模型,评估不同地貌及植被类型的绿水资源量。同时,结合历史实测资料,分析南小河沟流域绿水变化规律及绿水对土地利用、气候变化的响应,并对未来流域内绿水的变化趋势进行预测。在此基础之上,进一步探讨变化条件下绿水对土地利用和气候变化的响应关系,并初步探索了基于水资源承载力的植被合理恢复与管理模式。

本书可供水资源规划、农业水利工程、水土保持工程类的科研与管理人员参考,也可供水文学及水资源、农业水土工程、水土保持与荒漠化防治等专业研究生与本科生学习。

图书在版编目(CIP)数据

黄土高原沟壑区绿水的水文过程及驱动机制 / 宋孝玉等著. —北京:科学出版社,2017.11

(西北旱区生态水利学术著作丛书)

ISBN 978-7-03-055004-0

Ⅰ. ①黄⋯ Ⅱ. ①宋⋯ Ⅲ. ①气候变化-影响-黄土高原-沟壑-水文循环-研究 Ⅳ. ①P339

中国版本图书馆 CIP 数据核字(2017)第 264000 号

责任编辑:祝 洁 王良子 / 责任校对:郭瑞芝
责任印制:张 伟 / 封面设计:迷底书装

科学出版社 出版
北京东黄城根北街 16 号
邮政编码:100717
http://www.sciencep.com

北京九州迅驰传媒文化有限公司 印刷
科学出版社发行 各地新华书店经销
*
2017 年 11 月第 一 版 开本:B5(720×1000)
2017 年 11 月第一次印刷 印张:14 1/2
字数:284 000

定价:88.00 元
(如有印装质量问题,我社负责调换)

总 序 一

　　水资源作为人类社会赖以延续发展的重要要素之一，主要来源于以河流、湖库为主的淡水生态系统。这个占据着少于 1%地球表面的重要系统虽仅容纳了地球上全部水量的 0.01%，但却给全球社会经济发展提供了十分重要的生态服务，尤其是在全球气候变化的背景下，健康的河湖及其完善的生态系统过程是适应气候变化的重要基础，也是人类赖以生存和发展的必要条件。人类在开发利用水资源的同时，对河流上下游的物理性质和生态环境特征均会产生较大影响，从而打乱了维持生态循环的水流过程，改变了河湖及其周边区域的生态环境。如何维持水利工程开发建设与生态环境保护之间的友好互动，构建生态友好的水利工程技术体系，成为传统水利工程发展与突破的关键。

　　构建生态友好的水利工程技术体系，强调的是水利工程与生态工程之间的交叉融合，由此促使生态水利工程的概念应运而生，这一概念的提出是新时期社会经济可持续发展对传统水利工程的必然要求，是水利工程发展史上的一次飞跃。作为我国水利科学的国家级科研平台，"西北旱区生态水利工程省部共建国家重点实验室培育基地（西安理工大学）"是以生态水利为研究主旨的科研平台。该平台立足我国西北旱区，开展旱区生态水利工程领域内基础问题与应用基础研究，解决了若干旱区生态水利领域内的关键科学技术问题，已成为我国西北地区生态水利工程领域高水平研究人才聚集和高层次人才培养的重要基地。

　　《西北旱区生态水利学术著作丛书》作为重点实验室相关研究人员近年来在生态水利研究领域内代表性成果的凝炼集成，广泛深入地探讨了西北旱区水利工程建设与生态环境保护之间的关系与作用机理，丰富了生态水利工程学科理论体系，具有较强的学术性和实用性，是生态水利工程领域内重要的学术文献。丛书的编纂出版，既是重点实验室对其研究成果的总结，又对今后西北旱区生态水利工程的建设、科学管理和高效利用具有重要的指导意义，为西北旱区生态环境保护、水资源开发利用及社会经济可持续发展中亟待解决的技术及政策制定提供了重要的科技支撑。

中国科学院院士
2016 年 9 月

总　序　二

近 50 年来全球气候变化及人类活动的加剧，影响了水循环诸要素的时空分布特征，增加了极端水文事件发生的概率，引发了一系列社会-环境-生态问题，如洪涝、干旱灾害频繁，水土流失加剧，生态环境恶化等。这些问题对于我国生态本底本就脆弱的西北地区而言更为严重，干旱缺水（水少）、洪涝灾害（水多）、水环境恶化（水脏）等严重影响着西部地区的区域发展，制约着西部地区作为"一带一路"国家战略桥头堡作用的发挥。

西部大开发水利要先行，开展以水为核心的水资源-水环境-水生态演变的多过程研究，揭示水利工程开发对区域生态环境影响的作用机理，提出水利工程开发的生态约束阈值及减缓措施，发展适用于我国西北旱区河流、湖库生态环境保护的理论与技术体系，确保区域生态系统健康及生态安全，既是水资源开发利用与环境规划管理范畴内的核心问题，又是实现我国西部地区社会经济、资源与环境协调发展的现实需求，同时也是对"把生态文明建设放在突出地位"重要指导思路的响应。

在此背景下，作为我国西部地区水利学科的重要科研基地，西北旱区生态水利工程省部共建国家重点实验室培育基地（西安理工大学）依托其在水利及生态环境保护方面的学科优势，汇集近年来主要研究成果，组织编纂了《西北旱区生态水利学术著作丛书》。该丛书兼顾理论基础研究与工程实际应用，对相关领域专业技术人员的工作起到了启发和引领作用，对丰富生态水利工程学科内涵、推动生态水利工程领域的科技创新具有重要指导意义。

在发展水利事业的同时，保护好生态环境，是历史赋予我们的重任。生态水利工程作为一个新的交叉学科，相关研究尚处于起步阶段，期望以此丛书的出版为契机，促使更多的年轻学者发挥其聪明才智，为生态水利工程学科的完善、提升做出自己应有的贡献。

中国工程院院士

2016 年 9 月

总　序　三

　　我国西北干旱地区地域辽阔、自然条件复杂、气候条件差异显著、地貌类型多样，是生态环境最为脆弱的区域。20 世纪 80 年代以来，随着经济的快速发展，生态环境承载负荷加大，遭受的破坏亦日趋严重，由此导致各类自然灾害呈现分布渐广、频次显增、危害趋重的发展态势。生态环境问题已成为制约西北旱区社会经济可持续发展的主要因素之一。

　　水是生态环境存在与发展的基础，以水为核心的生态问题是环境变化的主要原因。西北干旱生态脆弱区由于地理条件特殊，资源性缺水及其时空分布不均的问题同时存在，加之水土流失严重导致水体含沙量高，对种类繁多的污染物具有显著的吸附作用。多重矛盾的叠加，使得西北旱区面临的水问题更为突出，急需在相关理论、方法及技术上有所突破。

　　长期以来，在解决如上述水问题方面，通常是从传统水利工程的逻辑出发，以人类自身的需求为中心，忽略甚至破坏了原有生态系统的固有服务功能，对环境造成了不可逆的损伤。老子曰"人法地，地法天，天法道，道法自然"，水利工程的发展绝不应仅是工程理论及技术的突破与创新，而应调整以人为中心的思维与态度，遵循顺其自然而成其所以然之规律，实现由传统水利向以生态水利为代表的现代水利、可持续发展水利的转变。

　　西北旱区生态水利工程省部共建国家重点实验室培育基地（西安理工大学）从其自身建设实践出发，立足于西北旱区，围绕旱区生态水文、旱区水土资源利用、旱区环境水利及旱区生态水工程四个主旨研究方向，历时两年筹备，组织编纂了《西北旱区生态水利学术著作丛书》。

　　该丛书面向推进生态文明建设和构筑生态安全屏障、保障生态安全的国家需求，瞄准生态水利工程学科前沿，集成了重点实验室相关研究人员近年来在生态水利研究领域内取得的主要成果。这些成果既关注科学问题的辨识、机理的阐述，又不失在工程实践应用中的推广，对推动我国生态水利工程领域的科技创新，服务区域社会经济与生态环境保护协调发展具有重要的意义。

中国工程院院士

2016 年 9 月

前　　言

　　绿水资源在维持陆地生态系统上具有重要的作用。在黄土高原地区，绿水资源是当地生产用水以及植被生长耗水的最主要来源。一般意义上的水资源是指水循环中能够为生态环境和人类社会所利用的淡水，而传统的水资源评价仅包括可见的、可以被人类直接利用的水资源，即只评价易于被工程开发利用的可更新的地表水和地下水。1995 年，Falkenmark 等为了能更好地评价半湿润、半干旱区农业生产中水资源的作用，提出"蓝水"（blue water）、"绿水"（green water）的概念，首次将绿水引入农业科学研究。根据其理论，蓝水是指储存在河流、湖泊以及含水层中的水；而绿水则是指直接来源于降雨，用于蒸散的水，其又可以分为绿水流和绿水贮存。绿水流指的是实际蒸散发，它由实际蒸发和实际散发两部分组成；绿水贮存则是贮存在土壤中的水分，它是支持雨养农业的重要水源，在维持陆地生态系统景观协调和平衡、支撑雨养农业、维护地球陆地生态系统生产功能和服务功能方面均具有非常重要的作用。蓝绿水资源概念的出现不仅拓宽了水资源的内涵，而且为水资源管理提供了新的理论和思路。

　　从水文循环的角度分析，全球尺度上总降雨的 65%转化成了绿水，这一比例随着降雨减少和干旱程度增加逐渐提高，在我国西北地区会达到 70%甚至 90%以上。从水资源利用的角度来看，绿水则支撑着全球 80%以上的雨养农业。此外，绿水资源在维护陆地生态系统上具有不可替代的作用。在对黄土高原水土流失治理中，"保水"主要针对的就是绿水，其目的就是通过减少地表径流，增加降雨入渗和降低土壤蒸发来提高绿水资源的利用效率。同时，绿水资源也是土壤-植被-大气连续体系统中的重要一环，绿水资源以不同的状态在该系统中流动，互相衔接。

　　在我国黄土高原沟壑区，受大尺度气候变化和社会经济发展剧烈改变流域的植被、土壤及地貌等的影响，正面临着水资源短缺、水灾害加剧和生态环境恶化三大问题交织的严峻局面。绿水主要是通过蒸发和散发作用流向大气圈的水汽流，这意味着影响蒸散发的因素都能影响绿水。因此，绿水既受自然条件（如降雨、气温等）的影响，又受各种管理条件（如土地利用方式）的影响。在自然条件中，气候是造成降雨、径流和蒸散等变化的重要因素，能够对绿水的水文过程产生影响。在人工条件下，则主要是通过改变土地利用的方式影响绿水。因此，需在深入研究绿水在黄土高原沟壑区的形成、转化以及绿水对气候变化及土地利用方式变化响应的基础上，探索绿水支持功能与种植结构间的耦合关系，并基于此寻求植被合理恢复与管理模式，这对黄土高原的生态环境修复和水资源的可持续利用都有重要的理论和现实意义。

本书正是基于上述研究思路，汇集了作者近年的研究成果，以黄河水利委员会西峰水土保持科学试验站为研究基地，系统研究了黄土高原沟壑区绿水的形成、转化规律以及绿水对土地利用和气候变化的响应关系。全书共 10 章。第 1 章为绪论，系统论述研究背景、意义及国内外研究现状；第 2 章为研究区概况及研究方法；第 3 章为绿水的水文过程分析；第 4 章为绿水资源量的分析与计算；第 5 章为绿水水分运动数值模拟；第 6 章为南小河沟流域绿水的变化规律研究；第 7 章为绿水对土地利用变化的响应；第 8 章为绿水对气候变化的响应；第 9 章为土地利用和气候变化对绿水影响的定量评价；第 10 章为流域绿水的未来变化预测。

本书由宋孝玉、王光社、李怀有和李垚林共同编写，由宋孝玉负责全书的统稿工作。撰稿分工为：宋孝玉（第 1 章、第 3 章），王光社（第 1 章），李怀有（第 2 章），李垚林（第 3 章），崔胜寓（第 2 章），李蓝君（第 4 章、第 5 章），燕明达（第 6 章），符娜（第 7 章、第 8 章），夏露（第 9 章、第 10 章），李亚娟、肖迎迎、申国喜、马玉霞、冯湘华、李淼及蒋俊也参与了部分章节内容的编写工作。

本书研究工作得到了国家自然科学基金面上项目"渭北旱塬不同种植结构农田绿水的形成、转化机理及水文生态响应研究"（41171034）及陕西省水利科技项目"黄土高原沟壑区绿水对土地利用和气候变化的响应"（2016slkj-11）的资助。在本书成稿过程中，还得到了西安理工大学水利水电学院和科学出版社的大力支持，在此一并表示感谢！

由于作者水平有限，书中不足之处在所难免，恳请广大读者批评指正。

宋孝玉

2017 年 4 月 29 日

目　　录

第1章 绪 论

1.1 研究目的与意义

黄土高原沟壑区是国家重要的粮食生产基地及旱作农业区，水资源短缺已经成为该区环境与发展最大的制约因子。绿水是源于降雨、存储于土壤并被植被蒸散发消耗的水资源，支撑着黄土高原沟壑区的雨养农业，既受自然条件（如气候、土壤类型）的影响，又受各种管理条件（如土地利用方式）的影响。因此，分析该区域的绿水资源量及其时空分布规律、探究绿水形成机理和转换机制的水文过程、分析气候变化条件下人类活动对绿水的影响机理以及气候变化和人类活动对绿水影响的贡献率，是黄土高原沟壑区粮食安全和生态环境恢复中亟待解决的问题。本书以黄土高原沟壑区的典型流域为研究对象，以变化条件下绿水的响应机理研究为核心，分析了黄土高原沟壑区独特而复杂的绿水水文过程，并通过实际植被蒸腾和土壤蒸发来评价绿水流量，研究了在流域尺度上绿水的时空分布格局，探讨了土地利用和气候变化条件下的绿水响应机理，为黄土高原沟壑区粮食安全和生态环境恢复等提供理论依据。

在自然界，包括人类在内的所有有机体，都需要淡水资源来保证其生存（Oki et al.，2006）。因此，保证足够的淡水资源供给不仅对人类是必不可少的，对生态系统安全及服务功能也是极其必要的。一般意义上的水资源是指水循环中能够为生态环境和人类社会所利用的淡水，其补给来源主要为大气降雨。20世纪以来，可再生的淡水资源总量基本保持不变，而人类用水需求却激增了6倍，其主要用途为农业用水与工业生产。因此，出现了人类生活和生产用水与生态系统争水的情况，这一状况在我国尤为严峻。同时，人类生产生活用水挤占生态系统用水的现象频发，部分生态系统已发生严重退化。目前，国内外水资源评价更多地关注可见的且易被人类直接利用的水资源，即只重视评价易于被工程开发利用的可更新的地表水和地下水（程国栋等，2006）。1995年，在联合国粮食及农业组织（Food and Agriculture Organization of the United，FAO）召开的水土大会上，瑞典水文学家Falkenmark针对雨养农业与粮食安全问题首次提出"绿水"和"蓝水"的概念。这一理论将降雨在陆地生态系统中分为绿水和蓝水，其中，蓝水是指储存在河流、湖泊以及含水层中的水，即地表径流和地下径流；绿水是指源于降雨，存储于非饱和土壤中并被植被吸收利用蒸腾的那部分水。绿水资源又可以分为两个部分，绿水流和绿水储存，绿水流即实际蒸散发，包括土壤蒸发、植物蒸腾和植物截留等；绿水储存则是指土壤储水量的变化量。从水文循环的角度分析，全球尺度上总降雨的 65%转化成了绿水，仅有 35%的降雨转化成了蓝水（Falkenmark et al., 2006）。而传统的水资源评估只考虑了对社会和经济有用的地表水和地下水，即蓝水，却忽略了雨养农业与维护生态系统的重要水源——绿水。蓝水和绿水资源概念的出现不仅拓宽了水资源的内涵，而且为水资源管理提供了新的理论和思路。近年来，蓝绿水的研究引发了科学界对水资源概念及评价的重新思考，逐步影响着人类水资源管理的思维方式，并已经成为水文水资源领域研究的热点。

受大尺度气候变化和剧烈的社会经济发展的影响，我国黄土高原沟壑区面临着水资源短缺、水灾害加剧和生态环境恶化三大问题交织的严峻局面。绿水主要是通过蒸发和散发作用流向大气圈的水汽流，这意味着影响蒸散发的因素都影响绿水。因此，绿水流既受自然条件（如气候、土壤类型）的影响，又受各种管理条件（如土地利用方式）的影响。在自然条件中，气候的变化造成降雨、径流及蒸散发等组成的重要变化，从而影响绿水的水文过程。在人工条件下，人类主要通过改变土地利用方式影响绿水。因此，需在深入了解气候变化及土地利用变化对绿水影响的基础上，寻求基于水资源承载力的植被合理恢复与管理模式。

1.2　国内外研究现状

1.2.1　绿水水文过程研究进展

1. 降雨研究进展

降雨是流域内绿水资源最主要的来源，降雨量的变化会引起流域内绿水资源的变化，因此研究降雨资源的变化对分析绿水资源有重要的意义。目前国内外研究降雨主要从雨型变化和年内变化以及年际变化等多方面进行分析。刘扬等（2012）对近 50 年我国北方地区的降雨进行分析，发现在近几年，北方中、东部区，青海区的降雨增加，而干旱区的降雨下降。赵传成等（2011）指出在我国西北地区，近 50 年来的气温呈上升趋势，降雨和地表湿润指数为线性减少趋势，总体趋势为暖干化。但是不同地区、不同尺度上的降雨变化受不同的气候条件特征因子的影响（苗娟等，2004；钱维宏等，2003）。

2. 蒸散发研究进展

陆面蒸散发是水文循环的重要过程，包括土壤蒸发和植物蒸腾。流域实际蒸散流就是流域内的绿水流，因此研究流域内蒸散过程对探究绿水的水文过程有重要的作用，有利于减少水分的无效蒸发，促进非生产性绿水向生产性绿水（高效绿水）进行转换。蒸散发生于土壤-植被-大气连续体（soil-plant-atmospherecontinuum，SPAC）系统内，是一个相当复杂的连续过程，它涉及土壤水分运动、植物水分传送、蒸发面与大气间的水汽交换和热量交换等多个环节（刘昌明等，1991）。由于影响因素复杂、涉及知识面广和实测资料少等客观条件限制，以及对所需要的月、季节和区域尺度了解不足等问题，对于蒸散发过程的研究在实际水循环研究中仍是需要攻克的重要难题。因此，研究区域尺度的蒸散发有重大的理论和实践意义。

　　国际上对蒸发的研究已有 200 多年，取得了丰富的成果。1802 年道尔顿提出综合考虑风、空气温度和湿度对蒸发影响的道尔顿蒸发定律后，蒸发的理论计算才具有明确的物理意义。1926 年，Bowen 从能量平衡方程出发，将地表感热通量与显热通量之比定义为波文比，提出了计算蒸发的波文比-能量平衡法。Thornthwait 等（1939）利用近地面边界层相似理论，在假定边界层内动量、热量和水汽传输系数相等的基础上提出了计算蒸发的空气动力学方法。Penman 等（1948）提出了"蒸发力"的概念及其相应的计算公式，其中，Penman 公式是从能量平衡和空气动力学理论出发建立的综合分析公式，全面考虑了能量平衡、空气饱和差和风速等可能影响蒸发力的要素，具有坚实的理论基础和明确的物理意义，长期以来得到了广泛的应用。在此基础之上，Monteith（1965）在研究作物的蒸发和蒸腾中引入表面阻力的概念，导出 Penman-Monteith 公式，为非均匀下垫面的蒸发研究开辟了一条新途径。Swinbank（1955）依据近地面层湍流理论，提出用涡度相关技术直接测量并计算蒸发量的涡度相关法。Bouchet（1963）提出了蒸散互补相关理论，即实际蒸散与潜在蒸散之间存在互补关系。该理论提出是蒸散发计算领域的又一大突破，对后来区域实际蒸散的计算起到了极大的促进作用。20 世纪 60 年代之后，还出现了通过模拟 SPAC 系统能量与物质交换过程，来计算植物蒸腾和土壤蒸发的具体方法。近 20 年来，随着野外试验研究以及微气象学研究的深入，考虑下垫面温、湿和风廓线的解析模式相继出现，并逐渐发展到能考虑植物含水率变化和降雨、截留等因素的影响，这种模式的建立需要微气象学、土壤物理学和植物生理学等学科的综合知识（刘树华等，1996；沈卫明等，1993）。但这些模式大部分是将土壤蒸发与植物蒸腾放在一起考虑的单层模型。与单层模型相对，Shuttleworth 等（1985）对稀疏覆盖表面的蒸散进行研究，在以前工作的基础上假定群体中热量和水汽为单源汇型，建立了由作物冠层和冠层下地表两部分组成的双元蒸散量的理论模式。另外还有将 SPAC 系统分多层讨论计算蒸散的多层模型等（Jarvis et al.，1986）。由于下垫面状况的水平非均匀性，由传统方法和模拟方法求得的点上蒸发数据一般不能代表面上情况，遥感技术的应用与地面微气象学信息的结合，为大面积蒸发量估算提供了新的途径。70 年代初以来，国内外利用遥感信息计算区域蒸发，至今已取得一系列成果（郭亮等，1997）。

3. 土壤水分入渗研究进展

大气降雨在经过各类植被截留作用后落到地表，并开始进入土壤层中，水分经土壤表层渗入土壤的过程，称为入渗现象。土壤水分入渗的基础是达西定律，是非饱和土壤水分运动过程，其一维垂直入渗的计算公式为

$$q_w = -k_s \frac{\Delta \psi}{\Delta L} \tag{1.1}$$

式中，k_s 为饱和导水率，是一个与水流状况无关仅与土壤特性有关的参数；q_w 为土壤水分入渗通量；ψ 为土壤基质势；L 为计算土层厚度；$\Delta \psi / \Delta L$ 为水势梯度，负号表示水流运动方向与水力梯度方向相反。在此基础上，Richards 结合液体连续方程，导出了描述非饱和土壤水分运动的基本偏微分方程，即 Richards 方程

$$\frac{\partial \theta}{\partial t} = \frac{\partial}{\partial z} \left(\frac{k_s}{c} \times \frac{\partial \theta}{\partial z} \right) - \frac{\partial k_s}{\partial z} \tag{1.2}$$

式中，θ 为土壤含水率；t 为时间；z 为垂向坐标即入渗深度；k_s 为饱和导水率；c 为水容量；k_s 和 c 均为 θ 的函数。该方程是入渗理论的基本方程，可用数值解法求解。在入渗理论的基础上，后人又提出了不同的入渗模型对土壤水分入渗进行模拟和研究。

目前，土壤入渗的部分研究仍然集中在经验模型以及其参数改进上，与此同时，新的研究方法或模型正在被引入到入渗研究之中，如神经网络模型、Hydrus-1D 和 Hydrus-2D 模型。

Hydrus 软件是国际地下水模拟中心开发的软件。该模型可用于分析模拟水流和溶质在多孔介质中的运移情况，还可通过不同土壤物理参数模拟水、溶质、热及 CO_2 在非饱和土壤中的运移过程。Hydrus 软件可提供丰富的运算环境，其中包括了不同的水头边界，流量边界和排水边界等。其模型计算原理为对区域进行不规则三角形网格划分，采用伽辽金线状有限元法对控制方程进行求解，时间离散均采用隐式差分法，用迭代法将离散化后的非线性控制方程组线性化。

在 Hydrus 软件中，可选择 4 种不同的模型来描述非饱和土壤水力特性，运用比例程序，将用户定义的水力传导曲线与参考土壤相比较，通过线性比例对其进行变换。Hydrus 软件包括 Main processes 模块、Geometry 模块和时间模块等基本模块，在这些模块中又可以继续选择迭代步长、岩性参数和土壤水运移方程等细节参数等。该模型水分和盐分运移方程分别为

$$\frac{\partial \theta}{\partial t} = \frac{\partial}{\partial z} \left[K(\theta) \left(\frac{\partial h}{\partial z} - 1 \right) \right] - S \tag{1.3}$$

$$\frac{\partial}{\partial t} \left(\theta D \frac{\partial C}{\partial z} \right) - \frac{\partial (qC)}{\partial z} - \lambda_1 \theta C - \lambda_2 \rho_0 S = \frac{\partial (\theta C)}{\partial t} + \frac{\partial (\rho_b S)}{\partial t} \tag{1.4}$$

式中，θ 为土壤含水率；h 为负压水头；$K(\theta)$ 为非饱和导水率；t 为时间；z 为垂向坐标，特定向下为正；C 为溶质浓度；S 为被吸附的固相浓度；D 为弥散系数；q 为达西流速；λ_1 和 λ_2 为溶质的液相和固相降解系数；ρ_0、ρ_b 为流体密度。

绿水资源主要是垂向的非饱和土壤水分运动，因此 Hydrus-1D 作为一维垂向运动的计算模型，在土壤溶质运移，土壤水分运动等学科被广泛运用。郝芳华等（2008）应用 Hydrus-1D 模型对不同情况下土壤中氮元素的迁移进行了动态模拟，模拟结果表明该模型可以有效地输入参数，对灌水施肥的初始和边界条件进行输入，模拟氮元素的运动情况，防止其向土壤深层大量流失。孟江丽等（2004）利用 Hydrus-1D 数值模型分析了灌溉水量对土壤盐分分布的影响，得出利用 Hydrus-1D 数值模型可以较好地模拟盐分在土壤中的分布和时间变化趋势，反映出盐分对灌溉水量的敏感程度。曹巧红等（2003）将 Hydrus-1D 水氮联合模型用于模拟冬小麦农田水分氮素运移转化过程，表明此模型模拟的土壤中硝态氮浓度的实测值和模拟值大致相同，认为此模型是可靠的。毕经伟等（2004）应用 Hydrus-1D 模型对黄淮海平原典型土壤中土壤水渗漏及硝态氮淋失动态进行了模拟分析，得出应用此模型计算的土壤水渗漏量是可靠的，选用的参数和变量值正确可行。刘建军等（2010）根据试验资料利用 Hydrus-1D 软件反推土壤水力特性参数，表明这些参数与模拟数据之间的平均相对误差均在 2%~15%，模拟数据与试验实测数据基本吻合，说明利用 Hydrus-1D 模型在反推土壤水力特性参数及模拟土壤水分运动方面是可行的。

1.2.2 绿水资源量及分布研究进展

绿水在全球生态系统和粮食生产中有着不可替代的作用，通过估算发现全球 80% 的粮食生产依赖于绿水（Rost et al.，2008），而草地和森林生态系统的水供给主要还是依赖于绿水。绿水概念的提出，使水循环与生态学过程紧密联系起来，体现了植被与水文过程相互影响的关系。在国际上，绿水的概念体系和评价方法仍处于初期发展阶段，但绿水评价已在水文水资源领域逐渐得到高度重视（Rockstrom et al.，2010）。目前，有关绿水的评价主要集中在全球或区域尺度上，重点评价绿水资源及其时空分布（Liu et al.，2013，2010；Rost et al.，2008）。土地利用类型改变所导致的蓝绿水演变也成为研究热点（Jewitt et al.，2004）。

目前，估算绿水资源量的方法基本分为三类：①利用生态系统生产生物量消耗的水量，即需水量估算绿水资源量。Postel 等（1996）采用初级生产力数据，估算了全球非灌溉植被的蒸散，包括天然森林、人工林地、草地以及雨养农作物的绿水量。②根据典型生态系统的实际蒸散量估算绿水资源量。Rockstrom 等（2001）采用每个植被类型的空间分布面积乘以相应的实际蒸散计算绿水流的方法，分析了森林、林地、草地和湿地的绿水流。③利用水文模型估算流域尺度的绿水流。这是目前研究绿水资源较为常用的方法，Gerten 等（2005）利用 LPJ 模型对全球尺度下土地利用变化对绿水流的影响进行了评估。Jewitt 等（2004）利用 ACRU 和 HYLUC 模型对非洲南部流域内不同土地利用类型的蓝绿水资源进行了计算。目前，应用最为广泛的水文模型为 SWAT（soil and water assessment tool）模型。SWAT 模型是由美国农业部农业研究中心开发的分布式水文模型（Huang et al.，2010；庞靖鹏等，2007；Arnold et al.，1998），在绿水评价中受到广泛应用。Faramarzi 等（2009）通过 SWAT 模型对伊朗地区的蓝绿水资源进行了评价，并提出灌溉对区域水循环有较大的影响。

我国对绿水的研究起步较晚，程国栋等（2006）在对绿水的概念和其在生态系统中的作用进行了阐述，并倡导国内学者进行绿水的相关研究。刘昌明等（2006）探讨了绿水与粮食安全以及生态安全的关系，阐明了绿水与节水农业的关系。自此之后，绿水逐步成为国内学者研究的热点之一。邱国玉（2008）从绿水的组成和发生机理上对绿水资源的评价方法进行了初步的探究，并对今后的研究方法进行了展望。马育军等（2010）将虚拟水战略中的蓝水与绿水进行了细分，为更好地利用虚拟水提供了科学的指导。王玉娟等（2011，2009，2008）对贵州龙里、三门峡地区以及水利枢纽工程区的绿水资源耗散进行了模拟研究，在一定程度上发展了水文模型在绿水评价中的运用。甄婷婷等（2010）在卢氏流域估算了蓝绿水资源量并对其时空分布规律进行了探究。荣琨等（2011）对晋江西溪流域的蓝绿水资源进行了估算。徐宗学等（2013）以及臧传富等（2013）运用 SWAT模型分别对渭河流域蓝绿水资源量以及蓝绿水在典型年的时空变化规律进行了评价和分析。在我国，对于绿水资源的研究目前依旧处于一个初级阶段，大部分研究集中于大流域尺度下绿水资源的评价，但在小流域范围内的绿水资源评价由于资料、地形等相关因素的限制，很难运用适合大尺度流域绿水资源评价的水文模型，并且对于绿水形成机理和转换机制的研究较少。因此，在小流域尺度下对降雨、入渗和蒸散发等绿水形成和转换的关键水文过程进行模拟分析和定量计算，对于绿水形成和转换机理的研究及生态环境建设有重大的意义。

1.2.3 气候变化对水文过程的影响

近百年来全球气候正经历一次以全球变暖为主要特征的显著变化。气候变化必然引起水分循环变化，引起水资源在时空上的重新分布和水资源总量的改变，进而影响生态环境与社会经济的发展。深入研究气候变化背景下水文水资源系统的变化规律，揭示气候变化与水文水资源以及生态环境变化之间的关系，分析水循环演变特征，评估未来气候变化对流域水文与水资源的影响，可为未来水资源系统的规划设计、开发利用和运行管理提供科学依据。

全球变暖及其导致的水文水资源问题越来越突出，也越来越引起社会各界的关注。气候变化导致了一些地区的水资源分配不均、旱涝交替的问题日趋严重（荣琨等，2011）。特别在干旱半干旱地区，径流和水资源对气候变化十分敏感，较小的降雨和温度变化就会引起较大幅度的径流改变。然而，水文过程经常受到多个要素（如降雨、温度、植被、地形和土壤等）的综合作用。降雨变化通常会被放大到径流变化中；温度增高将导致潜在蒸散增加，进而减少径流和土壤水分（Gaiser et al.，2003）；因为温度升高将影响融雪的进程和数量，融雪补给的河流更容易受气候变暖影响（Minville et al.，2008；Gan，2000）。目前，全球范围内的气候模型预测结果表明（Hodgkins et al.，2005），径流量在高纬度地区和南亚地区增加，在中亚、地中海和南部非洲地区降低。研究发现，降雨量变化使得欧洲的河川年径流量发生明显的格局变化，很多河流的径流在欧洲南部大量减少，而在欧洲东部有所增加，在中欧则几乎没有变化。因此，虽然人类活动（如水利工程等）对径流具有较大影响，但大时空尺度范围的水资源量变化可能更多受到降雨等气候因素的影响（Kundzewicz et al.，2004）。

在气候变暖对水文过程的影响方面，有很多关注不同国家和地区的洪水变化的研究（Leipprand et al.，2008；Pilling et al.，2002；Kite et al.，1999）。最近几十年中，世界范围内特大洪水的发生频率明显增加：20 世纪 50 年代 6 次，60 年代 7 次，70 年代 8 次，80 年代 18 次，90 年代 26 次（Gao et al.，2002）。在低纬度地区，破坏性洪水的发生频率更高，特别是亚洲；而其他洲的发生频率在最近的 20 年间显著增加，如欧洲在 1975～2001 年共发生 238 次洪水事件，年发生频率明显增加（Arnell，2003）。同时，洪水也给人类造成了较大的直接经济损失，但目前似乎还没有更好的办法去防洪治水，这就需要人们更为深刻地认识气候、土地利用等对河川径流的影响，研究区域/流域水循环中各个环节对气候和人类活动的响应。

在全球气候变化的背景下，我国江河源区呈现显著的变暖趋势，主要体现在秋季和冬季，且气候变暖首先从长江源区和青藏高原发端开始（贾仰文等，2008；Kundzewicz et al.，2004）。王艳君等（2005）和秦年秀等（2005）对长江流域径流趋势分析表明，气候变暖经常导致夏季极端降雨事件频率增大，从而造成汛期径流呈增加趋势，这在一定程度上加大了洪灾发生的可能性；但极端降雨频发并未使长江上游流域年径流量增加，反而从 1926 年开始具有明显减少的变化，这与流域参照蒸散量及降雨量减少的趋势是一致的。此外，近 50 年来我国西北地区气温也显著上升，整体暖干化趋势明显，降雨变化空间差异突出，局部出现暖湿现象（张强等，2010）。研究表明，黄河源区的降雨量具有增加趋势，特别是自 20 世纪 80 年代中后期以来，春季与冬季降雨量明显增加。根据政府间气候变化专门委员会（Intergovernmental Panel on Climate Change，IPCC）预测结果分析，未来西北地区气候变暖趋势会更加明显。因此,气候变暖势必会引起地区河川径流的变化。Fayez 等(2009)的研究表明,气候变暖会显著影响半干旱地区的径流和地下水补给;然而,气候变暖又极大地受降雨量显著变化的影响。陈玲飞等(2004)对 469 个小流域的气象水文数据的分析表明,在部分地区径流随着气温升高反而增加,主要是气温升高增加的降雨超过了蒸发减少径流的影响。因此,降雨、温度和辐射等气候因子对水文水资源的影响经常是综合作用,但对于特定的区域可能又是某一气候因子起主要作用。

目前,气候变化对水文水资源影响的研究已经非常广泛,但对于气候变化影响复杂流域内水文过程变化机制的研究并不多见。除基于长序列水文观测数据分析其变化外,水文模型结合全球环流模式(global circulation models,GCMs)被广泛用于预测未来气候变化对水文水资源的影响,进而揭示和评价气候变化对水文水资源的影响。例如,芬兰利用 GCM 模型预测的气候情景和基于水文模型模拟了未来 100 年气候变化对水文水资源的影响。结果表明,气候变化改变了积雪的数量和融化进程,在春、夏季径流减少,而秋、冬季则会增加。在我国,李志等(2010)利用 SWAT 及 GCM 模型研究了气候变化对黄土高原黑河流域水资源的影响,表明调整土地利用模式可有效调控水资源,可作为减缓气候变化不利影响的技术途径。

不同地域或不同气候情景设置对水文要素影响均会产生很大差异,张世法等(2010)提出多种气候模式模拟结果与实测值之间,以及不同模式模拟结果之间,不仅定量方面差异很大,而且在定性方面甚至出现相悖的结果,不确定性十分显著。气候变化对河川年径流影响的不确定性主要包括不同气候模式模拟结果的不确定性,温室气体排放情景的不确定性,尺度转换中的不确定性,洪水和年径流计算模型结构和参数的不确定性等(李道峰等,2005)。在全球气候变化下,合理预测未来气候变化趋势并采用有效的模拟方法对水文因子模拟和预测已成为研究的热点和难点。

1.2.4　土地利用变化对水文过程的影响

土地利用/覆被变化(land-use and land-cover change,LUCC)是人类影响和改造自然界最显著的标志,也是区域乃至全球变化的主要驱动因素之一,其原因在于土地利用格局及其变化对自然环境系统(包括水文过程、生态过程等)有着深刻且显著影响(张建云等,2007)。自 1970 年以来,一些国际组织先后开展了LUCC 的水文水资源效应研究。例如,国际地球-生物圈计划(International Geosphere Biosphere Program,IGBP)的核心项目(GAIM、BAHC、GCTE 和 LUCC)就是把 LUCC 的水文水资源效应作为全球变化的重要研究内容之一(贺瑞敏等,2008)。其研究方法也发生了较大转变,由传统的试验流域法、统计分析方法转向水文模型方法,由只关注 LUCC 造成的结果转向揭示其对水文水资源影响的过程与机理。Bronstert 等(2002)总结了可能影响地面及近地表水文过程的 LUCC 和与之相关的水文循环要素,其中影响水文过程的 LUCC 主要包括植被变化(如毁林和造林、草地开垦等)、农业开发活动(如农田开垦、作物耕种和管理方式等)、道路建设以及城镇化等。LUCC 改变了地表植被的截留量、土壤水分的入渗能力和地表蒸散发等因素,进而影响流域的水文情势和产汇流机制,改变了流域洪涝灾害发生的频率和强度。

径流和蒸散发是水量平衡中两个重要输出分量,其中径流能反映整个流域的生态环境质量状况,也能用于指示未来 LUCC 对水文水资源的影响。因此,目前 LUCC 水文效应的研究主要侧重于对径流的影响(曹丽娟等,2010;Schulze,2000),如年径流量、枯水径流和洪水过程的变化(张晓明等,2007;王艳君等,2005;Marcos et al.,2003)。同时,蒸散发是水文循环过程的重要环节,是陆地生态系统气候、土壤和植被相互作用的产物(Rodriguez,2000)。Calder(1995)认为土地利用对流域水量平衡最明显的影响在于对蒸散过程的作用。不同土地利用类型由于具有不同的植被覆盖、叶面积指数、根系深度以及反照率,从而具有不同的蒸散发速率。

1.3　流域绿水研究的关键科学问题

1. 绿水量的测算方法与尺度转换

尽管绿水研究近年来受到广大科学家的关注,但绿水在水资源管理、规划与政策实施方面显得无从下手,如何在水资源评价体系中体现绿水量以及如何在管理中实现绿水高效利用都成为难点问题,其中与之相关的关键科学问题是绿水量的准确测算。绿水量包括植物截留量、土壤蒸发、自由水面蒸发和植物蒸腾,这几个水文要素的形成过程和产生机理迥异,测量方法复杂,同时土壤蒸发和植物蒸腾分割很困难。目前,国内外绿水量估算大多采用区域水量平衡和水分利用效率与产量的乘积来估算,精度不高,不能反映流域尺度绿水量及其时空变异特征对绿水流的影响。

2. 流域绿水流的形成、转化及其生态水文响应机理

绿水代表水文循环的垂直通量部分是建立在以降雨为基本淡水资源的基础上,从估算降雨量开始,分析水分在陆地生态系统中如何被分割成蓝水和绿水部分。降雨在土壤表面有两个分割点:首先,降雨被分割为坡面流和土壤入渗流;其次,入渗土壤水被分割为土壤蒸发、植物蒸腾和地下水补给量。绿水的空间异质性大,受气候、土壤、植被和土地管理等多种因素影响,绿水研究必须考虑与

蓝水的相对独立与统一的关系，需要在以流域为整体统一单元的基础上，通过分析蓝水和绿水在流域上、中和下游的形成过程与相互转换关系和作用机制，才能建立合理的水资源管理模式。例如，在我国干旱区内陆河流域，绿水和蓝水在流域上、中和下游不同生态带之间存在着非常复杂的转换关系，上游山区为蓝水（径流）形成区，绿水主要向蓝水转化，而在平原区，蓝水主要向绿水转化。上游的蓝水量和中游灌溉绿洲中蓝水向绿水的转化量都影响下游的蓝水和绿水利用量。流域水文循环和水量平衡各分量之间的变化和转化关系受气候变化和人类活动的影响较大，因此还需研究流域绿水流对全球变化和人类活动的响应和反馈机理。

绿水的贮存能力与土壤的物理性质密切相关，需要加强土壤结构的定量化研究及其对绿水动态变化过程的影响研究，应用水文土壤学（hydropedology）的原理和理论在水平方向上研究微观尺度（土壤孔隙和团聚体）、中观尺度（土体或土链）和宏观尺度（流域、区域或全球）的绿水流变化特征，在垂直方向上研究不同下垫面包气带，即土壤根层（0～1m）和地下水面以上的深层非饱和土壤层的水分运移过程及其对绿水有效性的影响。

3. 流域绿水资源评价与管理

绿水是降雨入渗到土壤中而又通过土壤蒸发和植物蒸腾散发到大气中的气态流，它不能像地表水和地下水一样作为人类开采资源加以直接提取、运输、利用和管理，但是可以通过一些间接的方法来开发利用。目前，绿水研究还是一个崭新的研究方向，它的概念和研究范围正在发展之中，如何评价和管理绿水及其进行绿水资源化的研究还未真正展开。绿水是水文循环主要要素之一，同时又可以通过改变土地利用方式和种植结构进行调控，具有其他水资源共有的循环再生性和可调控特性，因此绿水可以看作是一种资源。

绿水和土壤水以及绿水资源和土壤水资源既有联系又有区别，土壤水和绿水首先是代表两个基本水文过程，即降雨入渗并贮存到土壤中的水和土壤水被蒸发和蒸腾掉的水，它们具有相同的来源（降雨）。绿水只能是土壤水的一部分，可以说它是可以更新和被植物利用的土壤水，相当于田间持水量与凋萎含水率之间的一部分水，不包括凋萎系数以下的"死库容"土壤水（不参与水分循环的那一部分蓄量）。虽然土壤水作为资源已被普遍认同，但关于土壤水资源的范畴迄今仍未得到统一，土壤水资源评价的内容和方法也不相同。绝大多数的研究者对土壤水资源的研究从农业角度出发，认为土壤水资源是指可被作物根系吸收利用的浅层土壤孔隙中的水，常利用土壤蓄水量来评价土壤水资源量。而绿水资源的评价和计算在垂直方向上应包括整个地下水面以上的包气带，而不仅仅是土壤根层；同时绿水资源评价应像地表水资源一样，通过水文过程分析和水量平衡计算来实现，绿水资源评价可包括资源量计算及开发利用条件分析论证。流域多年平均可更新的绿水资源量可参考夏自强等（2001）提出的土壤水资源评价方法，通过多年平均蒸散发量计算来确定,因此蒸散发量的准确测算对绿水资源量的确定至关重要。绿水资源评价还需要查清绿水的空间分布和动态变化规律,分析不同土地利用、覆被和生态系统类型下绿水的年、季变化及其补给特征,计算流域绿水资源量的多年平均值,丰水年、平水年和枯水年出现的频率及相应水量,确定适合不同利用方式的绿水量。

可利用绿水资源量是绿水资源评价的另一个重要内容。在绿水中,蒸散部分是一种没有被人类直接利用的水资源,但这部分水资源可以为植被和作物利用的,是可开发利用的绿水的主要组成部分。蒸散发中的土壤蒸发可以通过保水、节水和集水(如地表覆盖、滴灌和集雨补灌)等人工方法转化成可为植物利用的蒸腾流,提高绿水利用效率。一般来说,土壤的无效蒸发有两个阶段,一是休闲期的土壤蒸发,二是作物生长发育期的棵间土壤蒸发,而大量的土壤无效蒸发是发生在休闲期和作物的苗期。在北方地区,休闲期的土壤蒸发占全年总蒸散发量的60%以上。蒸散发中的植物截留和地表填洼也可以通过调整土地利用方式、作物结构和耕作等转化成生产性绿水。在生产性绿水量中,即植物蒸腾量,是植被和作物生长发育过程中所利用的一部分水资源量,是植被和作物生存和发育必需的水量,它由两部分组成,一是植物或作物生长发育过程中必需的有效利用的散发量,二是植物或作物生长过程中对其生长发育不起作用的无效散发量。从更深层次的水资源开发利用的观点来看,这也是可利用的绿水资源量,可以通过抗蒸腾剂和保水剂提高绿水利用效率。因此,可利用绿水资源量可以通过土壤蒸发和植物蒸腾以及植物蒸腾量中无效散发量和有效散发量的分割来实现,这还需要系统深入的研究来解决。

流域水资源管理必须要关注水安全、粮食安全和生态安全,平衡自然生态和人类用水,促进流域水-生态-经济协调发展。目前需要扩展传统蓝水资源评价和利用方法,以流域降雨为基本水资源总量,综合考虑绿水资源,构建以垂向"绿"水为中心的流域水循环模拟与绿水资源评价系统,建立流域上、中、下游绿水高效利用土地利用方式,提出流域尺度水资源综合管理模式。

4. 目前研究存在的主要问题

随着绿水资源越来越受到重视,我国对于绿水资源的研究也越来越深入,但到目前为止,关于绿水的研究多集中在大尺度流域下的绿水资源量的计算和绿水的时空分布上,使用的方法大多为分布式水文模型。对于小流域而言,由于其流域面积小,分布式水文模型需要的数据资料难以获取,需要考虑其他模型对绿水的水文过程进行模拟。在国内,绿水的研究多集中在较大区域,对于小流域绿水转化机理的研究以及其绿水资源量的计算在方法上有所局限,其研究成果较少。在黄土高原地区,由于水资源匮乏,绿水资源更应得到重视,不同植被覆盖条件下的绿水转化机理以及小流域内绿水资源的变化的研究对于流域内水资源的调控有非常重要的意义。

1.4　南小河沟流域已开展的研究工作

南小河沟流域属黄土高原沟壑区，地处甘肃省庆阳市西峰区境内，是黄河水利委员会西峰水土保持科学试验站进行水土流失规律研究和小流域综合治理的试验基地。自 1951 年开始治理，从治理至今，当地植被和生物群落都发生了较大的变化，水土流失得到了有效的控制，生态环境有了明显改善。王愿昌（1998）对该流域的阳坡、阴坡刺槐林的生产潜力进行了分析。黄明斌等（1999）以南小河沟为例，研究了不同下垫面和流域水量转化关系，分析了水土保持措施、生物措施和土地利用结构调整以及生产力水平提高对水分小循环和水文大循环的影响。李淼（2006）对南小河沟流域不同植被对水文要素的影响进行了研究，结果表明农田的径流系数最大，林地的径流系数最小，并运用 BP 神经网络模型对流域内产流产沙进行了模拟，取得了较好的结果。李亚娟（2007）在大量试验和分析的基础上，对流域尺度上非饱和土壤水分运动参数的空间分布做了初步研究。申国喜（2013）在大量试验的基础上，对该流域内不同植被覆盖条件下的土壤蒸发、植物截留和土壤含水率等进行了试验测定，并依此为基础，对绿水资源量进行了初步计算。夏露（2015）对南小河沟流域内绿水对气候变化与土地利用的相应关系进行了分析，并对绿水的变化趋势进行了预测。燕明达（2015）在野外试验的基础上，对绿水的分布特征、数量及水文循环过程进行了初步分析。

参 考 文 献

毕经伟, 张佳宝, 陈效民, 等, 2004. 应用 Hydrus-1D 模型模拟农田土壤水渗漏及硝态氮淋失特征[J]. 农村生态环境, 20(2): 28-32.

曹丽娟, 张冬峰, 张勇, 等, 2010. 土地利用变化对长江流域气候及水文过程影响的敏感性研究[J]. 大气科学, 34(4): 726-736.

曹巧红, 龚元石, 2003. 应用 Hydrus-1D 模型模拟分析冬小麦农田水分氮素运移特征[J]. 植物营养与肥料学报, 9(2): 139-145.

程国栋, 赵文智, 2006. 绿水及其研究进展[J]. 地球科学进展, 21(3): 221-227.

陈玲飞, 王红亚, 2004. 中国小流域径流对气候变化的敏感性分析[J]. 资源科学, 26(6): 62-68.

郭亮, 杜鹏, 肖乾广, 等, 1997. 用气象卫星遥感方法监测中国季风区气候敏感带蒸散量的年际变化[J]. 地理科学, 32(9): 841-844.

郝芳华, 陈利群, 刘昌明, 等, 2004. 土地利用变化对产流和产沙的影响分析[J]. 水土保持学报, 18(3): 5-8.

郝芳华, 孙雯, 曾阿妍, 等, 2008. Hydrus-1D 模型对河套灌区不同灌施情景下氮素迁移的模拟[J]. 环境科学学报, 28(5): 853-858.

贺瑞敏, 刘九夫, 王国庆, 等, 2008. 气候变化影响评价中的不确定性问题[J]. 中国水利, (2): 62-64.

黄明斌, 康绍忠, 李玉山, 1999. 黄土高原沟壑区小流域水分环境演变研究[J]. 应用生态学报, 10(4): 411-414.

贾仰文, 高辉, 牛存稳, 等, 2008. 气候变化对黄河源区径流过程的影响[J]. 水利学报, 39(1): 52-58.

李道峰, 吴悦颖, 刘昌明, 2005. 分布式流域水文模型水量过程模拟——以黄河源区为例[J]. 地理科学, 25(3): 299-304.

李淼, 2006. 植被变化对南小河沟流域水文要素的影响[D]. 西安: 西安理工大学硕士学位论文.

李亚娟, 2007. 甘肃西峰南小河沟流域土壤水分运动参数空间分布的试验研究[D]. 西安: 西安理工大学硕士学位论文.

李志, 刘文兆, 张勋昌, 等, 2010. 气候变化对黄土高原黑河流域水资源影响的评估与调控[J]. 地球科学, 40(3): 352-362.

刘昌明, 洪嘉琏, 金淮, 等, 1991. 农田蒸散量计算[M]. 北京: 气象出版社: 22-24.

刘昌明, 李云成, 2006. "绿水"与节水: 中国水资源内涵问题讨论[J]. 科学对社会的影响, (1): 18-22.

刘树华, 黄子深, 刘立超, 1996. 土壤-植被-大气连续体中蒸散过程的数值模拟[J]. 地理学报, 51(2): 118-126.

刘建军, 王全九, 王卫华, 等, 2010. 利用 Hydrus-1D 反推土壤水力参数方法分析[J]. 世界科技研究与发展, 32(2): 173-175.

刘扬, 韦志刚, 2012. 近 50 年中国北方不同地区降雨周期趋势的比较分析[J]. 地球科学进展, 27(3): 337-346.

马有军, 李小雁, 徐霖, 等, 2010. 虚拟水战略中的蓝水和绿水细分研究[J]. 科技导报, 28(4): 47-54.

孟江丽, 董新光, 周金龙, 等, 2004. Hydrus 模型在干旱区灌溉与土壤盐化关系研究中的应用[J]. 新疆农业大学学报, 27(1): 45-49.

苗娟, 林振山, 2004. 我国九大气候区降雨特性及其物理成因的研究 II——我国各区降雨与环流因子的关系[J]. 热带气象学报, 20(1): 64-72.

庞靖鹏, 徐宗学, 刘昌明, 2007. SWAT 模型研究应用进展[J]. 水土保持研究, 14(3): 35-39.

钱维宏, 刘大庆, 2003. 中国北方百年四季降雨趋势与海平面气压形势[J]. 地理学报, 58(1): 49-60.

秦年秀, 姜彤, 许崇育, 2005. 长江流域径流趋势变化及突变分析[J]. 长江流域资源与环境, 14(5): 499-514.

邱国玉, 2008. 陆地生态系统中的绿水资源及其评价方法[J]. 地球科学进展, 23(7): 713-722.

荣琨, 陈兴伟, 李志远, 等, 2011. 晋江西溪流域绿水蓝水资源量估算及分析[J]. 水土保持通报, 31(4): 12-15.

申国喜, 2013. 南小河沟流域不同植被地类绿水转化及模拟计算研究[D]. 西安: 西安理工大学硕士学位论文.

沈卫明, 姚德良, 李家春, 1993. 阿克苏地区陆面蒸发的数值研究[J]. 地理学报, 48(5): 457-467.

王艳君, 姜彤, 施雅风, 2005. 长江上游流域 1961~2000 年气候及径流变化趋势[J]. 冰川冻土, 27(5): 699-714.

王玉娟, 杨胜天, 刘昌明, 等, 2009. 植被生态用水结构及绿水资源消耗效用——以黄河三门峡地区为例[J]. 地理研究, 28(1): 76-86.

王玉娟, 杜迪, 杨胜天, 等, 2008. 贵州龙里典型喀斯特地区绿水资源耗用研究[J]. 中国岩溶, 27(4): 54-60.

王玉娟, 杨胜天, 曾红娟, 等, 2011. 黄河大柳树水利枢纽工程区生态修复绿水资源消耗量定量模拟[J]. 干旱区地理, 34(2): 262-270.

王愿昌, 1998. 南小河沟流域山坡地刺槐林生产潜力分析[J]. 水土保持研究, 5(4): 88-92.

魏晓华, 李文华, 周国逸, 等, 2005. 森林与径流关系一致性和复杂性[J]. 自然资源学报, 20(5): 761-770.

夏露, 2015. 黄土沟壑去绿水对气候变化与土地利用的相应[D]. 西安: 西安理工大学硕士学位论文.

夏自强, 李琼芳, 2001. 土壤水资源及其评价方法研究[J]. 水科学进展, 12(4): 535-540.

徐宗学, 左德鹏, 2013. 拓宽思路, 科学评价水资源量——以渭河流域蓝水绿水资源量评价为例[J]. 南水北调与水利科技, 11(1): 12-16.

燕明达, 2015. 黄土高原沟壑区绿水的水文过程、数量及分布特征[D]. 西安: 西安理工大学硕士学位论文.

臧传富, 刘俊国, 2013. 黑河流域蓝水绿水在典型年份的时空差异特征[J]. 北京林业大学学报, 35(3): 1-10.

张建云, 王国庆, 2007. 气候变化对水文水资源影响研究[M]. 北京: 科学出版社: 12-16.

张强, 张存杰, 白虎志, 等, 2010. 西北地区气候变化新动态及对干旱环境的影响[J]. 干旱气象, 28(1): 1-7.

张世法, 顾颖, 林锦, 2010. 气候模式应用中的不确定性分析[J]. 水科学进展, 21(4): 504-511.

张晓明, 余新晓, 武思宏, 等, 2007. 黄土丘陵沟壑区典型流域土地利用/土地覆被变化水文动态响应[J]. 生态学报, 27(2): 414-423.

赵传成, 王雁, 永建, 等, 2011. 西北地区近 50 年气温及降雨的时空变化[J]. 高原气象, 30(2): 385-390.

甄婷婷, 徐宗学, 程磊, 等, 2010. 蓝水绿水资源量估算方法及时空分布规律研究——以卢氏流域为例[J]. 资源科学, 32(6): 1177-1183.

郑一, 袁艺, 冯文利, 等, 2005. 土地利用变化对地表径流深度影响的模拟研究——以深圳地区为例[J]. 自然灾害学报, 14(6): 77-82.

ALI P, BOHLOUL A, HOSEIN M, 2010. The effect of the land use/cover changes on the floods of the Madarsu basin of northeastern Iran[J]. Water Resource and Protection, 2(4): 373-379.

ARNOLD J G, SRINIVASAN R, MUTTIAH R S, et al., 1998. Large area hydrologic modeling and assessment part I: Model development1[J]. Journal of the American Water Resources Association, 34(1): 73-89.

ARNELL N W, 2003. Relative effects of multi-decadal climatic variability and changes in the mean and variability of climate due to global warming: future streamflow in Britain[J]. Journal of Hydrology, 270(3-4): 195-213.

BOUCHET R, 1963. Evapotranspiration reele potentielle, signification climatique[J]. International Association of Hydrological Sciences, 62: 134-142.

BOWEN I S, 1926. The ratio of heat losses by conduction and by evaporation from any water surface[J]. Physical Review, 27(6): 779-791.

BRONSTERT A, DANID N, GERD B, 2002. Effects of climate and landuse change on storm runoff generation: present knowledge and modeling capabilities[J]. Hydrological Processes, 16(2): 509-529.

CALDER I R, HALL R L, BASTABLE H G, 1995. The impact of land use change on water resources in sub-Saharan Africa: a modeling study of Lake Malawi[J]. Journal of Hydrology, 170: 123-135.

FALKENMARK M, 1995. Coping with Water Scarcity under Rapid Population Growth[M]. Pretoria: Conference of SADC Minister.

FALKENMARK M, ROCHSTORM J, 2006. The new blue and green water paradigm: Breaking new ground for water resources planning and management[J]. Water Resource Planning and Management, 132(3): 129-132.

FARAMARZI M, ABBASPOUR K C, SCHULIN R, et al., 2009. Modelling blue and green water resources availability in Iran[J]. Hydrological Processes, 23(3): 486-501.

FAYEZ A, TAMER E, HAMED A, 2009. Assessment of the impact of potential climate change on the water balance of a semi-arid watershed[J]. Water Resources Management, 23(10): 2051-2068.

GAISER T, KROL M, FRISCHKORN H, et al., 2003. Global change and regional impacts, water availability and vulnerability of ecosystems and society in the semi-arid northeast of Brazil[J]. Water Resources Management, 22(4): 145-157.

GAN T Y, 2000. Reducing vulnerability of water resources of Canadian Prairies to potential droughts and possible climate warming[J]. Water Resources Management, 14(2): 111-135.

GAO S, WANG J, XIONG L, et al., 2002. A macro-scale and semi-distributed monthly water balance model to predict climate change impacts in China[J]. Hydrology, 268: 1-15.

GERTEN D, HOFF H, BONDEAU A, et al., 2005. Contemporary green water flows: Simulations with a dynamic global vegetation and water balance model[J]. Physics and Chemistry of the Earth, Parts A/B/C, 30(6): 334-338.

HUANG F, LI B, 2010. Assessing grain crop water productivity of China using a hydro-model-coupled-statistics approach. Part II: Application in breadbasket basins of China[J]. Agricultural Water Management, 97(9): 259-1268.

HODGKINS G A, DUDLEY R W, HUNTINGTON T G, 2005. Changes in the number and timing of days of ice-affected flow on northern new England rivers[J]. Climate Change, 71(3): 319-340.

JARVIS P G, MCNAUGHTON K, 1986. Stomatal control of transpiration: scaling up from leaf to region[J]. Advances in Ecological Research, 15: 1-49.

JEWITT G P W, GARRATL J A, CALDER I R, et al., 2004. Water resources planning and modelling tools for the assessment of land use change in the Luvuvliu Catchment, South Africa[J]. Physics and Chemistry of the Earth, 15(18): 1233-1241.

KITE G W, HABERLANDT U, 1999. Atmospheric model data for macroscale hydrology[J]. Journal of Hydrology, 217: 303-313.

KUNDZEWICZ Z W, SCHELLNHUBER H J, 2004. Floods in the IPCC TAR Perspective[J]. Natural Hazards, 31: 111-122.

LEIPPRAND A, DWORAKN T, BENZILE M, 2008. Impacts of climate change on water resources-adaption strategies for Europe[R]. Sachsen: Federal Environment Agency.

LIU J, CHRISTIAN R, YANG H, et al., 2013. A global and spatially explicit assessment of climate change impacts on crop production and consumptive water use[J]. Plos One, 8(2): 57-65.

LIU J, YANG H, 2010. Spatially explicit assessment of global consumptive water uses in cropland green and blue water[J]. Journal of Hydrology, 384(3): 187-197.

MARCOS H C, AURECLIE B, JEFFREY A, et al., 2003. Effects of large scale changes in land cover on the discharge of the Tocantins River, Southeastern Amazonia[J]. Journal of Hydrology, 283(1-4): 206-217.

MINVILLE M, BRISSETTE F, LECONTE R, 2008. Uncertainty of the impact of climate change on the hydrology of a nordic watershed[J]. Journal of Hydrology, 358(1): 70-83.

MONTEITH J L, 1965. Evaporation and environment[J]. Symposia of the Society for Experiment Biology, 19: 205-234.

OKI T, KANAE S, 2006. Global hydrological cycles and world water resources[J]. Science, 313: 1068-1072.

PENMAN H L, 1948. Natural evaporation from open water, bare soil and grass. Proceedings of the Royal Society of London Series[J]. A Mathematical and Physical Sciences, 193(1032): 120-145.

PILLING C G, JONES J A, 2002. The impact of future climate change on seasonal discharge, hydrological processes and extreme flows in the Upper Wye experimental catchment, mid-Wales[J]. Hydrological Processes, 16(6): 1201-1213.

POHL S, MARSH P, BONSAL B R, 2007. Modeling the impact of climate change on runoff and annual water balance of an Arctic Headwater basin[J]. Arctic, 60(12): 173-186.

POSTEL S L, DAILY G C, EHRLICH P R, 1996. Human appropriation of renewable fresh water[J]. Science, 271(5250): 785-787.

ROCKSTROM J, GORNDON L, 2001. Assessment of green water flows to sustain major biomes of the world: Implication for future eco-hydrological landscape management[J]. Physics and Chemistry of the Earth, 26(11): 843-851.

ROCKSTROM J, KARLBERG L, WANI S, et al., 2010. Managing water in rainfed agriculture-The need for a paradigm shift[J]. Agricultural Water Management, 97(4): 543-550.

RODRIGUEZ L, 2000. Ecohydrology: A hydrologic perspective of climate-soil-vegetation dynamics[J]. Water Resource, 36(1): 3-9.

ROST S, GERTEN D, BONDEALL A, et al., 2008. Agricultural green and blue water consumption and its influence on the global water system[J]. Water Resources Research, 44(9): 1-17.

SCHULZE R E, 2000. Modelling hydrological responses to landuse and climate change: A southern african perspective[J]. Ambio, 29(1): 12-22.

SHUTTLEWORTH W J, WALLACE J, 1985. Evaporation from sparse crops-an energy combination theory[J]. Quarterly Journal of the Royal Meteorological Society, 111(469): 839-855.

SWINBANK W C, 1955. An Experimental Study of Transports in the Lower Atmosphere (NO_2)[M]. Melbourne:Commonwealth Scientific and Industrial Research Organization.

THORNTHWAITE C W, HOLZMAN B, 1939. The determination of evaporation from land and water surfaces[J]. Monthly Weather Review, 67(1): 4-11.

THORNTHWAITE C W, 1948. An approach toward a rational classification of climate geographical review[J]. American Geographical Society, 38(1): 55-94.

第2章 研究区概况及研究方法

2.1 研究区概况

南小河沟流域位于蒲河下游、董志塬西侧,距西峰城区中心10km,是黄河水利委员会西峰水土保持科学试验站于1951年建立的全面、科学治理黄土高原水土流失的试验区域。为了发展生产,防治水土流失,南小河沟流域在进行科学研究的同时进行了大范围的水土保持综合治理,其水土保持措施主要为:地埂、水平梯田、水窖、涝池、蓄水堰、水平沟、鱼鳞坑、造林、种草、修谷坊、沟头防护和淤地坝等。在治理思路上,根据塬、坡和沟错综交织的地貌特点和水土流失规律,科技工作者建立塬面、沟坡和沟谷三道防线治理模式,经过60多年的艰辛治理,有效地控制了水土流失蔓延,保住了董志塬,减少了流入黄河的泥沙,保护并改造了广大农田、交通道路及住宅。

流域在治理前,全流域总土地面积5.44万亩(1亩=666.67m²),农地占53%、林地占1%、荒山荒坡牧草面积占29%,村庄、道路面积占5.1%,泄流、陡坡、悬崖和沟床面积8.8%,其他占3.1%。不合理的利用土地顺坡耕作,不适当的轮作及广种薄收等会使土壤性状恶化,降低抗蚀和抗冲性能。在流域内实施治理措施后,流域内农地比例减少到42%,林地比例增加到7%,牧草地为30%,非生产性土地所占比例达到21%,初步调整改变了土地利用的比例关系,提高了土地的生产潜力。据长期观测分析,流域内水土保持措施的年平均拦沙效益达到97%,蓄水效益达到55%,对较大暴雨的拦蓄效果较好,可以达到塬面上的一般暴雨不下沟。在整个流域的治理过程中,建立了许多综合治理典型,尤其在黄土高原沟壑区水土流失规律和小流域水土保持综合治理方针、治理模式、措施配置体系、单项防治措施技术、黄河水沙变化和集雨节水灌溉等研究中成效显著,为黄河流域水土保持科研事业的兴起和发展起到了积极的推动作用。

2.1.1 地理位置

南小河沟流域位于甘肃省庆阳市后官寨乡境内,位于东经107°30′~107°37′,北纬35°41′~35°44′,系泾河支流蒲河左岸的一条支沟。流域面积36.3km²,总长度13.6km,平均宽度3.4km,形状系数0.25,海拔1050~1423m,相对高差373m,沟壑密度2.68km/km²,沟道比降2.8‰,南小河沟流域地理位置见图2.1。

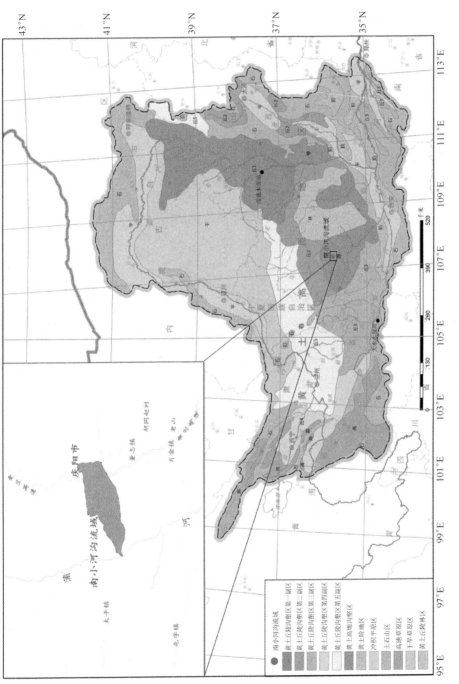

图 2.1　南小河沟流域地理位置图

2.1.2 地形地貌

南小河沟流域地貌类型主要有塬面、坡地和沟谷这三类，简称"塬"、"坡"和"沟"，具有典型的黄土高原沟壑区地貌特征。塬面相对位置较高，地形宽广平坦，土壤肥沃，是农业生产和村庄的基地，占流域总面积的56.9%；坡面是连接塬面与沟谷的缓坡地带，坡度一般在10°～30°，很大一部分已形成坡式梯田，占流域总面积的15.7%；坡面以下为沟谷，其形状在支沟多呈"V"字形，在主沟多呈"U"字形，沟谷坡度一般在40°～70°，占流域总面积的27.4%。除此之外，塬面多为农耕地，主要为水力侵蚀，以片蚀和细沟侵蚀为主。山坡地形破碎，多呈咀形、梁形和峁形，多为坡耕地，主要为水力侵蚀。在咀、梁和峁坡上部，主要为细沟侵蚀；在其下部，还常常发生陷穴和冲沟等侵蚀。沟谷一般是40°～60°的陡坡和大于60°的悬崖和立壁。陡坡多是牧荒地，沟坡中部多是为25°～30°的坡耕地（朱悦等，2011）。

2.1.3 气候特征

南小河沟流域地处中纬度地带，属大陆性季风气候，全年大部分时间受高空西风环流影响，冬季盛行西北风，夏季盛行东南风。其四季特征是：春季风大雨少，冷暖无常，多寒潮；夏季温和凉爽，雨水集中，多冰雹；秋季气温逐降，阴雨连绵，多云雾；冬季多风寒冷，干燥少雪，多晴天。根据流域内气象站1951～2012年降雨资料统计分析，南小河沟流域多年平均降雨量为544.8mm，年最大降雨量828.2mm（2003年），年最小降雨量338.3 mm（1997年）。在多年平均降雨量中，5～9月降雨量为409.3mm，占全年总降雨量的77.1%。流域内年平均气温为9.3℃，最高气温39.6℃，最低气温为-22.6℃，最大日温差23.7℃，多年平均水面蒸发量为1491.0mm，平均无霜期155天，干燥度为1.6。流域内主要自然灾害是干旱，其次是霜冻。流域属强度侵蚀区，水力侵蚀、重力侵蚀是主要侵蚀形式，整个流域年径流模数为8894m^3/（km^2·a），侵蚀模数为4350t/（km^2·a）。

2.1.4 地质土壤

南小河沟流域地质构造比较单一，除了下游河谷底部出现白垩纪砂岩层外，其余地面全部为第四纪黄土所覆盖，总厚度达250m。流域主要有下列几种岩层。

（1）砂岩：为流域内土层下的基岩，在中下游河道中出露，由于长期受流水冲刷，岩层已下切20余米。

（2）黄土状重亚黏土：分布在流域中、下游两侧，黏粒含量52.7%，干容重1.7～1.9g/cm^3，质地坚硬，抗冲力强。但孔隙率较小，膨胀系数大，遇到干湿、冷热变化，易发生"红土泻溜"现象。

（3）黄土状亚黏土：出现在中游及其两侧支沟沟口的沟谷坡上，黏粒含量为33%，干容重 1.6～1.7g/cm³，厚度为 60m。

（4）红色黄土：分布在流域上、中、下游的沟坡下部，黏粒含量小于 30%，干容重 1.5～1.6g/cm³，厚度为 50～100m。

（5）黄土：为流域表层岩层，分布极广，塬面、坡面几乎全部为其覆盖，黏粒含量甚微，土质松软，干容重为 1.4g/cm³，厚度为 20～50m。

南小河沟流域的表层土壤基本被黄土覆盖，其容重在分布在 1.25～1.45g/cm³。依据国际土壤质地分类标准，流域内黄土属于砂质土壤，质地均匀而疏松，为粉砂壤土，黏粒含量较少，粒间为钙质所胶结，钙可溶于水，并随水流失，因此加强了黄土在水中的分散性。

2.1.5　植被类型

南小河沟流域属暖温带森林草原地带植被，无天然林分布。塬面为农业生产基地，除村庄、道路旁和部分沟头有小型林带外，无整块大片林带。塬面和坡面的主要农作物为小麦、谷子、玉米、高粱和马铃薯等，而林草植被主要生长于坡面和沟谷中，在坡面上形成了以人工刺槐、侧柏和油松等乔木为主的生态林和以苹果树为主的经济林，在坡面边缘和路旁则分布有白羊草、野枯草群落。沟谷目前已经实施退耕还林还草措施，人工林群落已经初具规模，主要的乔木林种为刺槐、杨树，草被群落为白羊草、艾蒿群落，人工种草主要为紫花苜蓿。

南小河沟流域内的两条小支沟杨家沟小流域和董庄沟小流域，在地理位置上相互毗邻。其中，杨家沟小流域 1952 年开始治理，基本上是按照"全面规划、集中治理、连续治理、沟坡兼治、治坡为主"及"工程措施与生物措施相结合"的治理方针，经过数年积累了一系列的水文观测资料。在进行杨家沟小流域治理的同时，选定其毗邻的董庄沟小流域为对比沟设立测站，进行水土保持措施减水减沙作用的对比观测。董庄沟小流域的地形、土壤基本与杨家沟小流域相似，植被特点与杨家沟小流域治理前相似，处于群众利用的自然状态。

杨家沟小流域经过多年的综合治理，农林牧均有较大发展，蓄水减沙效益明显。而董庄沟小流域则一直处于自然恢复状态。就杨家沟和董庄沟这两条支沟而言，塬面为农业生产基地，除村庄、道路旁和部分沟头有小型林带外，无整块大片林带。塬面、坡面的主要农作物为小麦、谷子、玉米、高粱、马铃薯和豆类等，而林草植被主要生长于坡面和沟谷中。杨家沟小流域内无天然林分布，人工栽培的乔木树种主要有刺槐、侧柏、油松、山杏、杨和柳等，灌木树种主要有柠条、紫穗槐等果树和经济林主要有苹果、杏、梨、葡萄和枣树等。人工种草以紫花苜蓿为主，天然草以冰草、白羊草、马牙草、艾蒿、稗草和穿叶眼子等天然群落为主。董庄沟小流域流域为天然荒坡，植被以马牙草、冰草和艾蒿等天然群落为主。

2.2　资料收集与处理

2.2.1　水文资料

1. 降雨资料

南小河沟流域自 1954 年设站观测以来，先后布设雨量站 17 个，其中大部分雨量站观测时段不连续且资料系列多为汛期资料，雨量站名称及观测起止年份详见表 2.1。

表 2.1　南小河沟流域降雨观测资料系列统计表

序号	站名	观测起止年份
1	方家沟畔	1978～1989 年、1991 年
2	帅家堡	1979～1992 年
3	南佐	1978～1992 年
4	王铁	1978～1992 年
5	范家沟	1957～1960 年、1979～1983 年
6	下寺肴	1978 年至今
7	郭家咀	1980～1986 年
8	路家堡	1978～1992 年
9	何家庄	1978～1991 年
10	雷家胡同	1978 年
11	试验场	1971 年
12	马家集	1978～1989 年
13	叶家坡	1965 年
14	董庄沟	1954～1958 年、1964～1965 年、1976～1977 年、2005 年至今
15	花果山水库出口	1958～1959 年、1961～1962 年、1964～1968 年
16	十八亩台	1954～1969 年、1971～1994 年、2005 年至今
17	杨家沟	1954～1962 年、1964～1969 年、1972 年至今

可以看出，降雨资料可以分为三个时段：1954～1977 年主要是十八亩台、杨家沟、董庄沟和花果山水库出口 4 处雨量站进行观测；1978～1992 年主要是十八亩台、杨家沟、方家沟畔、帅家堡、南佐、王铁、下寺肴、路家堡、何家庄和马家集 10 处雨量站进行观测；1995 年后只保留了下寺肴和十八亩台 2 处雨量站进行观测。观测资料系列较长的只有十八亩台测站（1970 年、1995～2004 年缺测，而且 1968～1978 年只观测了 6～9 月雨量）和杨家沟测站（1970 年、1971 年缺测，1984 年前主要观测 5～10 月雨量）。

2. 径流资料

为了探索黄土高原沟壑区径流泥沙来源及水土流失规律，南小河沟流域自1954 年来即开始了径流的观测工作，先后布设径流测站 8 个以及径流场 128 个。其中，径流测站布设的要求以能满足开展径流泥沙来源研究及水土保持措施减水减沙作用的分析为目的，布设的方法以大流域套小流域、小流域套径流场为原则，所统计的径流资料主要包括：年径流量、汛期月径流量、7～8 月径流量和洪水径流量。泥沙资料统计主要包括：年输沙量、汛期输沙量、7～8 月输沙量以及洪水输沙量。南小河沟流域内径流测站布设情况详见表 2.2。

表 2.2　南小河沟流域径流测站布设情况表

测站名称	集水面积/km²	测验布设目的	观测起止年份
十八亩台水库	30.6	通过对水库的有关要素的观测，掌握十八亩台水库的蓄水、淤积、水面蒸发、洪峰比降和土坝塌陷等情况	1953～1963 年
十八亩台水库出口	30.6	了解流域内经过不同程度的治理后，径流泥沙的变化情况，与十八亩台水库进口站配合，了解水库的调洪作用，水库的淤积和排沙规律	1954～1994 年、2003 年至今（缺 1970 年、1986 年、1990 年）
十八亩台水库进口	27.8	一是为了控制流域内的治理效益，二是了解两水库的调洪作用及其淤积和排沙规律	1954～1957 年
花果山水库出口	25	了解流域内治理效益、水库调蓄作用及其泥沙淤积规律	1961～1968 年、2005 年至今
花果山水库	25	同水库出口	1961～1981 年
董庄沟	1.15	作为为治理沟道与杨家沟进行对比，作为黄土高原沟壑区未治理的典型小流域研究其水土流失规律	1954～1965 年、1976～1977 年、2005 年至今
杨家沟	0.87	了解支毛沟以生物措施为主的治理效益，配合研究支沟的治理措施和方法	1954 年至今（缺 1970 年、1971 年、1987 年、1989 年、1990 年）
范家沟	0.363	为探讨较大流域的水土保持综合治理效益提供依据	1957～1960 年

流域所建立的 128 个径流场中，有农地径流场 54 个，林地径流场 27 个，草地径流场 12 个，天然荒坡径流场 28 个，道路径流场 4 个和庄院径流场 3 个，以开展土壤侵蚀过程和侵蚀影响因子定量评价和预报模型的试验研究工作。径流场大体可以分为两大类：第一类为自然影响因子径流场，主要是观测研究某一侵蚀影响因子对水土流失的影响，探求各自然因素在水土流失过程中的作用与相互之间的定量关系及规律性；第二类为不同土地利用及耕作方式径流场，主要观测研

究观测流域内不同类型植被的水土保持措施蓄水减沙作用以及不同耕作方式的对比试验。径流场按面积大小分为小型径流场和大型径流场，小型径流场一般宽为5m，水平坡长为16m、20m不等，面积多在 $100m^2$ 左右，最大的为 $500m^2$；而大型径流场面积则可以达到 $2710\sim77100m^2$。

2.2.2　气象资料

本书在研究中收集了西峰气象站 1970～2012 年的气象资料，包括日平均降雨量、气温（日最高气温、日最低气温、日平均均气温）、相对湿度、风速及日照时数等。

此外由于流域内一些雨量站的资料在某些年份处于缺测状态，而紧邻南小沟流域的西峰气象站从 1937 年开始就有完整的雨量观测资料，可以利用西峰气象站的雨量资料，对缺测的降雨资料进行插值处理，最终得到南小河沟流域 1954～2012 年的降雨数据。

2.3　研　究　方　法

2.3.1　绿水资源量的计算方法

1995 年瑞典水文学家 Falkenmark 在联合国粮食及农业组织水土大会上提出了"绿水"的概念，旨在解决农业与粮食问题。这一理论将降雨在陆地生态系统中分为绿水和蓝水，其中，绿水是存储于土壤中并被植被、农作物利用的水。在陆地尺度上，陆地降雨中约 1/3 的水量以径流形式流入海洋，被称为蓝水，剩余2/3 的水量则直接消耗于陆地生态系统的生物总量生产过程中的光合作用，被称为绿水。就全球尺度而言，绿水占总降雨的 65%，由此可见，绿水资源的开发潜力很大。Rockstrom 等（2001）将绿水划分为生产性绿水和非生产性绿水，其中生产性绿水直接影响植物的生物量，对其进行评估在农业生产上具有重要价值。Falkenmark 等（2006）结合绿水的物质性和资源性，又将绿水分为绿水流和绿水贮存，使绿水含义更加明确具体。其中，绿水流即实际蒸散发，包括土壤蒸发、植物蒸腾和植物截留等水分运动过程；绿水储存则是指土壤储水量的变化量。

绿水资源分布状况受气候、地形、植被类型及其覆盖率、土壤类型及养分情况和土地利用等因素影响，凡是影响蒸散发的因素，都会影响绿水。目前，国外对于绿水进行评估方法主要有水文模型法、大气环流模型法和统计法等。近年来，国内绿水评估方法虽不如蓝水评估方法成熟，但已有所发展。

1. 传统理论法

传统理论法即采用植物生理学方法，主要是通过测定叶片或 1 株植物的绿水流，由叶片推广到植株，再由植株推广到生物群落过程中。传统理论法中，最常用植物生理学方法有小室法和示踪法，该方法虽然理论简单，实验目的明确，但未能考虑观测时段差异导致的要素改变，也没有考虑空间上环境的改变，因此具有一定的局限性，一般仅用于研究或作为对照组（Postel et al.，1996）。

2. 水量平衡法

水量平衡法最先应用于绿水流计算，利用该方法求解绿水的关键是水量平衡方程中各个参数的获取，在实际应用中，各参数的获取会有误差，进而在计算绿水流中会有累计误差，这是该方法实际应用的瓶颈。李素丽等（2011）基于生态水文学原理的绿水评估就是应用了这种方法。

根据水量平衡原理，对于闭合区域，其水量平衡方程为

$$P = R + E + \Delta W \tag{2.1}$$

式中，P 为降雨量（mm）；R 为径流量（mm）；E 为实际蒸散发量（mm）；ΔW 为土壤储水蓄变量（mm）。

研究区属黄土高原沟壑区，地下水埋深较深，地下水补给量可以忽略不计，因此蓝水资源量即降雨形成的地表径流量。式（2.1）中的 R 就是蓝水资源量，用 W_b 表示；$E + \Delta W$ 即为绿水资源量，用 W_g 表示，式（2.1）也可以表示为

$$P = W_b + W_g = \alpha_r P + W_g \tag{2.2}$$

因此绿水的计算公式则为

$$W_g = (1 - \alpha_r) P \tag{2.3}$$

式中，α_r 为径流系数，其他符号意义同前。

3. 微气象学法

该方法的基本原理是用在蒸散面或蒸散面上面实测的气象参数的瞬时值（温度、湿度和风速等）来计算实际蒸散发，再加上测得的土壤储水蓄变量，两者之和即为绿水资源量。因此，微气象学法推求绿水量的关键在于计算实际蒸散发量。

微气象学法是基于实测的气象参数（如温度、湿度和太阳辐射等）来计算绿水流，应用的核心是尽量避免对气象因素的干扰，多适用于地表起伏不大、较平坦的地区，其适用的时间尺度可从几分钟到数月不等。该类方法中常见的几种方法包括波文比法、涡度相关法、Penman 公式法以及在 Penman 公式基础上改进的 Penman-Monteith 公式和温度差方法。

在几种微气象学法中，Penman-Monteith 公式是应用最广泛的方法。相对于

Penman 公式，Penman-Monteith 公式引入了表面阻抗，当其趋于零时，Penman-Monteith 公式就变成了 Penman 公式；对于完全覆盖的植被而言，表面阻抗可以用叶面积指数（leaf area index，LAI）和气孔阻抗计算，但对于部分覆盖的植被和裸露的土壤来说，表面阻抗的计算就有些困难，解决的方法是将数据由"层状性"向"凹凸性"转化，具体方法是运用遥感技术获取"层状"气象数据，结合地面覆被状况（如植被种类、植被盖度和裸露土壤区所占比例）以及在植被或裸土处按需设定的测定装置（如放射温度计），获得"凹凸性"数据。

微气象学法中，相对于 Penman-Monteith 公式的局限性，邱国玉等（2006）通过引入参考蒸发（蒸腾）面的概念，在温度差方法的基础上消除了空气动力学阻抗，提出了计算绿水流的"三温模型"，该模型通过引入参考土壤和参考植被的概念，不需要输入空气动力学阻抗就可以计算土壤蒸发量（无效绿水流）以及植被蒸发量（有效绿水流）。"三温模型"在计算绿水流时，仅需要净辐射、土壤热通量和温度 3 个参数，并且，在计算有效绿水流时，土壤热通量可忽略不计，仅需净辐射和温度 2 个参数。

4. 模型法

水文模型可以模拟水文过程，揭示过程机制，反映水资源的时空特性。与传统理论法和微气象法相比，模型法可以同时评估区域蓝绿水的时空分布，评估精度相对较高。

在研究土地覆被变化对蓝、绿水的影响方面，Jewitt 等（2004）基于 ArcGIS，在小尺度上使用 ACRU（agricultural catchments research unit）模型，大尺度上使用 HYLUC（hydrological land use change）模型对绿水流进行评估。Gerten 等（2005）在 0.5° 空间分辨率上使用了 LPJ（Lund-Potsdam-Jena）模型评估绿水流，得出了植被变化对绿水流的影响，并用植物生理学理论解释了这种影响，对模型评估进行了验证。Liu 等（2009）利用基于双源蒸散发模型的半分布式水文模型计算蓝、绿水量，定量分析了土地利用变化对蓝、绿水转向的影响程度。

在分布式水文模型当中，SWAT 模型不仅可以评估蓝水，同时也是常用的绿水流评估方法。对不同的研究区域，可用模型气候变化，以及 LUCC 绿水流的时空分布情况及其对农作物的影响。Arc SWAT 模型是对 SWAT 模型的改进，也被应用于绿水流的评估。徐宗学等（2013）在 SWAT 模型基础上，结合 SUFI-2 算法对绿水流进行了评估。

随着计算技术的发展，模型在计算过程中逐渐开始耦合物理公式，如 SPAC 模型；同时，估算绿水流的模型法也出现了分层处理，Penman-Monteith 公式便是典型的单层模型，在考虑土壤和冠层的总通量的基础上，Shuttleworth 等（1985）提出了一个双层模型，并且，在进行大尺度模拟时，双层模型精度比单层更高；

但如果研究对象是小气候、小区域，就需对模型进行多层处理，分别计算参数和系数的空间分布来提高精度。

除上述模型之外，目前，已经出现了融合较为复杂机理的模型，如 SVAT（soil-vegetation-atmosphere transfer）模型，它比 SPAC 的双层模型更详尽，同时中间变量的输出有很好的"反馈"作用，以进行实时修正。虽然"凹凸性"尚且不够，但应用比 SPAC 模型更广泛。但有时机理越复杂的模型，涉及的环境和结构特征变量越多，所需输入数据越多，在实际应用中不确定性可能越大，效果未必比简单模型好。

5. 遥感法与仪器法

20 世纪 70 年代以来，随着遥感技术的不断发展，用遥感技术估算绿水流成为可能，这种方法实质上是判断其他估算方法（如水分平衡法、Penman-Monteith 公式和模型法等）的参数（如净辐射量、土壤热通量、空气动力学阻抗和表面阻抗等）能否通过遥感技术获得，如果区域参数可以通过遥感技术获得，那么该方法就可以利用遥感信息或数据。

应用遥感技术有两方面优势，一是它可以拓展应用区域，尤其是对相关资料缺少的地区；二是遥感技术可记录整个动态过程，连续性较强，可有选择性地进行研究。无论是否应用遥感技术，阻抗的获得都有一定难度，主要是早期遥感不能得到此参数值。但最近几年来，随着高光谱、热成像技术和高分辨率影像的发展，各类参数的获得成为可能，遥感技术应用也逐渐普及。

仪器法也是通过对参数的测定来评估绿水流。Jewitt（2006）用大孔径闪烁仪（large-aperture scintillometer，LAS）和陆面能量平衡法（surface energy balance algorithm for land，SEBAL）可以很好地估算南非流域尺度绿水量。LAS 的工作距离为 $0.5\sim5$ km，可以观测近地面数千米尺度上的感热通量，进而可推算潜热通量，最终推算出流域绿水流。

未来绿水流评估模型可把有关表面能量、物质交换的物理学认知，植物生理机能对蒸腾作用控制的认知和更复杂的机理过程以及遥感技术结合起来，通过气象和下垫面等资料，模型有望预测区域绿水流量。

在实际评估中，可针对应用研究区域的尺度大小，选择合适的计算方法。由于先进的遥感技术不仅能提供无实测资料地区的信息，而且可提供动态的、连续的地面参数信息，实际应用时，遥感信息或数据支持下的微气象学法和模型法具有更强的可操作性。

随着对绿水的组成、机理以及绿水资源生态效应研究的深入，针对绿水评估问题，可以进行小尺度绿水评估以及区域有效绿水和无效绿水的分离。近年来，多源遥感技术和高分辨率影像的发展，为区域绿水流的研究提供了资料可行性，用遥感方法结合气象资料、下垫面情况，使绿水研究进入中小尺度，是未来研究的一个重点。

随着人口的增长、人类未来的需求、变化的景观和气候变化的影响等，绿水评估的影响因素日趋复杂，不确定性加大，应考虑影响因素的权重区域化。尽管绿水在评估方法上仍处于发展阶段，但其已经在水文水资源、气候变化和农业以及生态等研究领域受到越来越多的重视。目前相关国际学术研究机构已经开始致力于绿水研究，在不久的将来，其评估方法会更加成熟。

2.3.2　绿水对土地利用与气候变化响应的研究方法

情景模拟可有效地提供研究环境系统各元素发展相互影响作用的连贯性框架，因此被广泛应用于环境变化影响评价，是环境变化影响评价中必不可缺的分析工具。情景设计应综合考虑研究目的、空间尺度、自然与社会经济特点，以及研究区约束条件等因素。

土地利用变化受政治、经济、社会和自然等多方面因素影响，因此在变化背景下进行土地利用情景推算具有一定难度。目前，对土地利用进行情景模拟的方法主要有以下几种。

（1）历史反演法：以过去土地利用状况作为未来水文事件或以未来土地利用状况作为过去水文事件的土地利用情景。历史反演法应用较为简单，可直接将土地利用应用于分析，无须其他社会经济调查数据。

（2）模型预测法：根据区域土地利用变化受到的区域既定自然、社会经济和政治条件约束，借助有关模型确定土地利用变化趋势，建立情景。驱动力分析是模型预测法的首要步骤，通过驱动力分析揭示土地利用的原因、内部机制和过程，可以预测其未来发展趋势和结果。元胞自动机模型、Agent-based 模型、系统动力学模型以及 GLUE 模型等为土地利用变化分析中常用的模拟模型，能可视化地模拟土地利用时空分布的动态过程。模型模拟方法需借助其他社会经济等空间数据进行驱动分析进而进行模拟，因此其应用也具有一定限制性。

（3）极端情景模拟法：极端情景模拟是水文影响研究中的重要环节，分析结果代表了流域水文响应的可能变动范围，并可排除水文系统组成中多要素的干扰，有利于确定单一土地利用或单一要素在水文循环中所起的作用，验证模型灵敏度。

（4）土地利用空间配置法：考虑复杂的配置关系，如农业生产力、生态响应、经济与社会条件，以及相邻关系，确定土地利用变化的潜在空间分配。

与土地利用情景相比，气候情景并非受社会、政治等因素影响控制，气候变化仅在全球尺度等宏观尺度上表现出与人类活动等的关联性，目前进行气候情景模拟的主要方法有以下几种。

（1）任意情景法：根据未来气候可能的变化范围，任意给定气温、降雨等气候要素的变化值，如气温升高 1℃、2℃，降雨减少 10%、20% 等，任意情景设计的实质为敏感性分析和模式的性能检验。

（2）时间类比法：根据有气候资料记录以来的气候变化状况选取明显的冷、暖期，与当前气候进行对比分析生成气候变化情景，或根据地质年份变化过程的记录，重建气温和降雨等气候因素的变化过程生成气候变化情景。

（3）模型模拟法：模型模拟方法是利用全球气候模式（GCMs）的模拟结果生成未来的气候变化情景。常用的 GCMs 包括：美国哥达空间研究所模式（GISS）、美国国家大气研究中心模式（NCAR）和英国气象局模式（UKMO）等。

2.3.3　绿水变化规律的研究方法

在水文气候因子变化识别方面，需要对其统计结果进行分析，并最终进行诊断和预测。下面分别从基本统计量、统计检验和变化趋势分析 3 个方面对其进行阐述。

1. 基本统计量

基本统计量包括均值、距平、标准差、极值比和变异系数等。

均值是描述某一变量样本平均水平的量，是统计中最常用的一个基本概念。距平表示变量偏离正常情况的量，在诊断分析中，常用距平序列来代表变量本身，结果更加直观。标准差是描述样本中数据与以均值为中心的平均振动幅度的特征值，标准差常被称为均方差。变异系数为特征值标准差与均值的比值，可表示不同均值系列的离散程度，越接近 1，离散程度越大，越接近 0，离散程度越小。极值比为系列最大值与最小值的比值系数，反映了流域内两个极端值的倍数关系，显示了降雨的不均匀程度，值为 1 时，表示流域内的水文特征处于极均匀状态，值越大，表明降雨空间分布越不均匀。它们的计算公式分别为

$$\begin{cases} \bar{x} = \dfrac{1}{n}(x_1 + x_2 + \cdots + x_n) = \dfrac{1}{n}\sum_{i=1}^{n} x_i \\ x' = x_i - \bar{x} \\ s = \sqrt{\dfrac{1}{n}\sum_{i=1}^{n}(x_i - \bar{x})^2} \\ C_v = \dfrac{s}{\bar{x}} \\ A_1 = H_{max} / H_{min} \end{cases} \tag{2.4}$$

式中，$\bar{x}$ 为均值；x' 为距平；s 为标准差；C_v 为变异系数；A_1 表示极值比；H_{max} 和 H_{min} 为最大值和最小值。

2. 统计检验

判断气象水文要素是否有趋势性变化，是气候变化及其响应研究中的重要问题。目前气象水文领域进行趋势判断的主要方法是 Mann-Kendall 趋势检验方法，Mann-Kendall 趋势检验是非参数检验，不需要待检序列服从某一概率分布。气象水文数据大多是偏态且不服从同一分布，因此该检验方法在水文统计领域应用较广。Mann-Kendall 趋势检验方法的基本原理如下。

对于一个具有 n 个样本量的时间序列，构造一秩序列为

$$s_k = \sum_{i=1}^{k} r_i , \quad k = 2,3,\cdots,n \tag{2.5}$$

其中

$$\begin{cases} 1, & \text{当} x_i > x_j \\ 0, & \text{当} x_i \leq x_j \end{cases}, \quad j = 1,2,\cdots,i \tag{2.6}$$

可见，秩序列 s_k 是第 i 时刻数值大于 j 时刻数值个数的累积数。

在时间序列随机独立的假定下，定义统计量为

$$\mathrm{UF}_k = \frac{s_k - E(s_k)}{\sqrt{\mathrm{Var}(s_k)}}, \quad k = 1,2,\cdots,n \tag{2.7}$$

式中，UF_k 为标准正态分布，它是按时间序列顺序 x 计算出的统计量序列，$E(s_k)$ 和 $\mathrm{Var}(s_k)$ 分别为累积数的均值和方差，它们可由式（2.8）计算得

$$\begin{cases} E(s_k) = \dfrac{n(n+1)}{4} \\ \mathrm{Var}(s_k) = \dfrac{n(n-1)(2n+5)}{72} \end{cases} \tag{2.8}$$

对于给定显著性水平 p，若 $|\mathrm{UF}_k| > U_p$，则表明序列存在明显的趋势变化。之后按照时间序列 x 的逆序，再重复上述过程，同时使 $\mathrm{UB}_k = -\mathrm{UF}_k$，绘制 UB_k、UF_k 的曲线，超过临界线的范围确定为出现突变的时间区域。若两条曲线相交且两者的交点在临界线之间，那么交点对应的时刻便是突变开始的时刻。

3. 变化趋势分析

1）线性倾向估计

线性倾向估计即一元线性回归方程为

$$Y = A + BX \tag{2.9}$$

式中，A 表示截距；符号 B 代表变量 Y 的趋势倾向，大小表示上升或下降的倾向程度。

2）累计距平

累计距平也是常用的、由曲线直观判断趋势的方法。对于序列 x，某一时刻 t

的累积距平表示为

$$\hat{x}_t = \sum_{i=1}^{t}(x_i - \overline{x}), \quad t = 1, 2, \cdots, n \qquad (2.10)$$

曲线呈上升趋势，表距平值增加，反之减小。该方法也可以大致诊断发生突变的大致时间。

参 考 文 献

李素丽, 乔光建, 2011. 基于生态水文学原理的水资源评价方法[J]. 水利科技与经济, 17(5): 28-29.

邱国玉, 王帅, 吴晓, 2006. 三温模型——基于表面温度测算蒸散和评价环境质量的方法[J]. 植物生态学报. 30(2): 231-238.

徐宗学, 左德鹏, 2013. 拓宽思路, 科学评价水资源量——以渭河流域蓝水绿水资源量评价为例[J]. 南水北调与水利科技, 11(1): 12-16.

朱悦, 姜丽华, 毕华兴, 等, 2011. 黄土高塬沟壑区典型小流域水土保持措施蓄水保土效益分析[J]. 水土保持研究, 18(5): 119-123.

FALKENMARK M, 1995. Coping with Water Scarcity under Rapid Population Growth[M]. Pretoria: Conference of SADC Minister.

FALKENMARK M, Rochstorm J, 2006. The new blue and green water paradigm: Breaking new ground for water resources planning and management[J]. Water Resource Planning and Management, 132(3): 129-132.

GERTEN D, HOFF H, BONDEAU A, et al., 2005. Contemporary Green water flows: simulations with a dynamic global vegetation and water balance model[J]. Physics and Chemistry of the Earth. 30(6): 334-338.

JEWITT G, GARRATT J A, CALDER I R, et al., 2004. Water resources planning and modeling tools for the assessment of land use change in the Luvuvhu Catchment, South Africa[J]. Physics and Chemistry of the Earth, 29(15): 1233-1241.

JEWITT G, 2006. Integrating blue and green water flows for water resources management and planning[J]. Physics and Chemistry of the Earth, 31(15-16): 753-762.

LIU X, REN L, YUAN F, et al., 2009. Quantitative the effect of land use and land cover changes on green water and blue water in northern part of China[J]. Hydrology and Earth System Sciences, 13(6): 735-747.

POSTEL S L, DAILY G C, EHRLICH P R, 1996. Human appropriation of renewable fresh water[J]. Science-AAAS-Weekly Paper Edition, 271(5250): 785-787.

ROCKSTROM J, GORNDON L, 2001. Assessment of green water flows to sustain major biomes of the world: Implication for future eco-hydrological landscape management[J]. Physics and Chemistry of the Earth, 26(11): 843-851.

SHUTTLEWORTH W J, WALLACE R H, 1985. Evapotranspiration form spare crops: an energy combination theory[J]. Quarterly Journal of the Royal Meteorological Society. 2(111): 839-855.

SWINBANK W C, 1955. An Experimental Study of Eddy Transports in the Lower Atmosphere (No.2)[M]. Melbourne: Commonwealth Scientific and Industrial Research Organization.

VON STORCH H, 1995. Misuses of statistical analysis in climate research[J]. Analysis of Climate Variability, 1(2): 11-26.

YUE S, WANG C Y, 2002. Applicability of pre-whitening to eliminate the influence of serial correlation on the Mann-Kendall test[J]. Water Resources Research, 38(6): 1-7.

第3章 绿水的水文过程分析

3.1 流域降雨特性分析

大气降雨是陆地水资源的主要补给来源，地表水资源总量与降雨量大小成正相关（黄嘉佑等，1996）。根据 Falkenmark 的理论，降雨为绿水资源的唯一来源（Falkenmark，1995）。因此，在对流域尺度绿水资源量进行评估时，有必要对区域内的降雨特征进行分析评价，这对于系统评价绿水资源和水土保持工作，以及农业生产活动对于绿水资源所产生的时空分布差异均具有十分重要的意义。

3.1.1 降雨年内变化分析

1. 集中度与集中期

集中度和集中期可以反映出降雨量年内变化不均的规律（张艳梅等，2011），集中度和集中期将候降雨量看作一个向量，能定量地反映降雨年的年内分布的不均匀性，找到最大降雨可能出现的时段。其基本原理如下：将一个圆周分成 12 等份，1 月至 12 月所代表的角度 θ_i 分别为 $30°$，$60°$，$90°$，$\cdots$，$360°$；向量的大小即为每月降雨量的大小；累计各月的向量之和，得到一个新的向量，新向量的大小即为各月向量大小之和，方向则代表了降雨量效应的方向。计算公式为

$$N_x = \sum_{i=1}^{12} n_i \sin \theta_i \tag{3.1}$$

$$N_y = \sum_{i=1}^{12} n_i \cos \theta_i \tag{3.2}$$

$$N = \sqrt{N_x^2 + N_y^2} \tag{3.3}$$

$$\mathrm{ECD} = N \bigg/ \sum_{i=1}^{12} n_i \tag{3.4}$$

$$\mathrm{ECP} = \arctan(N_x / N_y) \tag{3.5}$$

式中，n_i 为月降雨向量的大小；θ_i 为月降雨向量的方向；N_x、N_y 和 N 分别为 X、Y 方向的和向量以及最终求得的总向量；ECD 为集中度；ECP 为集中期。

利用式（3.1）～式（3.5）计算南小河沟流域内不同年份的集中度和集中期，结果见表 3.1。

表 3.1　南小河沟流域不同年份集中度、集中期计算

年份	集中度（ECD）	集中期（ECP）
1970～1979	0.56	194.0°
1980～1989	0.56	184.6°
1990～1999	0.53	182.3°
2000～2012	0.58	197.7°
1970～2012	0.56	190.8°

通过表 3.1 可以看出，南小河沟流域 1970～2012 年多年降雨的集中期为 190.8°，根据集中期的定义可以发现，最大降雨出现在 7 月中上旬；同时可以看出多年降雨的集中度较大，达到了 0.56，年内降雨分布较为不均。通过不同年份的对比分析可知，降雨集中度的变化幅度较小，在 1990～1999 年最小，为 0.53；1970～1979 年和 1980～1989 年均为 0.56；2000～2012 年的集中度最高，达到 0.58。集中期的变化较大，1970～1979 年的集中期为 194.0°；1980～1989 年和 1990～1999 年逐渐降低，分别为 184.6° 和 182.3°，最大降雨可能出现的时间逐渐提前；2000 年以后集中期又增大至 197.7°，最大降雨可能出现时间推后。

2. 植物生长季降雨分布

植物生长季（4～9 月）期间的降雨对植物生长有重要的影响，进而影响流域内绿水资源的分布。根据 1970～2012 年逐月降雨资料，可以求出植物生长季降雨的年内分布情况，南小河沟流域内多年平均逐月降雨量见图 3.1，植物生长季降雨量占全年降雨百分比见表 3.2。

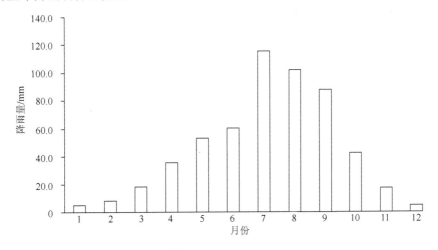

图 3.1　南小河沟流域多年平均逐月降雨量

表 3.2　植物生长季降雨占全年降雨百分比

年份	年平均降雨量/mm	植物生长季降雨量/mm	百分比/%
1970～1979	559.0	467.0	83.5
1980～1989	539.9	458.4	84.9
1990～1999	503.6	407.8	81.0
2000～2012	544.4	453.6	83.3
1970～2012	537.3	447.2	83.2

由图 3.1 可以看出，1970～2012 年，降雨多集中分布在 6～9 月，冬季降雨极少，降雨量年内分布不均。由表 3.2 分析，1970～2012 年植物生长季平均降雨量为 447.2mm，年平均降雨量为 537.3mm，植物生长季降雨量占年降雨量的 83.5%。在不同年份，植物生长季降雨量占全年降雨的比重没有明显变化，仅在 1990～1999 年有所降低，但都维持在 80%以上，可以看出，南小河沟流域降雨年内分配不均，降雨多集中分布在 6～9 月，植物生长季的降雨占全年降雨的比重保持稳定。

3.1.2　降雨量年际变化规律

1. 年降雨量距平

根据降雨量实测资料，利用式（2.4）计算得到年降雨量距平以及趋势线，结果如图 3.2 所示。可以看出，在 1970～2012 年，距平最大值出现在 2003 年，最小值则出现在 1995 年，年降雨量距平值整体上呈现波动变化，但波动的幅度不大。由趋势线可以看出，距平趋势线呈下降变化，证明年降雨量呈总体降低的趋势。

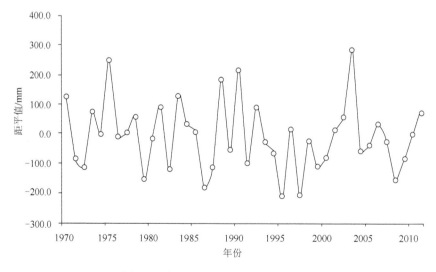

图 3.2　南小河沟流域年降雨量距平图

2. 变异系数

根据降雨量实测资料，利用式（2.4）得到南小河沟流域年降雨量及植物生长季变异系数，结果如表 3.3 所示。

表 3.3 南小河沟流域年降雨量、植物生长季降雨量变异系数

年份	年平均降雨量/mm	年降雨量变异系数	植物生长季降雨量变异系数
1970～1979	559	0.21	0.22
1980～1989	539.9	0.22	0.26
1990～1999	503.6	0.26	0.27
2000～2012	544.4	0.19	0.19
1970～2012	537.3	0.21	0.23

由表 3.3 可知，南小河沟流域 1970～2012 年降雨量变异系数为 0.21，说明在研究时段内，降雨量年际变化不大。通过对不同年份的降雨量及植物生长季降雨量的变异系数进行分析还可以看出，年降雨量和植物生长季降雨量变异系数先呈现小幅上升，在 20 世纪 90 年代达到最大，2000 年以后变异系数均降低至 0.19，降雨量变化幅度最小；而将年降雨量和植物生长季降雨的变异系数进行对比可以发现，在 2000 年以前，任何年代内植物生长季的降雨量变化幅度都要大于年降雨量的变化幅度。

3.1.3 年降雨量变化趋势及突变分析

利用 Mann-Kendall 非参数统计检验方法对 1970～2012 年的流域年降雨进行了突变分析，结果如图 3.3 所示。由于 Mann-Kendall 法的局限性，并不能认为所有的交点均为突变点，需通过其他方法进行检验，因此需要使用滑动 t 检验对其潜在突变点进行验证。滑动 t 检验法检验突变的原理是比较两组样本平均值的差异是否显著来检验突变，即把一气候序列中两段子序列均值有无显著差异当作来自两个总体均值有无显著差异的问题来检验，如果两段子序列的均值差异超过了一定的显著性水平，可以认为均值发生了质变，有突变发生。

由图 3.3 可知，1970～2012 年 UF 与 UB 曲线均未超过 0.05 显著性水平的信度线，证明年降雨量的变化不具有显著的趋势，这与距平分析的结果相一致；UF 曲线大部分处在小于 0 的区间，可以看出，年降雨量不具有显著的降低变化趋势。UF 与 UB 线有多个交点，这些交点都是可能出现的突变点，取子序列长度为 3 年，对这些点进行滑动 t 检验，结果如图 3.4 所示，可以看出，在整个研究时段内，统计序列值都没有超过 $p=0.01$ 显著水平，证明在时段内没有出现突变点，南小河沟流域 1970～2012 年的年降雨量没有发生突变。

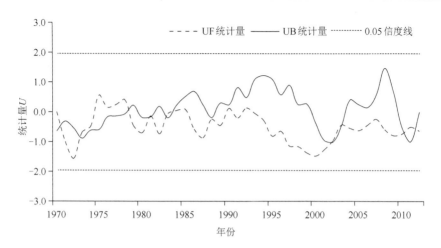

图 3.3 南小河沟流域年降雨量突变分析

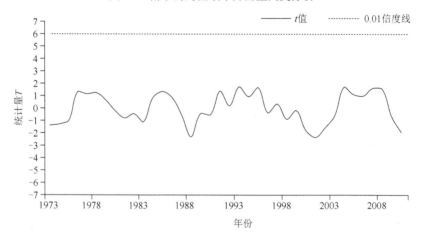

图 3.4 南小河沟流域年降雨量滑动 t 检验

3.1.4 降雨年型划分

为了对不同降雨年型的绿水资源进行分析，需要对南小河沟流域内的降雨年型进行确定，本书采用国内常用的划分标准（李锋瑞等，1996），对降雨年型进行划分。

丰水年： $$P_i > \overline{P} + 0.33S_\delta \qquad (3.6)$$

枯水年： $$P_i < \overline{P} - 0.33S_\delta \qquad (3.7)$$

式中，P_i 为当年降雨量（mm）；$\overline{P}$ 为多年平均降雨量（mm）；S_δ 为多年降雨量的均方差（mm）。

根据南小河沟流域多年降雨资料，通过计算可以得到多年降雨量的均方差为

114.4mm，根据式（3.6）与式（3.7）可以确定，丰水年的划分标准为年降雨量大于 575.1mm，枯水年的划分标准为小于 499.5mm。

3.2　流域入渗特征分析

入渗是指地表水分通过土壤表层进入到地下的过程，是降雨、土壤水、地下水和蒸散发水相互转化的重要环节，也是绿水形成的必经之路。研究土壤入渗对于研究绿水水文过程、降低地表径流，增加土壤入渗，降低土壤侵蚀，增大绿水转化率均具有重要的理论意义和实际意义。土壤水分入渗是非饱和土壤水分运动过程，其基础为达西定律，在其基础上，Richards 结合液体连续方程，导出了描述非饱和土壤水分运动的基本偏微分方程，即著名的 Richards 方程（详见第 1 章）。在入渗理论的基础上，后人又提出了不同的入渗模型对土壤水分入渗进行模拟和研究，常见的模型有 Green-Ampt 模型（Green et al., 1911）和 Horton 模型（Horton，1941）等。

3.2.1　经验模型模拟及参数率定

传统的经验模型由于其应用简单，所需参数较少，因此仍然被大多学者用来进行入渗研究。为研究不同植被覆盖条件下的土壤入渗规律和绿水水文过程，选用 Kostiakov、Kostiakov-Lewis 和蒋定生三种经验模型，通过试验数据对入渗过程进行模拟并对模型中的参数进行率定。

1. Kostiakov 模型

Kostiakov 模型是通过对灌溉水入渗的研究之后，在 1932 年提出的（Kostiakov，1932），其公式为

$$f = at^{-b} \tag{3.8}$$

式中，f 为入渗速率（mm/min）；t 为入渗时间（min）；a，b 为经验参数，其中 a 与初始含水率和土壤密度有关，b 反映了入渗率随时间减小的程度，b 越大则入渗随时间减小越快。

2. Kostiakov-Lewis 模型

Lewis 在 1937 年对 Kostiakov 模型进行了修正，提出了 Kostiakov-Lewis 模型，该模型在 Kostiakov 的基础上增添了稳定入渗项，Kostiakov 模型和 Kostiakov-Lewis 模型在表达方式上不同，而且其中的参数意义也有明显区别（熊友胜等，2013）。Kostiakov-Lewis 模型的公式为

$$f = at^{-b} + f_c \tag{3.9}$$

式中，f 为入渗速率（mm/min）；t 为入渗时间（min）；f_c 为稳渗率（mm/min）；a，b 为经验参数。

3. 蒋定生模型

蒋定生（1977）在基于 Kostiakov 模型和 Horton 模型的基础上，结合实际试验资料，提出了蒋定生模型，模型具体形式为

$$f = (f_0 - f_c)t^{-b} + f_c \tag{3.10}$$

式中，f 为入渗速率（mm/min）；f_c 为稳渗率（mm/min）；f_0 是初始入渗率（mm/min）；b 为入渗参数。

根据南小河沟流域内土地利用和植被地貌类型，选择其中 9 个具有代表性的试验地点（表 3.4）。在每个试验地通过单环入渗仪实测土壤水分入渗特征，记录土壤入渗各项参数，直到入渗到达稳定时为止。野外入渗仪的入渗环半径为 15cm，高度为 20cm，埋入土壤深度为 10cm，用马氏瓶控制地表水层，为防止入渗环内的入渗水分向外扩散，在入渗环外用土围成一圈。

表 3.4　南小河沟流域土壤水分入渗试验样地

序号	地类及植被覆盖情况	序号	地类及植被覆盖情况
1	常青山侧柏	6	水平梯田玉米
2	常青山刺槐	7	塬面苹果园
3	常青山荒地	8	苜蓿
4	常青山杏树	9	花果山沙棘林
5	魏家台油松		

运用 Origin 8.0 软件中的自定义函数拟合功能对 Kostiakov 模型、Kostiakov-Lewis 模型和蒋定生模型中的入渗参数进行拟合，并对拟合结果进行分析。其拟合结果见表 3.5，可以看出，Kostiakov 模型中的参数 a 为 3.8246～25.6980，最小值出现在常青山侧柏林，最大值出现在花果山沙棘林，b 为 0.0987～0.6281，其值反映了入渗率递减的情况，b 越大，入渗率随时间减小得越快，故花果山沙棘林地的入渗率递减最快，而常青山侧柏林最慢；Kostiakov-Lewis 模型的拟合结果中，a 为 2.8931～34.6638，最大值出现在花果山沙棘林，最小值出现在常青山侧柏林；b 为 0.5566～1.2151，最大值出现在常青山杏树林，最小值出现在魏家台油松林；蒋定生模型拟合的结果中，b 分布在 0.3235～0.7842，最小值出现在玉米地，最大值出现在常青山杏树林。

表 3.5　南小河沟流域 3 种经验模型参数拟合结果

序号	Kostiakov 模型			Kostiakov-Lewis 模型				蒋定生模型			
	a	b	R^2	a	b	f_c /(mm/min)	R^2	b	f_0 /(mm/min)	f_c /(mm/min)	R^2
1	3.8426	0.0987	0.7991	2.8931	0.7533	2.450	0.8938	0.3983	3.6288	2.450	0.6772
2	7.7346	0.1432	0.8522	6.8735	0.6802	3.922	0.8244	0.3594	6.3050	3.922	0.5598
3	9.0875	0.2016	0.9440	9.8238	0.7064	3.501	0.9455	0.4513	8.2245	3.501	0.7842
4	4.7537	0.2874	0.7313	11.3140	1.2151	1.455	0.9635	0.7842	4.6079	1.455	0.8362
5	6.3793	0.2025	0.8805	6.2362	0.5566	2.140	0.8604	0.4054	6.0059	2.140	0.7781
6	12.7400	0.3283	0.8624	13.0460	0.5930	2.321	0.7637	0.3235	7.4489	2.321	0.5424
7	9.3123	0.1931	0.9602	8.8195	0.6337	3.650	0.8931	0.3874	7.7116	3.650	0.7077
8	4.6581	0.1060	0.6612	4.2881	0.6534	2.655	0.7790	0.4433	4.9633	2.655	0.6986
9	25.6980	0.6281	0.9526	34.6640	0.9334	1.375	0.9822	0.5621	14.1630	1.375	0.7540

从三种模型的相关系数来看，Kostiakov 模型和 Kostiakov-Lewis 模型结果模拟结果的相关系数要高于蒋定生模型的相关系数，拟合结果较好。对于不同植被覆盖条件下，每个模型的拟合效果各不相同，具体拟合值与实测值见图 3.5～图 3.13。可以看出，不同的经验模型对于不同植被覆盖条件下的入渗拟合效果各不相同：①对于侧柏地来说，Kostiakov-Lewis 模型的模拟效果较好，在整个入渗时间段内，都有较好的拟合结果，Kostiakov 模型在 0～60min 时间段模拟效果较好，但超过 60min 之后其拟合结果不如 Kostiakov-Lewis 模型，而蒋定生模型的拟合效果在侧柏地上表现最差；②刺槐林地的试验与模拟结果表明，Kostiakov 模型在 120min 内的模拟效果在三个模型中表现较好，Kostiakov-Lewis 模型在后期的拟合效果上要稍优于 Kostiakov 模型，整体上看，上述两种模型的差距很小，但是蒋定生模型的拟合结果表现最差；③从荒地土壤水分的入渗模型对比可以看出，Kostiakov 模型能较好的拟合入渗过程，Kostiakov-Lewis 模型的拟合效果较 Kostiakov 模型相比，模拟效果较差，但这两种模型的模拟效果均好于蒋定生模型；④从图 3.8 可以看出，蒋定生模型和 Kostiakov-Lewis 模型均能非常好的模拟杏树林地的土壤水分入渗过程，而 Kostiakov 模型在 60min 之后的拟合结果与实测值偏差较大，与其他两个模型相比误差较大；⑤选取的三个经验模型都能较好的模拟油松林地土壤水分入渗的过程，其中，Kostiakov 模型的精确度最高；⑥从图 3.10 可以看出，Kostiakov、Kostiakov-Lewis 模型以及蒋定生模型对玉米地土壤水分入渗的拟合效果都不理想，根据实测值的分布分析，这可能是由试验数据不理想造成的；⑦对于苹果地的入渗过程拟合，Kostiakov 模型的模拟效果最好，蒋定生模型的效果最差；⑧在对苜蓿地入渗模拟实验中，Kostiakov-Lewis 模型、Kostiakov 模型和蒋定生模型对苜蓿地的入渗模拟结果均较为理想（图 3.12）；⑨在沙棘林地的入渗试验中，Kostiakov 与 Kostiakov-Lewis 模型对实际入渗过程的拟合要好于蒋定生模型。

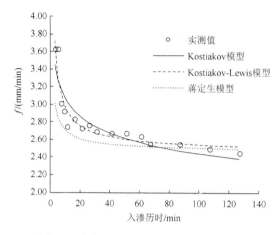

图 3.5 侧柏林地入渗经验模型拟合结果

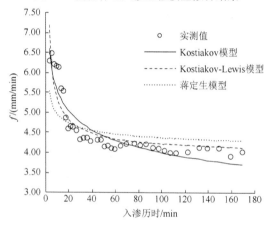

图 3.6 刺槐林地入渗经验模型拟合结果

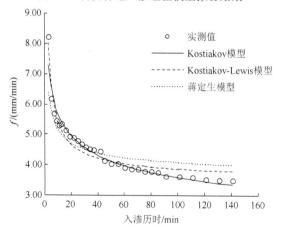

图 3.7 荒地入渗经验模型拟合结果

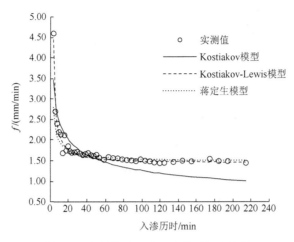

图 3.8　杏树林地入渗经验模型拟合结果

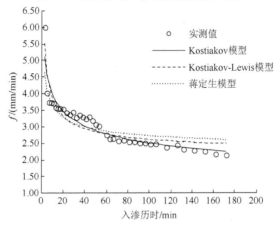

图 3.9　油松林地入渗经验模型拟合结果

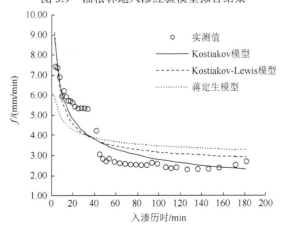

图 3.10　玉米地入渗经验模型拟合结果

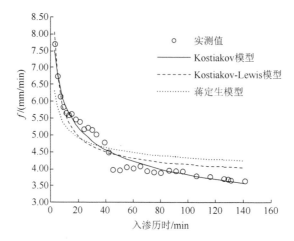

图 3.11　苹果地入渗经验模型拟合结果

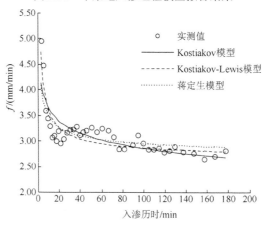

图 3.12　苜蓿地入渗经验模型拟合结果

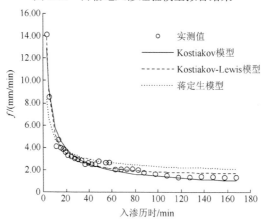

图 3.13　沙棘林地入渗经验模型拟合结果

从选取的 9 种样地可以看出，蒋定生模型在南小河沟流域对土壤水分入渗的拟合效果最差，仅在侧柏林地、杏树林地和苜蓿地有较好的模拟结果；Kostiakov 模型和 Kostiakov-Lewis 模型在绝大多数样地条件下，均可以较好地模拟入渗过程，并且，添加了稳定入渗项的 Kostiakov-Lewis 模型精确度在侧柏林地、刺槐林地、杏树林地、苜蓿地和沙棘林地要更高。综上所述，在南小河沟流域 Kostiakov-Lewis 和 Kostiakov 模型的适用性较好。

3.2.2　BP 神经网络模型模拟

近年来，世界范围内神经网络研究正处于一个高潮期，发展新型计算机和人工智能来解决传统科学问题成为迫切需要。而人工神经网络中的 BP（back propagation）神经网络，是目前被广泛运用在水资源学科的一种神经网络模型（刘继龙等，2012；白鹏等，2011）。在 BP 神经网络模拟过程中，输入数据经逐层处理得到实际输出值，若实际输出与期望输出之间的误差超过了误差允许范围，则网络自动返回继续模拟，从而达到输出值与目标值的无限逼近（苑希民等，2002）。本研究通过运用 DPS 数据处理系统（data processing system，DPS），对南小河沟流域 9 种不同植被覆盖条件下的入渗过程进行模拟。

1. 网络参数确定原则

（1）网络节点：在 BP 神经网络中，网络输入层神经元节点数就是系统的特征因子即自变量个数，输出层神经元节点数就是系统目标个数。在本次模拟中，输出项为入渗率，因此输出层神经元节点数为 1；通过综合试验过程以及影响入渗率的影响因素，选定时间、时段入渗量和土壤前期含水率为输入项，即网络输入层神经元节点数为 3。隐藏节点按经验选取，一般为输入层神经元节点数的 75%，由于本次输入项较少，故在模拟时隐藏节点值选取 1、2 进行验证，根据结果最终选择的隐藏节点值为 2。

（2）最小训练速率：在经典的 BP 算法中，根据实际经验，训练速率越大，权重变化越大，收敛越快；但训练速率过大，会引起系统的振荡。因此，在本次模拟中，最小训练速率选择 0.1。

（3）动态参数：根据实际操作计算的经验，动态参数一般选择 0.6～0.8。

（4）允许误差：一般取 0.001～0.000 01，当两次迭代结果的误差小于给定的允许误差时，系统自动停止计算得出最终结果。在该次模拟中，取值 0.0001。

（5）迭代次数：一般取 1000 次。BP 神经网络的计算结果并不能确保其迭代结果收敛，当无法保证收敛时，选定的迭代次数即为允许迭代的最大值迭代次数。

（6）Sigmoid 参数：一般取 0.9～1.0。在本次模拟中取值 0.9。

2. BP 神经网络模拟结果分析

通过 DPS 数据处理系统中的 BP 神经网络模块，对选取的 9 种样地分别进行模拟，其结果见表 3.6～表 3.14。

表 3.6　BP 神经网络模型模拟侧柏林地入渗结果

时间/min	实测入渗率/（mm/min）	模型模拟值/（mm/min）	相对误差/%
3	3.6288	3.5932	-0.98
7	3.0090	3.1477	4.61
11	2.7435	2.8219	2.86
21	2.7258	2.7158	-0.37
31	2.6904	2.6400	-1.87
41	2.6727	2.6728	0.00
51	2.6727	2.6224	-1.88
61	2.6373	2.5812	-2.13
87	2.5488	2.5982	1.94
127	2.4514	2.4993	1.95

从表 3.6 中可以看出，在侧柏地 BP 神经网络模型模拟的结果相对误差最大值为 4.61%，最小值低于 0.01%，相对误差绝对值平均为 1.86%。结果表明 BP 神经网络模型能够较好的模拟侧柏林地土壤水分入渗过程。

表 3.7　BP 神经网络模型模拟刺槐林地入渗结果

时间/min	实测入渗率/（mm/min）	模型模拟值/（mm/min）	相对误差/%
3	6.3050	6.4798	2.77
9	6.1772	6.1897	0.20
15	5.5489	5.3275	-3.99
26	4.5666	4.5825	0.35
35	4.3837	4.3193	-1.47
44	4.3345	4.3157	-0.43
53	4.1890	4.1711	-0.43
64	4.1842	4.1903	0.14
76	4.2404	4.2157	-0.58
86	4.2267	4.1264	-2.37
97	4.1167	4.1190	0.05
107	4.0108	4.0941	2.08
122	4.0303	4.1434	2.81
132	4.1418	4.1269	-0.36
149	4.1276	4.1012	-0.64
169	4.0373	4.0815	1.09

从表 3.7 中可以看出，BP 神经网络模型对刺槐林地的拟合效果较好，最大的相对误差为-3.99%，最低的相对误差仅为 0.05%，整个入渗阶段的相对误差绝对值平均为 1.26%，该模型的适用性较好。

表 3.8　BP 神经网络模型模拟荒地入渗结果

时间/min	实测入渗率/（mm/min）	模型模拟值/（mm/min）	相对误差/%
3	8.2245	7.5849	-7.78
7	5.6994	5.8059	1.87
11	5.3011	5.3292	0.53
22	4.8970	5.0126	2.36
31	4.5902	4.4083	-3.96
42	4.4576	4.2282	-5.15
50	4.0497	4.1725	3.03
60	3.9223	3.9346	0.31
70	3.8692	3.8116	-1.49
80	3.7984	3.7384	-1.58
91	3.6387	3.6929	1.49
101	3.6249	3.8248	5.51
121	3.5364	3.6958	4.51
141	3.5063	3.6462	3.99

从表 3.8 中可以发现，BP 神经网络对荒地土壤水分入渗的拟合效果要稍差于侧柏和刺槐林地的拟合效果，相对误差最大高达-7.78%，最低为 0.31%，相对误差值大多数在 3%～5%，绝对值平均为 3.11%。

BP 神经网络模型在杏树林地的拟合结果较好，相对误差多集中在±3%以下，最大值为-7.62%，最小值为-0.46%，相对误差绝对值平均为 3.01%（表 3.9）。

表 3.9　BP 神经网络模型模拟杏树林地入渗结果

时间/min	实测入渗率/（mm/min）	模型模拟值/（mm/min）	相对误差/%
3	4.6079	4.3549	-5.49
7	2.4160	2.4775	2.54
15	2.1328	1.9704	-7.62
23	1.7080	1.6910	-1.00
32	1.6874	1.6797	-0.46
41	1.6992	1.5926	-6.27
50	1.6579	1.5428	-6.94
63	1.6036	1.5569	-2.91
73	1.5717	1.5229	-3.11
88	1.5222	1.4986	-1.55
108	1.5009	1.4853	-1.04
124	1.4655	1.4795	0.95
154	1.4992	1.4892	-0.67
194	1.5027	1.4784	-1.62

从表 3.10 中可以发现，BP 神经网络模型在对油松林地入渗结果进行模拟时，初始阶段对入渗的模拟效果误差较大，相对误差达到了-11.6%，相对误差最小值为 0.86%，整个试验时段的相对误差绝对值平均为 4.52%，模型具有较好的适用性。而用 BP 神经网络对玉米地及苹果地上土壤水分入渗过程进行拟合的效果显示，模型在模拟玉米地土壤水分入渗过程时，相对误差最大值为 8.81%，最小相对误差为-0.26%，相对误差绝对值平均为 3.27%，说明 BP 神经网络模型在模拟玉米地土壤水分入渗过程时具有较好的适用性（表 3.11）。而在苹果地的入渗试验模拟中，BP 神经网络模型拟合的最大相对误差为 8.28%，最小相对误差为-0.07%，相对误差绝对值平均为 2.93%（表 3.12）。

表 3.10　BP 神经网络模型模拟油松林地入渗结果

时间/min	实测入渗率/(mm/min)	模型模拟值/(mm/min)	相对误差/%
3	6.0059	5.3090	-11.60
9	3.7347	3.8474	3.02
17	3.5577	3.5040	-1.51
26	3.3748	3.5762	5.97
38	3.2981	3.1598	-4.19
50	3.0739	2.8145	-8.44
63	2.6329	2.6742	1.57
76	2.5948	2.6171	0.86
91	2.5098	2.4480	-2.46
101	2.4744	2.3792	-3.85
116	2.3771	2.6125	9.90
132	2.3171	2.2748	-1.82
152	2.2550	2.3178	2.79
172	2.1417	2.2576	5.41

表 3.11　BP 神经网络模型模拟玉米地入渗结果

时间/min	实测入渗率/(mm/min)	模型模拟值/(mm/min)	相对误差/%
3	7.4489	7.2050	-3.27
11	6.2392	6.3527	1.82
19	5.6374	5.5407	-1.72
30	5.3631	5.0993	-4.92
41	4.2515	4.6261	8.81
53	2.8674	2.7938	-2.57
68	2.6090	2.6022	-0.26
78	2.5665	2.4923	-2.89

时间/min	实测入渗率/(mm/min)	模型模拟值/(mm/min)	相对误差/%
88	2.5488	2.4346	-4.48
98	2.609	2.4034	-7.88
106	2.4344	2.3932	-1.69
116	2.4249	2.3723	-2.17
136	2.3435	2.3673	1.02
156	2.4107	2.3567	-2.24

表 3.12　BP 神经网络模型模拟苹果地入渗结果

时间/min	实测入渗率/(mm/min)	模型模拟值/(mm/min)	相对误差/%
3	7.7116	7.2805	-5.59
9	5.8410	5.9787	2.36
13	5.6020	5.5980	-0.07
24	5.1802	5.2824	1.97
33	5.0268	4.7139	-6.22
42	4.4958	4.2943	-4.48
50	3.9683	4.2968	8.28
65	4.0887	4.0365	-1.28
75	3.9117	3.9404	0.73
86	3.9640	3.8755	-2.23
96	3.9400	3.8442	-2.43
116	3.7807	3.8078	0.72
126	3.7187	3.7828	1.72
141	3.6515	3.7566	2.88

BP 神经网络模型在南小河沟流域首蓿地的入渗模拟中，最大相对误差达到 7.48%，最小误差为-0.42%，相对误差绝对值平均为 3.07%（表 3.13）。

表 3.13　BP 神经网络模型模拟首蓿地入渗结果

时间/min	实测入渗率/(mm/min)	模型模拟值/(mm/min)	相对误差/%
3	4.9633	4.6447	-6.42
9	3.4515	3.6511	5.78
19	3.2037	3.1901	-0.42
30	3.2332	3.2576	0.76
39	3.1270	3.0633	-2.04
50	3.2745	3.5194	7.48
60	3.2568	3.1843	-2.23
71	3.0886	3.1633	2.42

时间/min	实测入渗率/(mm/min)	模型模拟值/(mm/min)	相对误差/%
81	2.8497	2.9344	2.97
99	2.9665	2.8900	-2.58
109	2.8461	2.8650	0.66
119	2.7895	2.8490	2.13
137	2.7959	2.8357	1.42
167	2.7116	2.8666	5.72

从表 3.14 中可以看出，BP 神经网络模型在沙棘林地的模拟效果较差，相对误差最大值高达 26.05%，最小值为-0.08%，相对误差绝对值平均为 10.39%。

表 3.14　BP 神经网络模型模拟沙棘林地入渗结果

时间/min	实测入渗率/(mm/min)	模型模拟值/(mm/min)	相对误差/%
3	14.1628	12.5000	-11.74
11	4.1595	5.2428	26.05
21	3.3541	3.3514	-0.08
30	2.9854	2.9090	-2.56
39	2.6727	2.7034	1.15
54	2.7061	2.3460	-13.31
72	2.1169	2.1282	0.53
97	1.6903	1.8385	8.77
127	1.3912	1.6902	21.49
137	1.4602	1.6487	12.91
147	1.4337	1.6173	12.81
167	1.3841	1.5682	13.30

从南小河沟流域 9 个不同的试验样地的入渗模拟结果来看，BP 神经网络模型的模拟效果较好，相对误差绝对值平均值最大值出现在沙棘林地，最小值出现在刺槐林地，仅为 1.53%。

3. 经验模型与 BP 神经网络模型比较分析

为了比较不同模型在不同植被覆盖条件下模拟土壤水分入渗的效果，选取 BP 神经网络模型以及 Kostiakov 模型和 Kostiakov-Lewis 模型这两种模拟效果较好的经验模型，对他们的模拟效果进行比较，不同模型在不同植被覆盖条件下的拟合相对误差绝对值平均见表 3.15。可以看出，在三种入渗模型中，BP 神经网络模型的拟合效果最佳，除了在荒地上入渗模拟的相对误差略大于 Kostiakov 模型之外，其余 8 个样地的入渗拟合效果要明显好于 2 种传统的经验模型。在经验模型拟合效果最差的玉米地，BP 神经网络模型的拟合平均相对误差仅为 3.99%，可见使用 BP 神经网络模型模拟南小河沟流域内土壤入渗过程具有较高的精度。

表 3.15　3 种入渗模型模拟相对误差绝对值平均　　　　（单位：%）

试验样地	Kostiakov 模型	Kostiakov-Lewis 模型	BP 神经网络模型
侧柏林	3.86	2.55	1.98
刺槐林	5.17	4.42	1.53
荒地	2.55	4.70	3.18
杏树林	14.14	3.48	2.90
油松林	4.86	7.47	4.45
玉米地	14.21	21.65	3.99
苹果地	3.41	6.60	2.94
苜蓿地	5.14	4.77	4.33
沙棘林	13.81	10.11	8.59

3.3　参考作物蒸散变化趋势分析及过程模拟

蒸散发是水文循环中不可缺少的部分。陆面蒸散发是降雨到达地表后，由液态或固态转化为水汽返回大气的过程。陆面一年的降雨量约有 60%以上通过蒸散发的形式返回大气（芮孝芳，2004）。实际蒸散发即为绿水流，参考作物蒸散量（ET_0）又是计算实际蒸散发的关键参数（彭世彰等，2004）。因此，研究南小河沟流域的参考作物蒸散过程和趋势对探究小流域内绿水水文过程有重要的作用。

近年来，国内对参考作物蒸散量的研究多集中于大尺度的流域或者区域，对于黄土高原地区的参考作物蒸散量的研究也是其中的热点。王幼奇等（2008）对黄土高原 1954～2000 年的黄土高原地区参考作物蒸散量的变化特征进行了分析，认为温度和日照时数和参考作物蒸散量的相关性最高，变化趋势为单峰型，存在季节变化；张勃等（2013）定量分析了 1961～2010 年黄土高原地区气象因素对 ET_0 变化的实际贡献水平，并对未来的变化趋势做了预测；卓玛兰草等（2012）对甘肃省不同区域的参考作物蒸散量的时空变化和成因进行了分析，认为甘肃省年均参考作物蒸散量均呈上升趋势，认为参考作物蒸散量主要受太阳总辐射、日照时数和最高气温的影响。

南小河沟流域是典型的黄土沟壑区小流域，流域内的植物蒸散量构成了植物耗水量的主要部分，同时参考作物蒸散的变化会导致该流域内水文环境的变化，从而引起绿水的变化。因此，研究流域内参考作物蒸散的变化规律是分析 SPAC 系统中水分传输研究的关键，也是分析绿水量和变化规律的关键环节。

3.3.1 参考作物蒸散量变化趋势分析

参考作物蒸散量（ET_0）的计算采用 FAO-56 推荐的 Penman-Monteith 公式，该公式既考虑了作物的生理特征，又考虑了空气动力学参数的变化，具有较强的理论基础和较高计算精度，其计算公式为

$$ET_0 = \frac{0.408\Delta(R_n - G) + \gamma \dfrac{900}{T + 273} u_2(e_s - e_a)}{\Delta + \gamma(1 + 0.34u_2)} \tag{3.11}$$

式中，ET_0 为参考作物蒸散量（mm/d）；R_n 为净辐射[MJ/（$m^2 \cdot$ d）]；G 为土壤热通量密度[MJ/（$m^2 \cdot$ d）]；u_2 为 2m 高度的风速（m/s）；T 为日平均气温（℃）；e_s 为空气饱和水汽压（kPa）；e_a 为空气实际水汽压（kPa）；Δ 为饱和水汽压与温度关系曲线的斜率（kPa/℃）；γ 为温度计算常量（kPa/℃）。

1. 参考作物蒸散量的年内变化

利用 1970~2012 年的逐日平均温度、最高温度、最低温度、相对湿度、风速和日照时数计算参考作物蒸散量的日序列，月值、季节值、年值均由逐日值通过累加得到，其多年平均月值变化规律见图 3.14。季节变化规律见图 3.15。

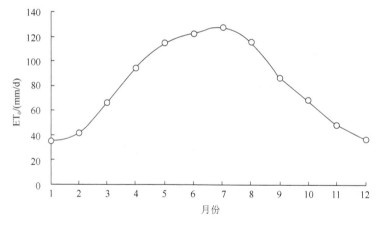

图 3.14 南小河沟流域月 ET_0 变化趋势

从图 3.14 中可以看出，多年月平均参考作物蒸散量在年内呈单峰型，在 7 月达到峰值，参考作物蒸散量达到 127.9mm；进入 9 月之后，参考作物蒸散量大幅度减少，1 月的参考作物蒸散量最低，仅为 31.1mm。而从季节变化上看，夏季的参考作物蒸散量最高，其次为春季而冬季的参考作物蒸散量最低。

2. 参考作物蒸散量的年际变化

南小河沟流域年平均参考作物蒸散量同样由逐日 ET_0 计算统计得到，其年际变化如图 3.16 所示，ET_0 年际变化分析及年际变化分别见表 3.16 与表 3.17。

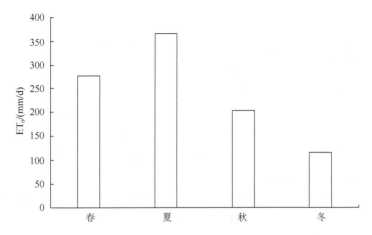

图 3.15　南小河沟流域季节 ET_0 变化趋势

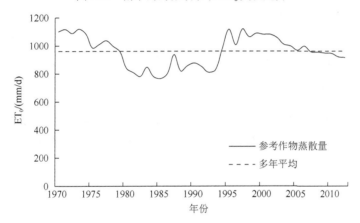

图 3.16　南小河沟流域年 ET_0 变化趋势

表 3.16　南小河沟流域 ET_0 年际变化分析

年均值/mm	最大值/mm	最小值/mm	极值比	标准差	变异系数	变化趋势
961.3	1120.74	766.88	1.46	109.84	0.11	降低

表 3.17　南小河沟流域 ET_0 年代变化分析

年份	年均值/mm	最大值/mm	最小值/mm	极值比	变异系数	变化趋势
1970～1979	1050.51	1119.96	960.50	1.17	0.06	下降
1980～1989	824.62	937.47	766.88	1.22	0.06	上升
1990～1999	974.39	1120.74	812.64	1.38	0.13	上升
2000～2012	987.74	1082.19	916.23	1.18	0.06	下降

从图 3.16 可以看出，南小河沟流域多年参考作物蒸散量的变化总体上保持平稳，从趋势线上来看，ET_0 呈现下降的趋势。其中 1970～1982 年，年参考作物蒸散量呈现震荡下降的趋势，下降幅度较大；1983～1993 年，年参考作物蒸散量总体上维持在一个相对稳定的状态，没有明显的上升或下降的趋势；1993～1997 年，年 ET_0 呈现上升趋势；而 1997 年之后，年参考作物蒸散量呈缓慢下降趋势。从表 3.16 中可以看到，南小河沟流域多年平均参考作物蒸散量为 961.3mm，最大参考作物蒸散量为 1120.74mm，最小为 766.88mm，极值比为 1.46，变异系数较小为 0.11，证明其下降趋势不明显。

不同年代的参考作物蒸散量变化情况各有区别。由表 3.17 可以看出，南小河沟流域参考作物蒸散量在不同年代的变化趋势各不相同，在 20 世纪 70 年代和 2000 年以后，参考作物蒸散量均呈现下降趋势，从极值比和变异系数等参数看，在这两个阶段，参考作物蒸散量的下降趋势均不明显；而 1980～1999 年这 20 年中，流域参考作物蒸散量呈上升趋势，但在 20 世纪 90 年代的上升趋势要明显高于 80 年代，极值比和变异系数均为四个年代里最大，证明其变化幅度也最大。

3. 植物生长季参考作物蒸散量变化分析

植物生长季的参考作物蒸散量直接影响流域内植被的生长，同时也调控着流域内该时段内的绿水流量，其变化趋势是分析研究植物生长季的绿水变化的基础，南小河沟流域内参考作物蒸散量的变化情况见图 3.17。

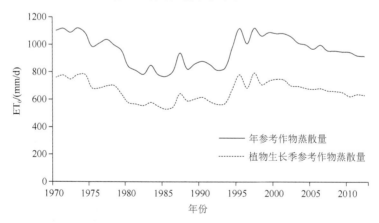

图 3.17　南小河沟流域植物生长季 ET_0 变化趋势

从图 3.17 中可以看出，植物生长季的参考作物蒸散量的年际变化情况和年参考作物蒸散量变化趋势趋于一致，当年 ET_0 升高时，植物生长季的 ET_0 同样升高；当年参考作物蒸散量降低时也是如此。表 3.18 为南小河沟流域植物生长季 ET_0 变化分析，可以看出，植物生长季的参考作物蒸散量年均值为 622.8mm，占年 ET_0 的 69%，生长季参考作物蒸散量和年参考作物蒸散量在变异系数和极值比上差别不大，证明二者的变化幅度也较为接近。

表 3.18 南小河沟流域植物生长季 ET_0 变化分析

不同时段	年均值/mm	最大值/mm	最小值/mm	极值比	标准差/mm	变异系数
植物生长季	622.80	794.15	529.81	1.50	75.18	0.11
全年	961.30	1120.74	766.88	1.46	109.84	0.11

3.3.2 影响参考作物蒸散量的因素分析

目前对参考作物蒸散量的研究不再局限于时空变化特征的分析，更多的研究已经开始深层次地剖析影响参考作物蒸散量的因素，并取得了很有意义的结论。刘昌明等（2011）、尹云鹤等（2010）使用 Penman-Monteith 公式及其改进形式对我国参考作物蒸散量的变化情况以及影响因素进行了分析；左德鹏等（2011）、史建国等（2007）对我国流域尺度的参考作物蒸散的影响因素进行了分析。目前研究参考作物蒸散影响因素的主要方法多为相关分析、偏相关分析和敏感性系数等（蒋冲等，2013）。在本小节中，采用主成分分析法对影响南小河沟流域参考作物蒸散量的因素进行分析。

主成分分析法是基于"降维"的思想，在保证数据信息损失最小的前提下，经线性变换和舍弃小部分信息，将多个指标转换为少数几个综合指标的数学变换方法，其理论基于多元统计及代数逼近等多种理论方法。这种方法运用范围极为广泛，可以得到各指标与主成分及研究对象的相关关系，主成分分析法的方法主要包括了以下几个步骤：①数据标准化处理；②计算相关系数矩阵；③求特征值；④计算各成分贡献率以及累积贡献率；⑤计算主成分荷载（古安川等，2014；肖迎迎等，2012）。

本书选取风速、湿度、最高气温、最低气温、平均气温、日照时数和实际水汽压等气象要素，利用统计产品与服务解决方案（statistical product and service solutions，SPSS）软件分析其对参考作物蒸散量的影响程度。根据计算的结果，将特征值从大到小排序，根据主成分累积贡献率超过 85% 的原则，提取了 3 个主成分，其总贡献率达到 90.96%，其中主成分贡献率最高达到了 49.91%，第二主成分贡献率达到 26.98%，第三主成分贡献率为 14.08%。各成分特征值及贡献率见表 3.19。

表 3.19　各成分特征值及贡献率

成分	特征值	贡献率/%	累积贡献率/%	主成分贡献率/%
1	3.49	49.91	49.91	49.91
2	1.89	26.98	76.89	76.89
3	0.99	14.08	90.96	90.96
4	0.46	6.54	97.50	—
5	0.13	1.80	99.30	—
6	0.04	0.55	99.85	—
7	0.01	0.15	100.00	—

经计算可得影响南小河沟流域参考作物蒸散量的主成分矩阵,如表 3.20 所示。由表 3.20 可知,最高气温、平均气温在第一主成分上有较大的载荷,且与参考作物蒸散量成正相关,即气温升高,参考作物蒸散量也会升高,此外湿度所占载荷同样较大且与参考作物蒸散呈负相关;实际水汽压在第二主成分中所占的载荷较大,实际水汽压越高,其 ET_0 也越高;第三主成分中所占载荷最大的为风速,说明风速增大也是流域参考作物蒸散量上升的重要影响因素之一。

表 3.20　南小河沟流域参考作物蒸散量的主成分矩阵

影响因子	主成分		
	1	2	3
风速	0.091	-0.373	0.902
相对湿度	-0.788	0.468	0.238
最高气温	0.985	-0.007	0.066
最低气温	0.827	0.517	-0.063
平均气温	0.937	0.315	0.047
日照时数	0.573	-0.624	0.058
实际水汽压	0.050	0.880	0.317

通过主成分分析法可以看出,温度升高、相对湿度下降是造成南小河沟流域参考作物蒸散量上升的主要因子,同时,实际水汽压的增大、日照时数的增加以及风速增大对流域内参考作物蒸散量的上升也有重要影响。

3.3.3　参考作物蒸散过程模拟及模型修正

不同的学者利用 11 种不同气候条件下实测的蒸渗仪资料,分析比较了不同种类参考作物蒸散量计算公式的精度。结果表明,Penman-Monteith 公式计算的 ET_0 与实测值非常接近,精度最高(张晓琳等,2012)。然而,使用 Penman-Monteith 公式模拟参考作物蒸散过程时所需要的资料要求非常高,对于南小河沟小流域来说，部分数据在实际中难以获取，以至于难以使用 Penman-Monteith 公式计算参考作物蒸散量，需要考虑其他对资料条件要求不高的模型来代替 Penman-Monteith 公式对流域内的参考作物蒸散进行估算。

1. Hargreaves 法

该方法最先由 Hargreaves 等（1985）提出，该公式使用天文辐射和气温差来估算太阳辐射，进而用以估算参考作物蒸散发量，公式形式为

$$ET_0 = k[R_a \cdot TD^{0.5} \cdot (T_a + 17.8)] / \lambda \tag{3.12}$$

式中，k 为经验系数，一般取值为 0.0023；R_a 为天文辐射[MJ/（$m^2 \cdot d$）]，TD 为最高气温和最低气温的温差（℃）；T_a 为平均气温（℃）；λ 为水汽化潜热，其值为 2.45MJ/kg。

2. Linacre 法

该法是在 Penman 公式的基础上进行简化后得到的，方程的具体形式为

$$ET_0 = \frac{A \cdot (T_a + 0.006H) / (100 - \varphi) + 15(T_a - T_d)}{80 - T_a} \tag{3.13}$$

式中，A 为经验系数；H 为高程（m）；φ 为纬度（°）；T_d 为平均露点温度（℃），根据计算时段内的最小温度减去 2～3℃得到。

3. Remanenko 法

该法计算参考作物蒸散量所需的气象资料为月平均气温和月平均相对湿度，其公式形式为

$$ET_0 = A \cdot [(25 + T_a)^2 \cdot (100 - RH)] \tag{3.14}$$

式中，RH 为月平均相对湿度（%）；T_a 为平均气温（℃）。

利用南小河沟流域 2012 年气象数据，使用三种基于温度资料计算 ET_0 的经验公式对流域内参考作物蒸散量进行计算，并以 Penman-Monteith 公式的计算结果为基准进行相对误差分析，结果如表 3.21 所示。可以看出，Hargreaves 法的相对误差较小，只有 6.04%，因此在气象资料不全时可用 Hargreaves 近似计算 ET_0。当只有温度和湿度资料时，可用 Remanenko 法近似计算 ET_0 的月值，根据当年的气象资料校正三种温度法的经验系数，Hargreaves 法的系数不变，Linacre 法的校正经验系数为 262.7，Remanenko 法的校正经验系数为 0.0023。

表 3.21　基于温度计算 ET_0 的经验公式相对误差

项目	Hargreaves 法	Linacre 法	Remanenko 法
经验系数 A	0.0023	500	0.0018
相对误差/%	6.04	46.8	18.18

三种经验模型当中，Hargreaves 公式相对于其他模型，其计算结果与 Penman-Monteith 公式的相关系数最大。因此，对于使用 Hargreaves 公式进行长系列的参考作物蒸散过程的模拟，需要进行进一步的分析和修正。使用 1970～2012 年逐日气象资料进行参考作物蒸散量的计算，以 Penman-Monteith 公式计算得到参考作物蒸散值作为标准，对 Hargreaves 公式的经验参数进行修正，并将修正前和修正后的 Hargreaves 公式的模拟值作为比较对象，根据其与 Penman-Monteith 公式计算值的相关系数来判定修正效果。

对年 ET_0 计算结果的对比分析从误差和线性回归两个方面进行，主要的统计变量为极差、标准差和变异系数等。通过分析这些变量来判断 Hargreaves 公式对参考作物蒸散的模拟效果。通过 Penman-Monteith 公式和 Hargreaves 公式计算的多年参考作物蒸散量如图 3.18 所示。

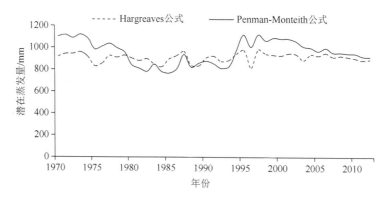

图 3.18 Penman-Monteith 公式和修正前 Hargreaves 公式计算结果对比

可以发现，利用 Hargreaves 公式计算出来的参考作物蒸散量在变化趋势上与 Penman-Monteith 公式计算的结果大体一致：Penman-Monteith 公式计算的 ET_0 在上升时，Hargreaves 公式计算的结果也上升，下降时也下降。Hargreaves 公式计算结果与 Penman-Monteith 公式计算结果的相对误差为 9%。从图中还可看出，Hargreaves 公式的变化幅度要小于 Penman-Monteith 公式计算的结果，从统计结果来看（表 3.22），Hargreaves 公式模拟的结果较差，标准差和变异系数均小于 Penman-Monteith 公式计算的结果，而相关系数也仅为 0.57，其直接模拟的效果并不理想，出现这种状况的原因是因为在进行模拟过程中没有考虑模型的参数随时间、环境和地区的变化而变化的情况。

表 3.22 修正前年参考作物蒸散量计算结果统计特征

蒸发方法	极差 R/mm	标准差 S/mm	变异系数 C_v	相关系数 R^2
Penman-Monteith 公式	353.86	109.84	0.11	1
Hargreaves 公式	167.09	41.47	0.05	0.57

Penman-Monteith 公式计算的年平均参考作物蒸散量随时间呈减小趋势,从前文的分析结果来看,其年代差异较大,1970～1980 年年平均参考作物蒸散量较常年偏多,1980～1990 年较往年偏少,1990～2000 年,出现了回升趋势,这种变化符合近 50 年来中国参考作物蒸散量的变化趋势(高歌等,2006)。考虑到 Hargreaves 公式中经验系数 k 的取值与地区气候、时间、作物生长环境存在一定的联系,可以以不同变化趋势的时段为划分依据对 Hargreaves 公式进行修正,修正时可用线性回归法。在修正时,以 Hargreaves 公式计算的 ET_0 为自变量,以 Penman-Monteith 公式计算的 ET_0 为因变量,建立不同时段的线性回归方程,对 Hargreaves 公式进行修正,修正后的计算 Hargreaves 公式计算结果见图 3.19,计算结果的相关统计特征见表 3.23。

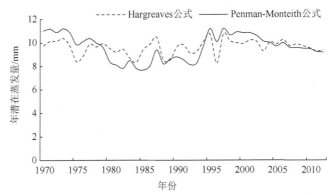

图 3.19　Penman-Monteith 公式和修正后 Hargreaves 公式计算结果对比

表 3.23　修正后年参考作物蒸散量计算结果统计特征

蒸发方法	极差 R/mm	标准差 S/mm	变异系数 C_v	相关系数 R^2
Penman-Monteith 公式	353.86	109.84	0.11	1
Hargreaves 公式	427.50	94.14	0.10	0.76

从统计特征和变化趋势来看,修正后 Hargreaves 公式在变化幅度上更接近于 Penman-Monteith 公式计算的结果,两个公式计算结果的变异系数 C_v 几乎相等,极差 R 和标准差 S 也更接近,相关系数 R^2 达到 0.76,远好于修正前的 0.57。四个不同变化阶段 Hargreaves 公式的经验系数分别为 0.0025、0.0021、0.0024 和 0.0024。从图 3.19 可以看出,经验系数的变化趋势与年 ET_0 的变化趋势一致,在没有发生气候突变和重大人为因素干扰的情况下,可作为该流域内计算分析参考作物蒸散量的参考。

3.4 本 章 小 结

（1）对 1970～2012 年的降雨资料进行分析发现，年降雨多集中分布在 6～9 月，冬季降雨极少，降雨量年内分布不均。植物生长季平均降雨量为 447.2mm，年平均降雨量为 537.3mm，植物生长季降雨量占年降雨量的 83.5%。丰水年的划分标准为年降雨量大于 575.1mm，枯水年的划分标准为小于 499.5mm。

（2）对选取的 9 种试验样地进行经验入渗模型模拟的结果可以看出，蒋定生模型在南小河沟流域对土壤水分入渗的拟合效果最差，仅在侧柏林地、杏树林地和苜蓿地有较好地模拟结果；Kostiakov 模型和 Kostiakov-Lewis 模型在绝大多数样地条件下，均可以较好地模拟入渗过程，并且添加了稳定入渗项的 Kostiakov-Lewis 模型精确度在侧柏林地、刺槐林地、杏树林地、苜蓿地和沙棘林地要更高。综上所述，在南小河沟流域 Kostiakov-Lewis 和 Kostiakov 模型的适用性较好。

（3）从选取的 9 种试验样地的入渗模拟结果来看，BP 神经网络模型的模拟效果较好，为了比较不同模型在不同植被覆盖条件下模拟土壤水分入渗的效果，选取 BP 神经网络模型以及 Kostiakov 模型和 Kostiakov-Lewis 模型这两种模拟效果较好的经验模型，对他们的模拟效果进行比较，发现这三种入渗模型中，BP 神经网络模型的拟合效果最佳，除了在荒地上入渗模拟的相对误差略大于 Kostiakov 模型之外，其余 8 个样地的入渗拟合效果要明显好于两种传统的经验模型。在经验模型拟合效果最差的玉米地，BP 神经网络模型的拟合平均相对误差仅为 3.99%，可见使用 BP 神经网络模型模拟南小河沟流域内土壤入渗过程具有较高的精度。

（4）在利用 Hargreaves 公式与 Penman-Monteith 公式两种经验模型计算参考作物蒸散量时可以发现，Hargreaves 公式计算出来的参考作物蒸散量在变化趋势上与 Penman-Monteith 公式计算的结果大体一致。Hargreaves 公式与 Penman-Monteith 公式计算结果的相对误差为 9%，而相关系数也仅为 0.57。由此可见，利用 Hargreaves 公式直接模拟的效果并不理想。考虑到出现这种状况的原因是因为在进行模拟过程中没有考虑模型的参数随时间、环境和地区的变化而变化，故可以以不同变化趋势的时段为划分依据对 Hargreaves 公式进行修正。从统计特征和变化趋势来看，修正后 Hargreaves 公式在变化幅度上更接近于 Penman-Monteith 公式计算的结果，两个公式计算结果的变异系数几乎相等，极差和标准差也更接近，相关系数达到 0.76。故利用 Hargreaves 公式所得的经验系数在没有发生气候突变和重大人为因素干扰的情况下，可作为该流域内计算分析参考作物蒸散量的参考。

参 考 文 献

白鹏, 宋孝玉, 王娟, 等, 2011. 遗传算法优化神经网络的坡面入渗产流模型[J]. 干旱地区农业研究, 29(2): 209-212.

高歌, 陈德亮, 任国玉, 等, 2006. 1956～2000 年中国潜在蒸散量变化趋势[J]. 地理研究, 25(3): 378-387.

黄嘉佑, 张镡, 1996. 黄河流域旱涝与水资源分析[J]. 大气科学, 20(6): 34-39.

黄振平, 2003. 水文统计学[M]. 南京: 河海大学出版社: 45-49.

蒋冲, 王飞, 穆兴民, 等, 2013. 秦岭南北潜在蒸散量时空变化及突变特征分析[J]. 长江流域资源与环境, 22(5): 573-581.

蒋定生, 1997. 黄土高原水土流失与治理模式[M]. 北京: 中国水利水电出版社: 23-24.

李锋瑞, 赵松岭, 1996. 陇东黄土旱塬不同降雨年型作物土壤水分时空分异特征分析[J]. 兰州大学学报, 32(2): 99-107.

刘昌明, 张丹, 2011. 中国地表潜在蒸散发敏感性的时空变化特征分析[J]. 地理学报, 66(5): 579-588.

刘继龙, 马孝义, 张振华, 2012. 基于主成分分析单一参数入渗模型的 BP 神经网络模型[J]. 土壤通报, (3): 583-586.

彭世彰, 徐俊增, 2004. 参考作物蒸发蒸腾量计算方法的应用比较[J]. 灌溉排水学报, 23(6): 5-9.

芮孝芳, 2004. 水文学原理[M]. 北京: 中国水利水电出版社: 14-23.

史建国, 严昌荣, 何文清, 等, 2007. 黄河流域潜在蒸散量时空格局变化分析[J]. 干旱区研究, 24(6): 6773-6778.

王幼奇, 樊军, 邵明安, 等, 2008. 黄土高原地区近 50 年参考作物蒸散量变化特征[J]. 农业工程学报, 24(9): 6-10.

熊友胜, 魏朝富, 何丙辉, 等, 2013. 三峡库区紫色土水分入渗模型比较分析[J]. 灌溉排水学报, 32(1): 43-46.

苑希民, 李鸿雁, 刘树坤, 等, 2002. 神经网络和遗传算法在水科学领域的应用[M]. 北京: 中国水利水电出版社: 56-79.

尹云鹤, 吴绍洪, 戴尔阜, 2010. 1971～2008 年我国潜在蒸散时空演变的归因[J]. 科学通报, 55(22): 2226-2234.

张勃, 张调风, 2013. 1961-2010 年黄土高原地区参考作物蒸散量对气候变化的响应及未来趋势预估[J]. 生态学杂志, 32(3): 733-740.

张艳梅, 陈海涛, 黄太林, 等, 2011. 近 50 年六盘水市雨季降雨特征分析[J]. 安徽农业科学, 39(15): 9072-9114.

卓玛兰草, 刘普幸, 张亚宁, 等, 2012. 甘肃黄土高原区潜在蒸散量时空变化与成因研究[J]. 水土保持研究, 19(1): 70-75, 287.

左德鹏, 徐宗学, 程磊, 等, 2011. 渭河流域潜在蒸散量时空变化及其突变特征[J]. 资源科学, 33(5): 975-982.

古安川, 夏军强, 李洁, 等, 2014. 经济发展对洪灾损失影响的主成分分析评价——以河南、山东省为例[J]. 灾害学, 29(4): 220-223, 229.

肖迎迎, 宋孝玉, 张建龙, 2012. 基于主成分分析的榆林市水资源承载力评价[J]. 干旱地区农业研究, 30(4): 218-223, 235.

张晓琳, 熊立华, 林琳, 等, 2012. 五种潜在蒸散发公式在汉江流域的应用[J]. 干旱区地理, 35(2): 229-237.

FALKENMARK M, 1995. Coping with Water Scarcity under Rapid Population Growth[M]. Pretoria: Conference of SADC Minister.

GREEN W G, AMPT G A, 1911. Studies in soil physics[J]. Journal of Agricultural Science, 49(4): 1-24.

HARGREAVES G H, SAMANI Z A, 1985. Reference crop evapotranspiration from temperature[J]. Applied Engineering in Agriculture, 1(2): 96-99.

HORTON R E, 1941. An approach toward a physical interpretation of infiltration-capacity[J]. Soil Science Society of America Journal, (6): 399-417.

KOSTIAKOV A N, 1932. On the dynamics of the coefficient of water-percolation in soils and on the necessity for studying it from a dynamic point of view for purposes of amelioration[J]. Soil Science Society of America Journal, 1(6):17-21.

第4章 绿水资源量的分析与计算

绿水是降雨入渗到非饱和土壤层中用于植物生长的水,是垂向进入大气的不可见水,可以认为是蒸散发(Falkenmark,1995)。Rockstrom(1999)把植物蒸腾部分称为生产性绿水,它参与了植物的生理活动,直接影响植物的生物量,而把土壤、地表填洼以及植物截留的蒸发通称为非生产性绿水。如何尽可能地将非生产性绿水转换成为生产性绿水供植被利用,是目前绿水研究的热点之一。生产性和非生产性绿水转换问题的关键是生产性绿水和非生产性绿水如何分离,目前,我国关于绿水的研究多集中于绿水流的计算,而将非生产性绿水和生产性绿水进行分离的相关研究还较为少见,而高、非生产性绿水的分离对于合理利用和科学管理绿水资源具有十分重要的意义。因此,本章根据 2012 年 5~10 月在黄土沟壑区典型小流域南小河沟流域内的野外试验观测数据,对该流域内不同植被覆盖条件下的绿水资源进行计算、分离与分析,为黄土沟壑区绿水的计算、分离及合理利用与科学管理提供重要的科学依据。

4.1 试 验 设 计

综合考虑黄土沟壑区植被种类、地形因素和试验可行性等因素,选取 6 种不同植被种类的 11 块样地进行野外试验。主要采集的数据有降雨量、气象要素、降雨截留量、土壤蒸发量、土壤物理特性、植被物理特性和土壤含水率等项目。野外试验地均分布在黄河水利委员会西峰水土保持科学试验站南小河沟流域内,该试验站自 1951 年建站以来积累了大量的径流、泥沙及气象资料,本章所使用的部分数据来源于该站的历史实测数据。

4.1.1 样地选取

通过对南小河沟流域进行实地踏查后发现,在南小河沟流域人工种植的主要植被种类有侧柏、刺槐、油松、杏树和苜蓿等,以上植被在该流域内均长势良好,并已形成一定规模。因此,在综合考虑植被类型、树龄、土壤类型和坡位等因素的基础上,选取侧柏、刺槐、油松、杏树、苜蓿和荒草地(对照组)作为研究样地,通过对南小河沟流域内典型植被种类进行观测与试验分析,说明南小河沟流域绿水资源的数量、分布特征及其变化特点。南小河沟流域选用样地的基本情况如表 4.1 所示。

表 4.1　南小河沟流域选用样地基本情况表

序号	植被类型		树龄/年	编号	位置	坡向	土壤类型
1	林地	侧柏	5	5 侧	常青山	阳坡	粉壤土
2			10	10 侧	常青山	阳坡	粉壤土
3			25	25 侧	常青山	阳坡	粉壤土
4			35	35 侧	常青山	阳坡	粉壤土
5		油松	10	10 油	魏家台	阴坡	粉壤土
6			35	35 油	魏家台	阴坡	粉壤土
7		刺槐	18	常刺	常青山	阳坡	粉壤土
8			35	杨刺	杨家沟	阴坡	粉壤土
9		杏树	18	杏树	常青山	阳坡	粉壤土
10	草地	苜蓿	—	苜蓿	常青山	阳坡	粉壤土
11		荒草	—	荒草	常青山	阳坡	粉壤土

4.1.2　降雨量及气象要素的测定

由于南小河沟流域位于黄土高原沟壑区,地下水埋藏较深。因此,可以认为降雨为南小河沟流域绿水资源的唯一来源,由第 3 章分析可知,南小河沟流域降雨主要集中在 6～9 月,并主要以暴雨的形式发生。降雨资料主要来源于流域内分布的数个雨量站(湫沟观测站、杨家沟观测站、董庄沟观测站、十八亩台观测站和花果山水库观测站等,能够将试验期间所有降雨准确记录),观测项目包括次降雨量、次降雨起止时间、次降雨强度和逐日降雨量等,观测时间段为 5～10 月,实际进行试验分析时采用距离所选样地最近的雨量站的雨量观测资料进行分析。

气象要素的记录由南小河沟流域气象园进行记录,气象数据包括日最高气温(℃)、日最低气温(℃)、日平均气温(℃)、日照时数(h)、2m 处风速(m/s)以及平均相对湿度(%)。试验期间气象数据均来自气象园,其观测时间间隔为 1h,气象站主要观测项目及设备详见表 4.2。

表 4.2　南小河沟流域气象园主要观测项目及设备表

观测项目	观测设备	观测范围	分辨力
风速	EL15-1A 型螺旋桨风速仪	0～60m/s	0.1m/s
风向	EL15-2D 型尾翼液面风向仪	0°～360°	2.8125°
温度	HMP45D 型温度仪	-50～+60℃	±0.2℃
湿度	HMP45D 型温度仪	0～100%RH	±0.5%RH
气压	PTB200 气压测定仪	500～1100hPa	0.1hPa
蒸发量	FZZ-1 遥测蒸发器	口径:618mm±2mm	0.5mm
降雨量	JDZ05-1 型翻斗式遥测雨量计	0.5～4mm/min	0.5mm/min
土壤含水率	传感器 20cm、40cm、60cm、80cm 与 100cm	0.1%～100%	±0.1%

4.1.3　植被截留量的测定

根据 4.1.1 小节中所选择的样地（林地），分别在各地样地中选取 5 棵株高和长势基本一致的代表树，作为本样地代表植株，在每棵代表树的 8 个不同方位放置雨量筒，试验所使用的雨量筒直径为 20cm，深约为 30cm（防止雨滴溅出），植被截留量为林外降雨量（雨量站观测）与林下雨量筒所测雨量（穿透雨量）之差，选用各样地历次降雨截留量的平均值作为该样地的截留量。在每次降雨中都会有个别雨量筒翻倒，因此在统计每株代表树的截留量时，这部分雨量筒不在统计范围内。各样地的历次降雨截留量用统计所得截留量的平均值代表。

4.1.4　土壤蒸发量的测定

土壤蒸发的测定采用微型蒸渗仪法进行（戴宏胜等，2009；李王成等，2007）。将直径为 110mm，长度为 40cm 的自制 PVC 测管打入样地中，使其上表面与土壤表面齐平，该过程中应注意保证土壤表面的完整性。然后利用事先准备好的提手将土柱取出，底部用双层纱布进行封底，以避免 PVC 套管中土壤掉落影响试验精度。使用精度为 0.01g 电子天平进行称重，两次测量重量差即为土壤蒸发量（g），其值可以通过 PVC 测管直径换算为深度（mm）。在整个试验过程中，在各个样地中相邻位置布置 3 组平行试验，每次降雨后要注意对 PVC 测管中的土壤进行更换，并重新称重设定新的计算起点，以 3 组试验记录结果的平均值作为该样地一定时段内的土壤蒸发量。

4.1.5　土壤含水率的测定

土壤含水率的测定采用土钻取土烘干法（张义等，2011）。取土时间从 2012年 4 月至 10 月，使用直径 50mm 土钻进行取土，每 7 天取一次，降雨前后进行加测。取土深度为 0～100cm，共分为 7 层，分别为 0cm、10cm、20cm、40cm、60cm、80cm 和 100cm，每次取 3 个平行样，求其平均值为该层该次的土壤含水率代表。样品取出后立即使用精度为 0.01g 的电子天平进行称重并记录，其值即为湿土重 G_1；然后将样品带回观测站，使用 105℃的烘箱中对其烘干 10h，取出放入干燥器中，冷却后用同一电子天平称重，其值即为干土重 G_2；最后用土壤含水率公式计算，获得土壤质量含水率。土壤质量含水率计算公式为

$$W_z = (G_1 - G_2)/(G_2 - G_0) \times 100\% \tag{4.1}$$

式中，W_z 为土壤质量含水率（%）；G_1 为湿土与铝盒质量（g）；G_2 为干土与铝盒质量（g）；G_0 为相应的铝盒质量（g）。

4.1.6　土壤容重的测定

土壤容重采用环刀法进行测定，使用容积为 100cm³ 的环刀，首先在样地中选

取一处较为平坦的地方挖掘一个深度大于 100m 的土壤剖面，然后使用内壁涂抹凡士林的环刀分别在 0cm、10cm、20cm、40cm、60cm、80cm 和 100cm 处取原状土，使环刀中充满土壤，再用土工刀将环刀表面多余的土壤去除，使土壤表面与环刀面齐平。同时用铝盒在每层取土，用于计算该层土壤质量含水率 W。样品带回室内迅速用精度为 0.01g 的天平称量，记录环刀加湿土的质量 M。土壤容重计算公式为

$$\gamma_\mathrm{g} = 100M / [V(1+W)] \qquad (4.2)$$

式中，γ_g 为土壤容重（g/cm^3）；M 为环刀与湿土总质量（g）；V 为环刀容积（cm^3）；W 为土壤含水率（%）。

在每个土层中选取 3 个平行样，使用其平均值为该层土壤容重。

4.1.7　土壤水分常数的测定

1. 田间持水量

田间持水量采用室内环刀法（程东娟等，2012）测得。取样方法与测土壤容重的方法相同，另外每层需额外取若干原状土，风干并过 1mm 筛。将用环刀取回的样品用滤纸垫入环刀下方，然后将垫滤纸的一端放入带孔的底盖中，将环刀放入水中，使水面低于环刀上端 1～2mm。浸泡 24h 后，环刀中的土壤水分达到饱和。将风干过 1mm 筛的原状土装入另外空置的环刀中，轻轻拍实。随后将浸泡过的环刀连同下端滤纸放在装风干土的环刀上，并用砖头压在上方，使两个环刀接触更紧密。8h 后，取上面环刀中的土 15g 左右，并测定土壤含水率。这时所得的土壤含水率接近该层土壤田间持水量，可以认为该值就是该层土壤田间持水量。在每个土层中选取 3 个平行样，使用其平均值作为该土层田间持水量。

2. 凋萎含水率的测定

将取回的土磨碎过 1mm 筛，装入塑料小盆中，插入一吸管，然后浇水使土壤中空气排出。将事先准备好的绿豆幼苗移入塑料盆中，放在阳光充足的地方，当幼苗生长到高于盆口时，用塑料袋将盆口封闭，若盆中水分不足时进行浇水。当幼苗第二片叶子大于第一片叶子时证明幼苗根系已分布于整个土体，进行最后一次浇水。将盆子移入没有阳光直射的房中，直至叶片第一次下垂。然后将盆子放入一封闭的纸箱中，纸箱中放入一盆水，经一昼夜后如幼苗凋萎现象消失，再次将幼苗移入没有阳光直射的房间，待凋萎现象再次出现则再次将幼苗放入上述纸箱中，如此重复，直至幼苗不能恢复，取土测量土壤含水率，此时即为土壤凋萎含水率。设置 3 个平行样本，使用其平均值作为该土层凋萎含水率。

3. 毛管断裂含水率的测定

将野外取出土样放于环刀中,环刀底部用纱布封底,将环刀放入水中,使水层深度保持在 2～3mm,浸泡 12h 后进行称重并计数,然后再将环刀浸泡 4h,再次称重,待其重量恒定时,使用烘干法测定其土壤含水率,所得值为土壤毛管断裂含水率。试验过程中设置 3 个平行样本,使用其平均值作为该土层毛管断裂含水率。

4. 饱和含水率的测定

饱和含水率取土方法和浸泡方法与测田间持水量方法相似,但在测定过程中使水层深度略低于环刀表面并且浸泡时间为 10h。10h 后,环刀中的土壤水分达到饱和,取土测土壤含水率,所得值即为该层土壤饱和含水率。测定过程中设置 3 个平行样本,使用其平均值作为该土层饱和含水率。各样地土壤物理参数如表 4.3 所示。

表 4.3　南小河沟流域样地土壤物理参数表

参数	1 5年侧柏	2 10年侧柏	3 25年侧柏	4 35年侧柏	5 10年油松	6 35年油松	7 常青山刺槐	8 杏树	9 杨家沟刺槐	10 苜蓿	11 荒草
土壤容重/(g/cm³)	1.76	1.72	1.48	1.71	1.67	1.65	1.56	1.85	1.59	1.37	1.38
田间持水量/%	22.01	20.39	20.20	20.40	20.74	22.00	19.05	20.72	18.82	20.48	22.30
毛管断裂含水率/%	15.41	14.27	14.14	14.27	14.52	14.52	13.34	14.51	13.18	14.34	15.61
凋萎含水率/%	6.60	6.12	6.06	6.12	6.22	6.22	5.72	6.22	5.65	6.14	6.69
饱和含水率/%	37.44	36.58	42.56	36.72	34.27	36.06	41.06	38.39	36.80	46.58	44.56

4.1.8　植被长势参数的测定

植被参数主要包括林木的胸径、株高和最大冠幅。每块样地挑选长势相似的 5 棵树,采用直接量取法获得单株数据,用平均值代表植被在该样地中的生长情况,各样地植被长势情况见表 4.4。

表 4.4　南小河沟流域植被长势情况表

参数	1 5年侧柏	2 10年侧柏	3 25年侧柏	4 35年侧柏	5 10年油松	6 35年油松	7 常青山刺槐	8 杨家沟刺槐	9 杏树	10 苜蓿	11 荒草
胸径/cm	6.4	12.6	24.0	34.0	19.1	61.4	57.3	58.0	45.5	—	—
株高/cm	214.4	353.8	434.6	602.4	416.2	904.6	693.3	849.0	651.8	—	—
冠幅/cm	46.8	93.6	132.2	198.4	138.8	286.0	239.8	259.8	339.8	—	—
覆盖度/%	26	70	81	89	75	87	33	85	52	—	—

4.2　植被截留特征分析与计算

植被截留是指在整个降雨过程中雨滴不断被植被枝叶阻挡拦截，雨滴吸附在植被枝叶表面从而减少了降落到地面的雨量，降雨落入地面减少的部分即为植被截留量。植被的截留量最后通过蒸发作用返回大气（夏军，2002）。研究植被截留对研究小区的水量平衡有较大帮助。通过研究植被的截留量可以得到林内的实际降雨量。

本书中的截留量是通过在林地选取的代表树下的不同位置放置雨量筒，然后计算得到林外雨量和林内雨量的差值，这个差值即为截留量，具体观测过程详见4.1.3 小节。

4.2.1　植被截留特征分析

试验期间观测到的各个样地内降雨截留情况见表 4.5，由表可以看出，随着降雨量的增加，各样地的截留量也在增加，同时，林地的截留率随降雨量的增加逐渐减少，而苜蓿地的截留率几乎没有发生变化。对比分析还可以看出，林地对小雨的截留能力更强。35 年侧柏、25 年侧柏、10 年侧柏和 5 年侧柏平均截留率分别为 42.2%、39.3%、25.4% 和 21.2%，35 年油松和 10 年油松平均截留率分别为38.2% 和 30.9%。对于侧柏和油松来说，树种相同，随着树龄的增加，林地郁闭程度增加，对降雨的截留作用更加明显。35 年侧柏、杨家沟刺槐和 35 年油松具有相近的树龄，35 年侧柏的截留作用大于杨家沟刺槐和 35 年油松。35 年侧柏、杨家沟刺槐和 35 年油松在树龄相近的情况下，由于树种不同造成枝叶的郁闭程度不同，从而影响降雨截留。

表 4.5　南小河沟流域不同降雨量各样地的植被截留特征表

样地	降雨分级/mm	降雨次数	平均降雨量/mm	平均截留量/mm	截留率/%	郁闭度/%
35 年侧柏	<10	2	3.4	1.9	53.6	
	10.0~24.9	3	14.0	6.4	45.4	89
	25.0~49.9	5	35.7	11.6	35.7	
25 年侧柏	<10	2	3.4	1.6	46.9	
	10.0~24.9	3	14.0	5.5	38.7	81
	25.0~49.9	5	32.4	12.0	36.6	
10 年侧柏	<10	2	3.4	1.4	42.1	
	10.0~24.9	6	15.2	3.2	22.2	70
	25.0~49.9	2	28.9	8.1	27.9	

续表

样地	降雨分级/mm	降雨次数	平均降雨量/mm	平均截留量/mm	截留率/%	郁闭度/%
5年侧柏	<10	2	3.4	1.1	30.9	
	10.0~24.9	4	16.4	4.1	23.4	26
	25.0~49.9	5	32.4	5.0	15.6	
常青山刺槐	10.0~24.9	3	17.9	3.3	19.1	33
	25.0~49.9	1	30.3	4.4	14.5	
杨家沟刺槐	<10	2	3.4	2.0	58.2	
	10.0~24.9	3	14.0	4.3	30.9	85
	25.0~49.9	4	31.6	11.3	36.1	
35年油松	10.0~24.9	2	14.7	5.9	40.0	87
	25.0~49.9	1	30.3	10.5	34.7	
10年油松	10.0~24.9	2	14.7	5.0	34.3	75
	25.0~49.9	1	30.3	7.3	24.1	
杏树	10.0~24.9	3	17.9	6.7	37.1	52
	25.0~49.9	1	30.3	11.0	36.3	
苜蓿	<10	2	3.4	0.9	24.6	
	10.0~24.9	4	16.1	4.4	26.9	—
	25.0~49.9	5	32.4	8.7	26.8	

35年侧柏、25年侧柏、10年侧柏和5年侧柏截留率变化范围分别为35.7%~53.6%、36.6%~46.9%、22.2%~42.1%和15.6%~30.9%；常青山刺槐平均截留率为16.89%，杨家沟刺槐平均截留率为41.7%，截留率变动范围分别为14.5%~19.1%、30.9%~58.0%；35年油松和10年油松截留率变化范围分别为34.7%~40.0%、24.1%~34.3%；杏树平均截留率为36.7%，其变化范围为36.3%~37.1%；苜蓿平均截留率26.4%，截留率变化范围为24.6%~26.9%。

4.2.2 植被截留量拟合计算

本书中截留量的计算采用经验统计模型，经验统计模型的形式主要有线性形式、幂函数形式、指数形式、对数形式和多项式形式。

1. 35年侧柏截留量拟合计算

采用Origin 8.0对整个试验过程中所观测到的35年侧柏的10次降雨截留量进行拟合，具体拟合结果如表4.6所示。

表 4.6　南小河沟流域 35 年侧柏截留量拟合结果

拟合形式	拟合方程	相关系数	调整相关系数	残差平方和	AIC
线性形式	$P_{ir} = 0.3262P_r + 1.1944$	0.9405	0.9330	9.8781	9.8774
幂函数形式	$P_{ir} = -0.3955 + 0.9457P_r^{0.7328}$	0.9455	0.9299	9.0441	14.9953
指数函数形式	$P_{ir} = 30.2245 - 29.6543e^{-0.0146P_r}$	0.9434	0.9272	9.4011	15.3825
对数函数形式	$P_{ir} = -72.8147 + 19.64\ln(41.6041 + P_r)$	0.9440	0.9279	9.3018	15.2762
多项式形式	$P_{ir} = 0.6997 + 0.4059P_r - 0.0020P_r^2$	0.9428	0.9265	9.4849	15.4711

注：P_{ir} 为日降雨截留量（mm）；P_r 为日降雨量（mm）。

对比表 4.6 中 5 种经验统计模型的相关系数和残差平方和，可以看出幂函数形式的拟合效果较好，其相关系数为 0.9455，残差平方和为 9.0441。表中最小信息量准则（akaike information criterion，AIC）值反映的是模型的优越性，值越小说明该模型越适合原数据（宋喜芳等，2009）。对比 AIC 值，发现线性模型更加优越，其次是幂函数形式。但是在实际情况中，截留量不会随降雨量的增加无限上升，截留量存在一个饱和值。因此，认为幂函数形式是最符合实际情况的。

2. 25 年侧柏截留量拟合计算

用相同的方法对 25 年侧柏 10 次降雨的截留量进行拟合，拟合结果如表 4.7 所示。

表 4.7　南小河沟流域 25 年侧柏截留量拟合结果

拟合形式	拟合方程	相关系数	调整相关系数	残差平方和	AIC
线性形式	$P_{ir} = 0.3690P_r + 0.1610$	0.9350	0.9268	13.8988	—
幂函数形式	$P_{ir} = 1.0539 + 0.1537P_r^{1.2306}$	0.9377	0.9199	13.3107	18.8598
指数形式	$P_{ir} = -12.1904 + 13.1416e^{0.019P_r}$	0.9396	0.9223	12.9087	18.5531
多项式形式	$P_{ir} = 0.8957 + 0.2506P_r + 0.0030P_r^2$	0.9390	0.9216	13.0313	18.6477

注：P_{ir} 为日降雨截留量（mm）；P_r 为日降雨量（mm）。

比较表 4.7 中相关系数、残差平方和与 AIC，发现对 25 年侧柏截留量模拟较好的模型是指数形式。相关系数、残差平方和与 AIC 分别为 0.9396、12.9087 和 18.5531。

3. 10 年侧柏截留量拟合计算

对 10 年侧柏 10 次降雨截留量进行拟合，结果如表 4.8 所示。

通过分析得出指数形式和对数形式拟合得到的参数值误差较大，因此认为这两种形式的模型不适合 10 年侧柏截留量的模拟。对线性形式、幂函数形式和多项式形式拟合结果比较，如表 4.8 所示，结果显示，幂函数形式的拟合结果最好。

表 4.8 南小河沟流域 10 年侧柏截留量拟合结果

拟合形式	拟合方程	相关系数	调整相关系数	残差平方和	AIC
线性形式	$P_{ir} = 0.2317P_r + 0.1846$	0.8142	0.7909	9.4654	—
幂函数形式	$P_{ir} = 2.0088 + 0.0004P_r^{2.8559}$	0.8857	0.8530	5.8227	10.5918
多项式形式	$P_{ir} = 1.7034 - 0.0247P_r + 0.0077P_r^2$	0.8782	0.8434	6.2026	11.2239

注：P_{ir} 为日降雨截留量（mm）；P_r 为日降雨量（mm）。

4. 5 年侧柏截留量拟合计算

通过初步分析可以得到，指数形式拟合的参数误差较大，认为 5 年侧柏截留量不适用于指数形式模型。通过对试验期间 5 年侧柏的 11 次降雨截留量进行拟合，得拟合结果如表 4.9 所示。由表 4.9 可以看出，5 年侧柏截留量拟合结果最好的是二次多项式形式，其相关系数为 0.6776，残差平方和为 14.4568，AIC 为 17.6726，在表 4.9 所拟合的四个经验公式中，线性函数的拟合效果最差，其相关系数仅仅达到 0.574。

表 4.9 南小河沟流域 5 年侧柏截留量拟合结果

拟合形式	拟合方程	相关系数	调整相关系数	残差平方和	AIC
线性形式	$P_{ir} = 0.1327P_r + 1.1171$	0.5740	0.5267	19.1050	—
幂函数形式	$P_{ir} = -7.4600 + 0.7619P_r^{0.1825}$	0.6325	0.5407	16.4797	19.1133
对数形式	$P_{ir} = -4.0034 + 2.6050 \ln(3.4063 + P_r)$	0.6357	0.5446	16.3382	19.0184
多项式形式	$P_{ir} = 0.5015 + 0.3828P_r - 0.0063P_r^2$	0.6776	0.5971	14.4568	17.6726

注：P_{ir} 为日降雨截留量（mm）；P_r 为日降雨量（mm）。

由上述分析可以看出，在同一树种不同树龄不同郁闭度的条件下，植被截留量统计经验模型的形式不同，通过对试验期间 35 年侧柏、25 年侧柏、10 年侧柏和 5 年侧柏林地降雨截留量进行分析，并使用经验公式对其截留量进行拟合，最终确定其截留量拟合的最佳形式分别为幂函数形式、对数函数形式、幂函数形式和二次多项式形式。

5. 刺槐截留量拟合计算

对杨家沟刺槐 9 次降雨截留进行拟合，拟合结果如表 4.10。结果表明，幂函数的拟合效果最好，其相关系数达到 0.9452，残差平方和为 8.4194，AIC 值为 17.3998。由于指数函数形式拟合所得参数误差较大，指数函数形式不适合杨家沟刺槐截留量拟合。

表 4.10　南小河沟流域杨家沟刺槐截留量拟合结果

拟合形式	方程	相关系数	调整相关系数	残差平方和	AIC
线性形式	$P_{ir} = 0.3423P_r + 0.2485$	0.9401	0.9315	9.2085	—
幂函数形式	$P_{ir} = 1.1498 + 0.1253P_r^{1.2677}$	0.9452	0.9269	8.4194	17.3998
指数函数形式	$P_{ir} = -19.5112 + 20.2474e^{0.0131P_r}$	0.9432	0.9242	8.7313	17.7272
多项式形式	$P_{ir} = 0.8427 + 0.2439P_r - 0.0026P_r^2$	0.9437	0.9249	8.6546	17.6478

注：P_{ir} 为日降雨截留量（mm）；P_r 为日降雨量（mm）。

常青山刺槐只有 4 次降雨截留资料，拟合的结果与实际情况可能会存在较大的出入。现仅用线性形式和幂函数形式对常青山刺槐截留量进行拟合。线性形式相关系数达到 0.9500，幂函数形式相关系数为 0.9988，残差平方和分别为 0.0524 和 0.0012。从这两个指标可以看出幂函数形式的拟合效果明显好于线性形式，得到的模拟方程为

$$P_{ir} = 3.0376 + 6.0933 \times 10^{-6} P_r^{3.6107} \tag{4.3}$$

6. 油松截留量拟合计算

10 年油松和 35 年油松均只有 3 次降雨截留数据，近似用线性方程拟合其截留量，得到其线性截留量方程分别为式（4.4）和式（4.5），相关系数分别为 0.9530 和 0.9924，残差平方和分别为 0.1667 和 0.1105。

$$P_{ir} = 2.9238 + 0.1429P_r \tag{4.4}$$

$$P_{ir} = 1.5425 + 0.2944P_r \tag{4.5}$$

7. 杏树截留量拟合计算

杏树截留量仅有 4 次，采用线性方程近似拟合，相关系数为 0.9730，残差平方和为 0.6789，截留方程为

$$P_{ir} = -0.2214 + 0.3815P_r \tag{4.6}$$

8. 苜蓿截留量拟合计算

对苜蓿 11 次降雨截留量进行拟合计算，发现指数形式和对数形式拟合效果都不理想，线性形式、幂函数形式和二次多项式形式较为理想，这三种拟合结果对比如表 4.11 所示。

表 4.11　南小河沟流域苜蓿截留量拟合结果

拟合形式	相关系数	调整相关系数	残差平方和	AIC
线性形式	0.9355	0.9284	7.7986	—
幂函数形式	0.9356	0.9195	7.7936	10.8762
二次多项式形式	0.9355	0.9194	7.7978	10.8821

由表 4.11 可以看出,三种形式对苜蓿截留量拟合计算的相关系数相近,不能很好地区分哪种形式更适合苜蓿截留,通过对比残差平方和,发现幂函数形式的残差平方和最小,即幂函数形式的拟合效果要好一些。幂函数方程为

$$P_{ir} = -0.0819 + 0.2541 P_r^{1.0229} \tag{4.7}$$

综上所述,本小节通过对所选择样地截留过程的测定与模拟,主要得到以下结论。

(1)植被截留量随降雨量的增加而增加,由于数据量有限,无法确定饱和截留量所在位置。林地的截留率随降雨量增加呈现下降趋势,苜蓿截留率变化不明显。

(2)同一树种不同树龄的截留率不同,树龄越长对降雨的截留效果越显著。35 年侧柏、25 年侧柏、10 年侧柏和 5 年侧柏平均截留率分别为 42.2%、39.3%、25.4% 和 21.2%,35 年油松和 10 年油松平均截留率分别为 38.2% 和 30.9%。树龄相近树种不同时,35 年侧柏的截留作用更强,其次是杨家沟刺槐和 35 年油松。树种和树龄不同主要反映在植被郁闭度和枝叶结构的差异上,从而影响植被的截留效果。

(3)对 4 个树龄段的侧柏截留量进行经验统计模型模拟,发现 35 年侧柏、25 年侧柏、10 年侧柏和 5 年侧柏模拟效果较好的拟合形式分别为幂函数形式、指数函数形式、幂函数形式和二次多项式形式。对杨家沟刺槐 9 次降雨截留量和常青山刺槐 4 次降雨截留量进行拟合计算,拟合效果较好的方程形式为幂函数形式,相关系数分别达到 0.9452 和 0.9988。对苜蓿 11 次降雨截留量拟合效果较好的是幂函数形式,相关系数为 0.9356。油松和杏树的实测资料较少,采用线性形式的方程近似拟合截留量。

4.3　土壤蒸发特征分析与计算

土壤蒸发指存储于土壤中的水分以气态形式扩散进入大气的复杂物理过程(林茂森等,2013;王健等,2007)。该过程是陆地水分循环的重要组成部分,也是绿水流的重要组成部分。土壤蒸发产生的绿水流因不直接参加植被生长生产被称为非生产性绿水。在干旱半干旱地区大量土壤水分通过土壤表面进入大气,造成植被可利用绿水资源量的减少(寄阳等,2002)。因此,研究土壤蒸发可为绿水资源的有效利用提供帮助。

4.3.1　土壤蒸发特征分析

南小河沟试验站建站以来积极开展植树种草活动,人工林初步形成规模,人工林种类主要有侧柏、刺槐、油松和杏树。选择试验站内主要人工林种类(侧柏、

刺槐、油松和杏树）及苜蓿和荒草（青蒿）在 2012 年生长季（4 月中下旬至 10 月中上旬）开展土壤蒸发强度的研究，分别讨论相同植被种类不同林龄的土壤蒸发强度特征、相似林龄不同植被种类的土壤蒸发特征以及林地与草地土壤蒸发的对比。

1. 侧柏林地土壤蒸发特性分析

4 个不同林龄侧柏多日平均土壤蒸发量在生长季的变化情况见图 4.1，可以看出，25 年林龄侧柏和 5 年林龄侧柏分别从 4 月中旬和 4 月下旬开始观测，10 年林龄侧柏和 35 年林龄侧柏则是从 5 月中旬开始观测。从图 4.1 可以较为明显看出存在 3 个土壤蒸发强度较小的时期，分别在 5 月下旬至 6 月中旬、7 月中旬至 8 月中旬以及 9 月上旬至 10 月上旬。从 5 月下旬开始到 6 月中旬，研究区进入连续无雨期土壤水分无法得到补充，此时植被生长需水旺盛，1m 深土壤水分消耗严重，土壤水分的严重亏缺降低了土壤蒸发强度。6 月下旬降雨增多，土壤表层水分迅速得到恢复，土壤蒸发强度快速上升。7 月中旬至 8 月中旬时常出现长时间降雨的天气，土壤蒸发所需的能量供给减少，因此土壤蒸发强度再次下降。8 月下旬降雨以短时小雨为主，雨后天气迅速放晴，此时土壤表层含水率较高大气蒸发能力也较高，促使土壤蒸发强度上升。9 月温度逐渐下降，土壤蒸发强度也逐渐减弱。9 月昼夜温差增大，白天土壤表层蒸发消耗的水分在夜间会有凝结的露水湿润土壤表层，从而使实际测得的土壤蒸发量偏小。

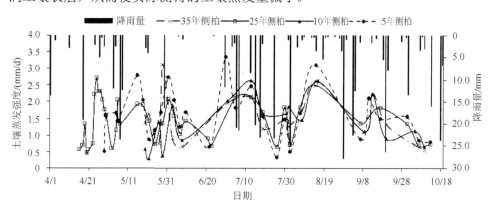

图 4.1　南小河沟流域不同林龄侧柏土壤蒸发强度变化过程

对比 4 种不同林龄侧柏的土壤蒸发强度，发现 5 年林龄侧柏的变化幅度要大于其他 3 个林龄段。分析产生这种现象的原因是 5 年林龄侧柏的覆盖度仅为 0.26，小于 10 年林龄侧柏的 0.70、25 年林龄侧柏的 0.81 和 35 年林龄侧柏的 0.89。在土壤水分供应充足的条件下，覆盖度小的林地土壤可以获得较多的能量，因此土壤蒸发强度大。但 7 月中旬至 8 月中旬这个时期，5 年林龄侧柏的蒸发强度小于其他 3 个林龄侧柏。这个时期降雨频繁并且多次出现日降雨量大于 20mm 的强降雨，5 年侧柏地的蓄水能力较差，使表层土壤含水率小于其他 3 个林龄。

10 年林龄侧柏、25 年林龄侧柏和 35 年林龄侧柏具有相近的覆盖度，但地表情况存在差异。10 年棵间生长有杂草及矮小灌木类植被，25 年林龄侧柏棵间杂草稀疏地表枯落物较少，35 年林龄侧柏棵间杂草更为稀疏但地表有较厚的枯落物覆盖。25 年侧柏与 35 年侧柏相比，整体上 25 年林龄侧柏的土壤蒸发强度较大。10 年侧柏和 35 年侧柏的土壤蒸发强度比较接近，7 月上旬至 8 月中旬 10 年侧柏的土壤蒸发强度要略大于 35 年林龄侧柏。10 年侧柏土壤蒸发强度在 5 月下旬至 6 月上旬和 9 月中旬至 10 月上旬两个时期小于 25 年侧柏，7 月上旬至 8 月下旬 10 年侧柏蒸发强度又大于 25 年侧柏。由此可以看出地表枯落物多少及杂草稀疏情况对土壤蒸发强度都有影响。

2. 油松林地土壤蒸发特性分析

从 5 月中旬开始观测 10 年林龄油松和 35 年林龄油松的土壤蒸发强度，土壤蒸发强度的变化情况如图 4.2。在 5 月下旬至 6 月中旬、7 月中旬至 8 月中旬和 9 月上旬至 10 月上旬出现土壤蒸发强度较小的 3 个时期。第一个土壤蒸发强度较小的时期是由于土壤水分含量低，土壤蒸发无法获得足够的水分造成的，第二个土壤蒸发强度较小的时期是因为常出现连续阴雨天气，土壤蒸发无法获得足够能量造成的，第三个土壤蒸发强度较小的时期是因为温度下降引起的。

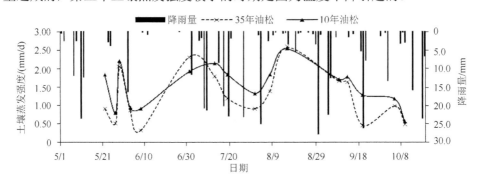

图 4.2 南小河沟流域不同林龄油松林地土壤蒸发强度变化过程

整体上 10 年林龄油松的土壤蒸发强度大于 35 年林龄油松，尤其在 6 月下旬至 8 月中旬降雨较多的时期，进入 9 月以后，10 年油松和 35 年油松的土壤蒸发强度比较接近。10 年油松和 35 年油松均处在阴坡面，35 年油松郁闭度略大于 10 年油松，35 年油松地表覆盖有较厚的枯落物，10 年油松地表枯落物少。因此认为枯落物在地表的覆盖情况影响土壤蒸发强度的大小，枯落物较多是 35 年油松土壤蒸发强度小于 10 年油松的原因。

3. 刺槐与杏树林地土壤蒸发特性分析

研究区落叶阔叶林植被主要是人工种植的刺槐和杏树,林龄在 30 年左右,常青山刺槐（常刺）和杏树在阳坡面,杨家沟刺槐（杨刺）在阴坡面。4 月下旬落叶阔叶林叶片开始萌发,阳坡面早于阴坡面一周左右,9 月上旬叶片开始脱落,9 月下旬基本落尽。图 4.3 所示为常青山刺槐、杏树和杨家沟刺槐在生长季土壤蒸发强度的变化情况。

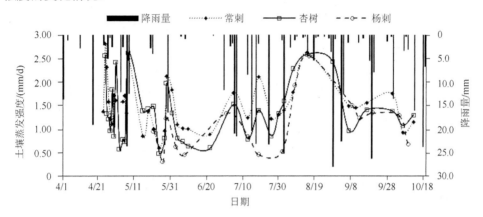

图 4.3 南小河沟流域落叶阔叶林土壤蒸发强度变化过程

由图 4.3 可以看出落叶阔叶林在 5 月下旬至 6 月中旬、7 月中旬至 8 月中旬和 9 月上旬至 10 月上旬这 3 个时期土壤蒸发强度较小,与常绿针叶林土壤蒸发强度变化趋势基本一致,产生这 3 个时期的原因与常绿针叶林相似。对比常青山刺槐、杏树和杨家沟刺槐土壤蒸发强度,总体上常青山刺槐>杏树>杨家沟刺槐。落叶阔叶林 4 月下旬到 5 月上旬叶片开始萌发但还没有完全长出,此时土壤蒸发强度较大,常青山刺槐和杏树土壤蒸发强度分别为 1.75mm/d 和 1.45mm/d;9 月初至 9 月下旬落叶阔叶林叶片开始脱落,常青山刺槐和杏树土壤蒸发强度分别为 1.40mm/d 和 1.24mm/d。由此看出落叶阔叶林植被开始生长时的土壤蒸发强度大于生长结束时,产生这种结果的原因是落叶阔叶林经过一个生长季后消耗的土壤水分还没有恢复到生长季开始时的水平,土壤蒸发不能获得足够的水分。

4. 草类植被土壤蒸发特性分析

本研究选取荒草地和苜蓿地研究草类植被土壤蒸发特征。两块试验地生长的主要草类植被分别为青蒿和苜蓿,苜蓿为 3 年前人工种植,荒草地中的青蒿为果园弃耕 1 年后自然生长。苜蓿地没有人为影响,苜蓿与荒草杂生;荒草地在 5 月中旬进行第一次割草,7 月下旬进行第二次割草。

从图 4.4 可以看出,草类植被仅在 5 月下旬至 6 月中旬土壤蒸发强度较小。由于人为因素的干扰,荒草地和苜蓿地土壤蒸发强度在各时间段不同。5 月中旬荒草地第一次割草后青蒿株高从 1m 左右降至 0.05m 以下，草秆及时清理出试验地，土壤蒸发强度明显大于苜蓿地，荒草地与苜蓿地土壤蒸发强度分别为 2.43mm/d 和 1.27mm/d；荒草地青蒿经过 15 天左右生长株高在 0.5m 左右，土壤蒸发强度与苜蓿地相近，土壤蒸发强度分别为 1.73 mm/d 和 1.65 mm/d；7 月下旬荒草地进行第二次割草，此次没有清理草秆，地表被割下的草秆覆盖，在较短的时间内荒草地土壤蒸发强度大于苜蓿地；当荒草地中的青蒿再次长到 0.5m 时，荒草地土壤蒸发强度明显小于苜蓿地，土壤蒸发强度分别为 1.50mm/d 和 2.15mm/d。9 月中旬后荒草和苜蓿逐渐枯萎，荒草地和苜蓿地土壤蒸发强度差别不大，分别为 1.82mm/d 和 1.64mm/d。

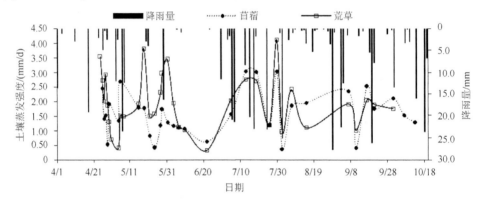

图 4.4　南小河沟流域草类植被土壤蒸发强度变化过程

4.3.2　土壤蒸发对表层土壤水分的影响

1. 侧柏林地土壤蒸发对表层土壤水分的影响

5 月 28 日夜间有 16.3mm 的降雨，此后从 5 月 29 日至 6 月 23 日出现连续多日无降雨的天气，对此时间段的土壤蒸发及土壤含水率变化进行连续观测（图 4.5）。5 年侧柏和 25 年侧柏雨后 10 天平均土壤蒸发强度分别为 2.02mm/d 和 1.56mm/d；10 年侧柏和 35 年侧柏雨后 11 天平均土壤蒸发强度分别为 1.04mm/d 和 1.56mm/d。蒸发强度随土壤表层含水率的减少而下降。

由图 4.5 可以看出，此次降雨主要对表层土壤影响较大，20～100cm 土层的含水率几乎没有发生变化,因此对土壤蒸发对 0～10cm 土层含水率的影响进行讨论。

5 年侧柏 0～10cm 层土壤含水率雨后第 1 天（5 月 29 日）达到 43.24%，大于田间持水量；雨后第 4 天（6 月 1 日）土壤含水率则降到 17.48%，土壤毛管水分处于断裂状态；雨后第 7 天、第 10 天和第 13 天土壤含水率分别为 12.53%、12.51% 和 6.92%。从雨后 13 天开始 0～10cm 土壤含水率已处于严重亏缺状态，亏缺水深达到 4.7mm。雨后 25 天（6 月 22 日）仍然没有出现有效降雨，此时 0～10cm 土壤含水率为 6.21%，亏缺水深为 5.41mm。

10 年侧柏 0~10cm 层土壤含水率从雨前的 12.31%跃升到 29.08%，处于田间持水量至毛管断裂含水率之间；雨后第 6 天（6 月 3 日）土壤含水率则降到 13.03%，接近凋萎含水率；雨后第 11 天土壤含水率为 10.14%，亏缺水深为 0.41mm。

25 年侧柏 0~10cm 土壤含水率雨后第 1 天含水率为 33.70%大于田间持水量；雨后第 4 天土壤含水率 21.50%，处于毛管断裂含水率附近；雨后第 7 天、第 10 天分别为 13.64%和 11.32%,接近凋萎含水率；雨后第 13 天土壤含水率降到 5.96%，亏缺水深为 3mm；雨后第 25 天土壤含水率为 6.19%，亏缺水深为 2.77mm。

35 年侧柏 0~10cm 层土壤含水率从雨前的 25.44%升到 41.54%，大于田间持水量；雨后第 6 天、第 11 天土壤含水率分别为 19.66%和 17.50%，均处于毛管断裂含水率至凋萎含水率之间。

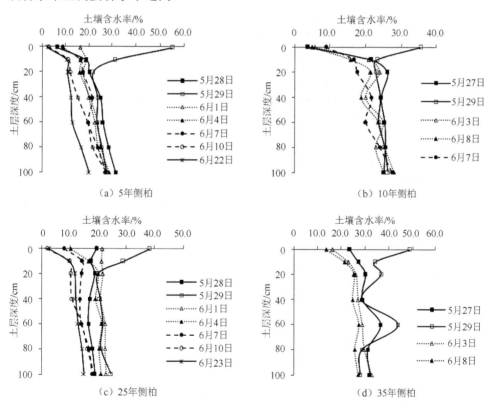

图 4.5　南小河沟流域侧柏土壤含水率变化

2. 油松林地土壤蒸发对表层土壤水分的影响

5 月 28 日降雨后对油松土壤蒸发及土壤含水率变化进行连续观测，土壤含水率变化结果如图 4.6 所示。

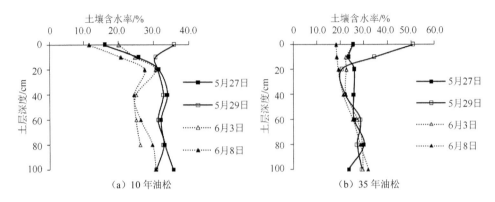

图 4.6　南小河沟流域油松土壤含水率变化

由图 4.6 土壤含水率变化计算得出，10 年油松和 35 年油松 5 月 28 日雨后 11 天土壤蒸发强度分别为 1.35mm/d 和 1.08mm/d。降雨前后 35 年油松 0～10cm 土层含水率变化剧烈，35 年油松土壤含水率从雨前的 24.42%上升到 42.55%，雨后土壤含水率大于田间持水量；雨后第 6 天土壤含水率降到雨前水平为 23.85%；雨后第 11 天土壤含水率为 18.26%，土壤水分降到毛管断裂含水率。10 年油松 0～10cm 雨前土壤含水率为 20.85%；雨后则升到 33.27%，接近田间持水量；雨后第 6 天土壤含水率为 22.50%，处于毛管断裂含水率以下；雨后第 11 天土壤含水率为 16.07%，略微大于凋萎含水率。

3. 刺槐与 35 年油松林地土壤蒸发对表层土壤水分的影响

5 月 28 日降雨后连续多日对三块试验地土壤蒸发及土壤含水率变化进行观测，结果如图 4.7 所示。可以看出，5 月 29 日至 6 月 10 日常青山刺槐、35 年油松和杨家沟刺槐平均土壤蒸发强度分别为 1.42mm/d、1.11mm/d 和 0.78mm/d，土壤蒸发强度随土壤表层（0～10cm）含水率的降低而下降。

常青山刺槐表层土壤含水率由雨前的 17.50%上升到 35.86%，大于田间持水量；雨后第 4 天土壤表层含水率下降到 23.57%，处于毛管断裂水与田间持水量间；雨后第 7 天和雨后第 10 天分别降至 19.02%和 14.95%，小于毛管断裂含水率；雨后第 13 天降至 7.60%，表层土壤水分亏缺 1.3mm；雨后 25 天（6 月 22 日）亏缺量达到 3.35mm。杨家沟刺槐表层含水率的变化则较小，雨前为 35.82%，雨后为 40.46%，雨后第 11 天为 31.57%。

35 年油松表层土壤含水率雨前为 23.82%，雨后为 48.98%，大于田间持水量；雨后第 4 天为 38.47%，略大于田间持水量；雨后第 7 天为 28%，处于田间持水量与毛管断裂含水率之间；雨后第 10 天和雨后第 13 天分别为 18.86%和 15.07%，处于毛管断裂含水率与凋萎含水率间；雨后 25 天土壤表层水分亏缺量为 1.7mm。

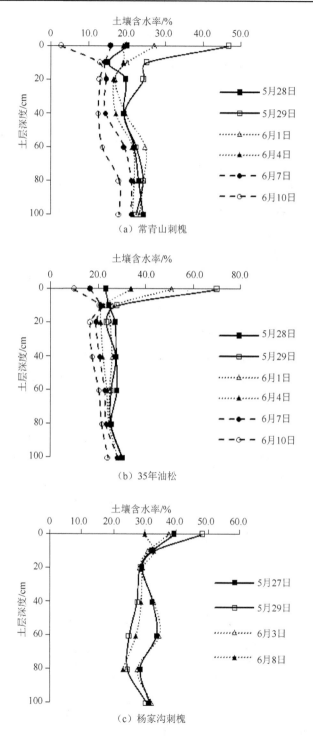

（a）常青山刺槐

（b）35 年油松

（c）杨家沟刺槐

图 4.7　南小河沟流域常青山刺槐、35 年油松和杨家沟刺槐土壤含水率变化

4. 草类植被土壤蒸发对表层土壤水分的影响

5 月 28 日雨后连续多日观测荒草地和苜蓿地土壤蒸发和土壤含水率变化，结果如图 4.8 所示。

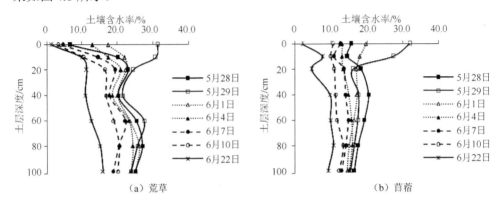

图 4.8　南小河沟流域草类植被土壤含水率变化

由图 4.8 计算得出，5 月 29 日至 6 月 10 日荒草地和苜蓿地土壤蒸发强度分别为 2.10mm/d 和 1.27mm/d。荒草地表层土壤含水率由雨前的 13.45%上升到 30.95%，大于田间持水量；雨后第 4 天和雨后第 7 天分别降到 19.61%和 15.07%，降到断裂含水率以下；雨后第 10 天降至 9.55%，略大于凋萎含水率；雨后第 13 天降至 6.92%，表层土壤水分亏缺量为 2.33mm；雨后 25 天降至 5.67%，表层土壤水分亏缺量为 3.58mm。苜蓿地表层土壤含水率由雨前的 14.69%升到 29.3%，略大于田间持水量；雨后第 4 天降至 18.47%，略小于毛管断裂含水率；雨后第 7 天和雨后第 10 天分别降至 12.69%和 11.35%；雨后第 13 天降至 9.9%，略微高于凋萎含水率；雨后 25 天降至 4.58%，表层土壤水分亏缺量为 3.87mm。

4.3.3　不同植被覆盖土壤蒸发强度对比

南小河沟流域不同植被覆盖条件下土壤蒸发强度对比如表 4.12 所示，可以看出，整个生长季草类植被试验地的土壤蒸发强度大于林地土壤蒸发强度，苜蓿和

表 4.12　南小河沟流域不同植被覆盖条件下土壤平均蒸发强度

类型	样地	平均蒸发强度/(mm/d)	类型	样地	平均蒸发强度/(mm/d)
常绿针叶林	35 年侧柏	1.49	落叶阔叶林	常青山刺槐	1.50
	25 年侧柏	1.44		杏树	1.35
	10 年侧柏	1.41		杨家沟刺槐	1.09
	5 年侧柏	1.59	草类	苜蓿	1.59
	35 年油松	1.25		荒草	1.85
	10 年油松	1.55	ET₀	—	3.82

荒草土壤平均蒸发强度与参考作物蒸散发强度（ET_0）的比值分别为 41.62%和 48.43%。林地土壤蒸发强度大小关系为 5 年侧柏>10 年油松>常青山刺槐>35 年侧柏>25 年侧柏>10 年侧柏>杏树>35 年油松>杨家沟刺槐，林地土壤蒸发强度与参考作物蒸散发强度的比值为 28.53%～41.62%。

　　选取没有人为干扰，坡向相同（阳坡面），覆盖度相近的 5 年侧柏、常青山刺槐与草类植被的苜蓿，对比常绿针叶林、落叶阔叶林和草类植被土壤蒸发强度的变化。在 4 月下旬至 5 月上旬土壤蒸发强度表现为常青山刺槐>苜蓿>5 年侧柏，这个时间段刺槐叶片未完全长出，苜蓿株高在 10cm 左右，植被对土壤表面的覆盖程度小于 5 年侧柏，土壤表面阳光照射充足，因此 5 年侧柏土壤蒸发强度小于常青山刺槐和苜蓿。5 月中旬至 6 月中旬土壤蒸发强度表现为 5 年侧柏>苜蓿>常青山刺槐，此时间段刺槐叶片几乎全部长出，苜蓿株高在 40cm 左右，覆盖度的增加减少了阳光对土壤表面的照射，因此常青山刺槐土壤蒸发强度小于 5 年侧柏和苜蓿。6 月下旬至 8 月下旬苜蓿>5 年侧柏>常青山刺槐，上个时间段有一较长时间的无雨期，同时又是苜蓿开花期，苜蓿生长消耗大量土壤水分，而土壤水分呈现亏缺状态，导致部分苜蓿死亡，苜蓿地覆盖度减小，表层土壤获得更多的能量，进入 6 月下旬降雨增多土壤水分恢复后苜蓿地土壤蒸发强度迅速上升。9 月上旬至 10 月上旬土壤蒸发强度表现为苜蓿>常青山刺槐>5 年侧柏，这个时间段刺槐叶开始脱落，刺槐地覆盖度减小，土表得到较多的太阳辐射，使常青山刺槐土壤蒸发强度大于 5 年侧柏蒸发强度。

4.4　土壤蒸发的拟合计算

　　土壤蒸发根据土壤水分含量不同分为三个阶段：第一阶段稳定蒸发阶段，此阶段土壤水分供应充足，气象因素控制土壤蒸发；第二阶段蒸发快速下降阶段，此阶段土壤水分供应越来越少，气象因素和土壤水分含量影响土壤蒸发强度；第三阶段缓慢蒸发阶段，此阶段土壤更加干燥，土壤下层水分通过液态形式向地表传导基本停止，水分以水汽扩散的形式向土壤表层缓慢运动。降雨后土壤表面湿润，土壤蒸发处于第一阶段，该阶段持续几天或数小时；随着土壤蒸发的继续，土壤水分下降，土壤蒸发进入第二阶段，该阶段持续的时间大于第一阶段；当地表形成干土层后土壤水分向表层传导的形式发生改变，此时土壤蒸发进入第三阶段，该阶段可以持续数周或数月。

　　土壤蒸发是一个复杂的物理过程，为维持土壤蒸发的继续必须要具备三个条件：第一能量供应充足；第二蒸发面与大气之间存在水汽压梯度差；第三土壤水分能充分供应充足。前两个条件由气象因素决定，气象因素包括气温、空气湿度和风速等。气象因子与土壤蒸发强度相关系数如表 4.13，可以看出，各样地土壤蒸发强度与 4 个主要气象因子表现出不同的相关性，与气温的相关系数较高，与风速、水汽压差和相对湿度的相关系数较低。仅通过单气象因子研究土壤蒸发是不够的，因此本研究利用参考作物蒸散量（ET0）综合反应各气象因素对土壤蒸发的影响。

表 4.13 南小河沟流域土壤蒸发强度与主要气象因子相关系数

样地编号	气温/℃	风速/（m/s）	水汽压差/kPa	相对湿度/%
25 侧	0.4849	0.5439	0.5130	0.3751
5 侧	0.3583	0.3388	0.3455	0.2663
35 侧	0.4137	0.2081	0.3317	0.1321
10 侧	0.4560	0.3638	0.2524	0.1554
常刺	0.4733	0.3737	0.2661	0.1783
杏树	0.3825	0.4338	0.1463	0.2410
杨刺	0.2791	0.0649	0.0258	0.3387
35 油	0.5060	0.2022	0.1273	0.2126
10 油	0.4607	0.3150	0.1452	0.3807
苜蓿	0.3699	0.1793	0.3348	0.3044
荒草	0.3501	0.3292	0.5440	0.2935

4.4.1 土壤表层含水率与土壤蒸发强度相关性分析

土壤蒸发不仅与气象因素有关，而且与土壤表层含水率有较大关系。当土壤导水率小于大气蒸发率时，表土含水率降低，蒸发强度也随之减小，这表示土含水率与土壤蒸发强度间呈线性关系：

$$E_s = a\theta_v + b \tag{4.8}$$

式中，E_s 为土壤蒸发强度（mm/d）；θ_v 为 0～10cm 土层土壤含水率（%）；a、b 为经验系数。

各个样地土壤蒸发强度与表层土壤含水率之间的相关系数分析结果见表 4.14。

表 4.14 南小河沟流域不同样地土壤蒸发强度与土壤含水率线性拟合的经验系数及相关系数

样地编号	a	b	相关系数
5 侧	0.0443	0.5095	0.4803
10 侧	0.0356	0.3161	0.3232
25 侧	0.0490	0.3863	0.5377
35 侧	0.0343	0.0182	0.3076
10 油	0.0871	-0.9955	0.6194

续表

样地编号	a	b	相关系数
35 油	0.0454	−0.4425	0.2333
常刺	0.0288	0.6663	0.4164
杏树	0.0185	0.2478	0.3131
杨刺	0.1632	−4.9855	0.1874
苜蓿	0.0771	0.0303	0.5562
荒草	0.0766	0.3043	0.5204

　　从表 4.14 可以看出，各地土壤蒸发强度与土壤表层含水率的相关性均不同，25 年侧柏、10 年油松、苜蓿和荒草的相关系数在 0.5 以上，杨家沟刺槐的相关系数最低，仅为 0.1874。草类植被和常绿针叶林的土壤蒸发强度与表层土壤含水率的相关系数较高，苜蓿地与荒草地土壤蒸发强度与表层土壤含水率的相关系数均大于 0.5，分别达到 0.5562 与 0.5204。相比较而言，在所选的样地中，落叶阔叶林的相关系数最小。其中，杨家沟刺槐与常青山刺槐土壤蒸发强度与表层土壤含水率之间相关系数分别为 0.4164 和 0.1874，而杏树林地土壤蒸发强度与表层土壤含水率之间相关系数仅为 0.3131。各样地土壤蒸发强度与土壤含水率的线性关系如图 4.9 所示。

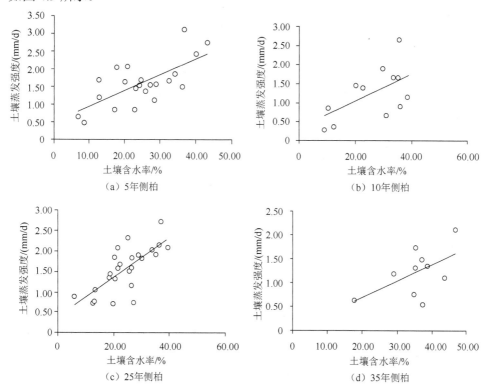

（a）5 年侧柏　　　　　　　　　　　　（b）10 年侧柏

（c）25 年侧柏　　　　　　　　　　　　（d）35 年侧柏

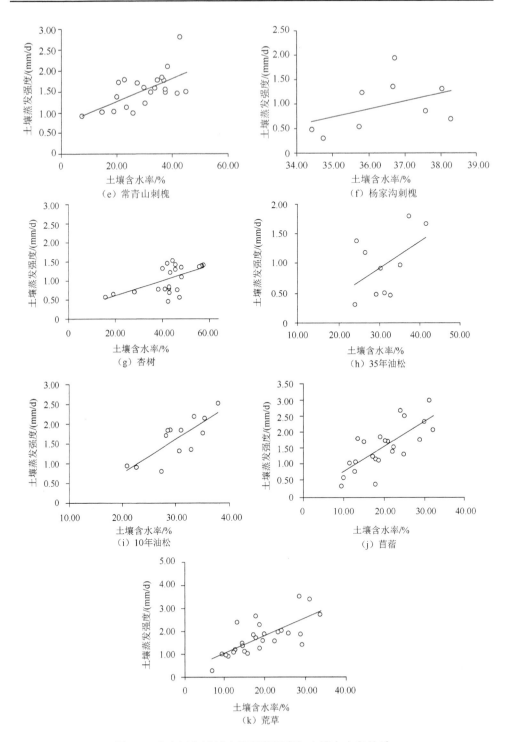

图 4.9 南小河沟流域土壤蒸发强度与土壤含水率关系

4.4.2　土壤蒸发拟合计算

土壤相对蒸发为土壤蒸发强度 E_s 与参考作物蒸散量 ET_0 的比值，随土壤表层含水率的增加而增大，呈现简单线性关系，其形式为

$$\frac{E_s}{ET_0} = a\theta_v + b \tag{4.9}$$

式中，E_s 为土壤蒸发强度（mm/d）；a、b 为经验系数；θ_v 为 0～10cm 土层土壤含水率（%）。

由式（4.9）可推导出土壤蒸发强度与参考作物蒸散量和土壤含水率的经验公式为

$$E_s = (a\theta_v + b) \cdot ET_0 \tag{4.10}$$

土壤相对蒸发与土壤含水率关系如图 4.10。

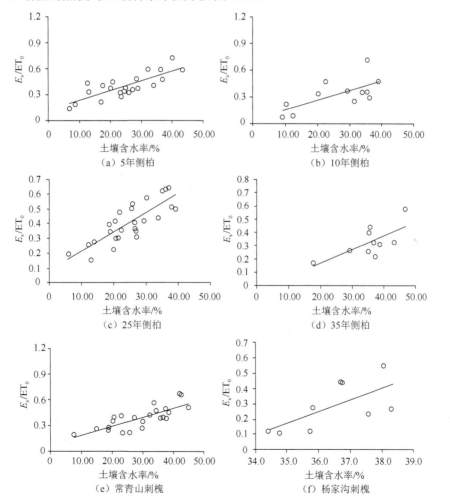

（a）5年侧柏　　　　　　　　　（b）10年侧柏

（c）25年侧柏　　　　　　　　　（d）35年侧柏

（e）常青山刺槐　　　　　　　　（f）杨家沟刺槐

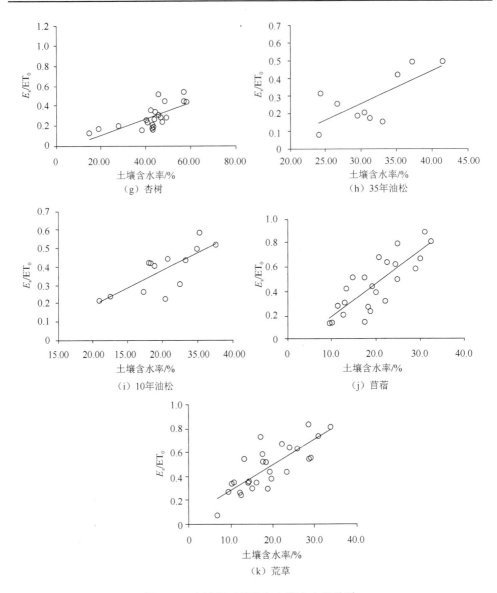

图 4.10　土壤相对蒸发与土壤含水率关系

由图 4.10 可以看出，相对土壤蒸发与土壤含水率有较好的线性关系，相关系数大多在 0.5 以上，其中 25 年侧柏的相关系数最高，达到 0.6695。在分析相对土壤蒸发与土壤含水率关系的基础上，得到各类植被覆盖条件下土壤蒸发强度的计算经验公式，经验系数如表 4.15 所示。可以看出，草类植被覆盖的土壤蒸发模拟效果好于常绿针叶林，而落叶阔叶林的模拟效果则最差。

表 4.15 南小河沟流域不同样地土壤蒸发强度线性拟合经验系数

类型	样地编号	a	b	相关系数
常绿针叶林	5 侧	0.0113	0.1215	0.6150
	10 侧	0.0109	0.0532	0.4526
	25 侧	0.0129	0.0886	0.6695
	35 侧	0.0103	-0.0368	0.4734
	10 油	0.0190	-0.1910	0.5792
	35 油	0.0187	-0.3025	0.5163
落叶阔叶林	常刺	0.0107	0.0775	0.6123
	杏树	0.0081	-0.0539	0.4961
	杨刺	0.0764	-2.4999	0.4308
草类	苜蓿	0.0275	-0.0904	0.6587
	荒草	0.0216	0.0662	0.6335

4.5 绿水总量的分析与计算

绿水消耗量即指一段时间内的蒸散发量,受气候因子、植被因子和土壤水分因子共同影响。绿水消耗量计算主要可分为三种:水量平衡法、微气象学法和植物生理学方法。本节主要采用水量平衡计算得到绿水量并分析不同植被的绿水消耗量特征,利用作物系数法计算绿水消耗量,运用 4.4.2 小节中建立的土壤蒸发模型计算非生产性绿水量。

4.5.1 绿水总量计算

1. 基于径流系数的绿水总量计算

降雨是绿水的唯一来源,根据降雨的不同去向可将其分为蓝水和绿水。蓝水即降雨降落到地面通过地表径流的形式流出本地,而绿水则是降雨储存在本地并被本地植被利用最终以气态形式返回大气。在流域降雨量已知的情况下可通过径流系数计算得到封闭小流域内的总绿水量,计算方法详见 2.3.1 小节中水量平衡法。

2. 绿水总量变化分析

利用流域控制站十八亩台的观测资料计算南小河沟蓝绿水总量分配情况,结果如表 4.16 所示。可以看出,20 世纪 60 年代到 90 年代南小河沟绿水总量呈下降趋势,90 年代平均绿水总量为 461.3mm,占平均降雨量的 88.78%,进入 21 世纪绿水总量为 535.8mm,占降雨量的 99.06%,绝大部分降雨都留存在本地。

表 4.16　南小河沟流域蓝绿水分配计算表

年份	降雨量/mm	蓝水量/mm	绿水量/mm	径流系数/%
1964～1969	625.9	15.3	610.6	2.402
1971～1979	546.7	13.4	533.3	2.237
1980～1989	539.9	38.3	521.5	6.933
1991～1994	519.6	58.3	461.3	10.093
2003～2012	540.9	5.2	535.8	0.887

　　土地利用变化及水土保持措施对绿水量有较大影响（赵微，2011；叶碎高等，2008）。南小河沟流域从 1951 年开始采取一系列措施治理水土流失，这些治理措施改变了土地利用形式，对绿水量的转化产生了影响。表 4.17 为治理前（1951年）与治理后（2007 年）土地利用的变化情况。治理前几乎没有林地，草地面积占整个流域 32.81%，农地是主要用地，而治理后林地面积大幅上升，达到954.45hm^2，占流域面积 26.29%，草地面积为 354.45hm^2，占流域面积 9.76%，林地草地面积之和占流域面积的 36.05%。

表 4.17　南小河沟流域土地利用变化对比表

土地利用类型	治理前		治理后	
	土地面积/hm^2	占流域面积比例/%	土地面积/hm^2	占流域面积比例/%
农地	1821.1	50.17	1793.79	49.42
林地	0	0	954.45	26.29
草地	1191.1	32.81	354.45	9.76
其他用地	617.8	17.02	527.31	14.53
合计	3630	100	3630	100

　　南小河沟自 1951 年开始治理，大致可划分为 5 个阶段，每一阶段都伴随着绿水的变化。第一阶段 1951～1959 年；第二阶段 1964～1966 年；第三阶段 1970～1979 年；第四阶段 1980～2000 年；第五阶段从 2001 到现在。绿水量的变化反映了第二至第五阶段的治理情况。第二阶段的治理措施主要包括在塬面修建水平梯田、种植果树，在沟谷中修建台地，加强沟内林木管理。第三阶段的治理措施主要是大面积推广修建水平梯田，在房前屋后、道路旁、农田旁和废弃胡同等处大量种植以杨树为主的林木使塬面初步形成林网田，在沟道中修建淤地坝。这两个阶段的治理取得了良好的水土保持效益，减少了径流量，增加了绿水量。在第四阶段，国家对水土保持的投资减少，部分林草地被开垦为农田，林木遭受病虫害大面积死亡，林草面积下降，淤地坝淤满失去作用，直接导致这个时期绿水量的下降。进入 21 世纪之后，南小河沟流域进入黄河水土保持生态工程齐家川示范区重点建设小流域行列，积极开展了适宜本地自然和社会条件的水土保持措施，主

要进行了在塬面扩大果园等经济林木种植面积,大力兴修水平梯田,在沟谷坡道中大量植树种草保护塬面,沟道内建设蓄水拦泥工程等措施。第五阶段的措施有效减少了蓝水量,使更多的水资源留存在本地。

4.5.2 绿水消耗量计算

1. 水量平衡法计算绿水消耗量

根据水量平衡原理建立 100cm 土层水分平衡方程,其形式为

$$I + SW_1 = E_s + SW_2 + q_i \tag{4.11}$$

因此,可以得出绿水消耗量(即计算时段内蒸散量)为

$$E_T = I + (SW_1 - SW_2) - q_i \tag{4.12}$$

式中,I 为计算时段内土壤入渗量(mm);SW_1 和 SW_2 分别为计算时段前后土壤蓄水量(mm);E_T 为计算时段内蒸散量(mm);q_i 为计算时段内研究土层与相邻土层的水分交换量(mm)。

根据水量平衡方程,土壤入渗量计算方程为

$$I = P - W_b - P_i \tag{4.13}$$

式中,P 为计算时段内降雨量(mm);W_b 为计算时段内径流深(mm);P_i 为植被冠层对降雨的截留量(mm)。

当相邻两层土壤存在水势梯度差时,两层土壤会发生水分交换,交换量计算公式为

$$q_{i,i+1} = K(\theta)_{i,i+1} \left(2 \times \frac{\psi_{i+1} - \psi_i}{Z_i + Z_{i+1}} \pm 1 \right) \tag{4.14}$$

$$K(\theta)_{i,i+1} = \max \left[K(\theta), K(\theta_{i+1}) \right] \tag{4.15}$$

式中,$K(\theta)$ 为非饱和导水率;ψ 为基质势。由于研究的土壤水分主要在 100cm 土层内变化,100cm 以下土壤水分变化较小,认为 100cm 以下土层与 100cm 以上土层没有发生水分交换。式(4.12)可变形为

$$E_T = I + (SW_1 - SW_2) \tag{4.16}$$

绿水消耗量即一段时间内的实际蒸散量,其计算公式为

$$E_{TS} = E_T - E_s \tag{4.17}$$

式中,E_T 为绿水实际消耗量(mm);E_s 为土壤蒸发强度,即非生产性绿水(mm);E_{TS} 为植被蒸腾量,即生产性绿水(mm)。

2. 绿水消耗效用分析

绿水消耗量根据其来源的不同可分为高效消耗和低效消耗。高效消耗指的是直接参与植被的蒸腾量,低效消耗指的是棵间土壤蒸发,可以看出,4.1.4 小节所

测的土壤蒸发量均为植被棵间的土壤蒸发,即为绿水的低效消耗量,而绿水消耗量可以由式(4.16)计算得到,因此结合式(4.17)即可得到生产性绿水量。2012年生长季各植被绿水消耗量计算结果如表4.18所示。

表 4.18 南小河沟流域不同植被样地绿水消耗量结果 (单位:mm)

类型	样地编号	绿水消耗量	非生产性绿水	生产性绿水	绿水蓄变量
常绿针叶林	5 侧	334.3	257.9	76.5	−93.3
	10 侧	440.7	233.8	207.0	13.1
	25 侧	390.0	230.7	159.3	−37.6
	35 侧	360.9	231.6	129.3	−66.7
	10 油	417.3	250.4	166.9	−10.3
	35 油	308.9	222.1	86.9	−118.7
	平均值	375.4	237.7	137.7	−52.3
落叶阔叶林	常刺	366.0	232.3	133.7	−61.6
	杏树	367.4	208.5	158.9	−60.2
	杨刺	431.6	162.7	268.9	4.0
	平均值	388.3	201.2	187.1	−39.3
草类	苜蓿	327.1	264.3	62.8	−100.5
	荒草	396.9	289.7	107.2	−30.7
	平均值	362.0	277.0	85.0	−65.6

由4.18可以看出,常绿针叶林、落叶阔叶林和草地生长季绿水消耗量分别为375.4mm、388.3mm、362.0mm,非生产性绿水平均比例分别为63.3%、51.8%、76.5%。10年侧柏的绿水消耗量最大,为440.7mm,其次为杨家沟刺槐和10年油松,分别为431.6mm、417.3mm。35年油松、苜蓿的绿水消耗量较小,分别为308.9mm、327.1mm。苜蓿非生产性绿水比例最大,占绿水消耗量80.8%,杨家沟刺槐的非生产性绿水比例最小,占绿水消耗量37.7%。

对比10年侧柏和35年侧柏、10年油松和35年油松的绿水消耗量,发现植被种类相同时绿水消耗量随林龄的增大而下降。10年侧柏、25年侧柏和35年侧柏的绿水消耗量随林龄的上升而下降,非生产性绿水量差别不大,林龄主要对生产性绿水量有影响。造成这种现象的原因是研究所涉及的土层深度只有100cm,而植被林龄越久根系越发达,根系深度也越深,使植被可以从更深的土层中吸收水分。对比10年侧柏和10年油松、35年侧柏和35年油松,可以发现侧柏绿水消耗量大于油松。

常青山刺槐位于阳坡面,而杨家沟刺槐位于阴坡面,两地植被林龄相近,杨家沟刺槐绿水消耗量大于常青山刺槐,这可以说明,坡向主要对非生产性绿水产生影响,阳坡面植被的非生产性绿水大于阴坡面。常青山刺槐地和杏树地邻近,树龄也相似,两者绿水消耗量差别微小,常青山刺槐生产性绿水小于杏树。

苜蓿和荒草均位于阳坡面，苜蓿没有人为干扰，荒草地在生长期间进行两次割草。苜蓿绿水消耗量明显小于荒草，生产性绿水量比荒草小 7.8%。6 月，苜蓿因缺水严重开始大面积死亡，逐渐被更适宜本地生长的杂草代替。杂草正常生长的需水量比苜蓿少，最终使杂草在竞争中取胜。

图 4.11 为不同树龄侧柏植被生长季绿水消耗量年内变化过程图。

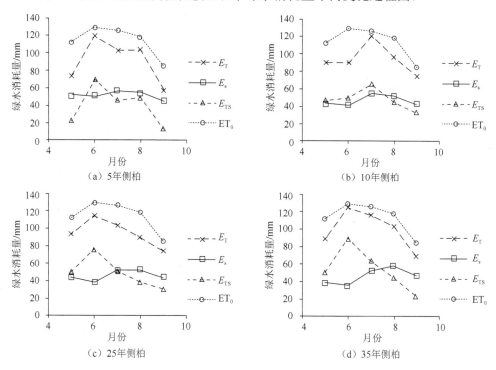

图 4.11　侧柏生长季绿水消耗量年内变化

可以看出，对于不同树龄侧柏而言，5 年侧柏、25 年侧柏和 35 年侧柏在 6 月绿水消耗量达到最大，10 年侧柏则在 7 月达到最大。生产性绿水的变化趋势与绿水消耗量一致，5 年侧柏的生产性绿水小于非生产性绿水，仅在 6 月大于非生产性绿水。10 年侧柏、25 年侧柏和 35 年侧柏在 5 月、6 月和 7 月生产性绿水大于非生产性绿水，8 月以后非生产性绿水较大。10 年侧柏的生产性绿水和非生产性绿水差别不大。

图 4.12 为不同树龄油松生长季内绿水消耗量的月变化过程，可以看出，10 年油松绿水消耗量呈 "M" 字形，生产性绿水普遍小于非生产性绿水，而 35 年油松在 5 月绿水消耗最大，之后一直呈现下降趋势，仅在 5 月生产性绿水大于非生产性绿水。

图 4.13 为常绿阔叶林绿水消耗量的年内变化过程，可以看出，5 月为刺槐开花期，此时植被耗水量较高，该时段内常青山刺槐和杨家沟刺槐的绿水消耗量最

大。从图中还可以看出，常青山刺槐和杨家沟刺槐 9 月的绿水消耗量较小，这主要是由于 9 月刺槐叶片开始脱落，植被蒸腾作用逐渐减弱。常青山刺槐整个生长季生产性绿水普遍较小，只在 5 月略大于非生产性绿水，而杨家沟刺槐生产性绿水 8 月和 9 月小于非生产性绿水，4 月、5 月和 6 月则大于非生产性绿水。杏树在 6 月果实成熟期绿水消耗量最大，生长季末期绿水消耗量减小，生产性绿水量也随之减小，8 月和 9 月生产性绿水小于非生产性绿水。

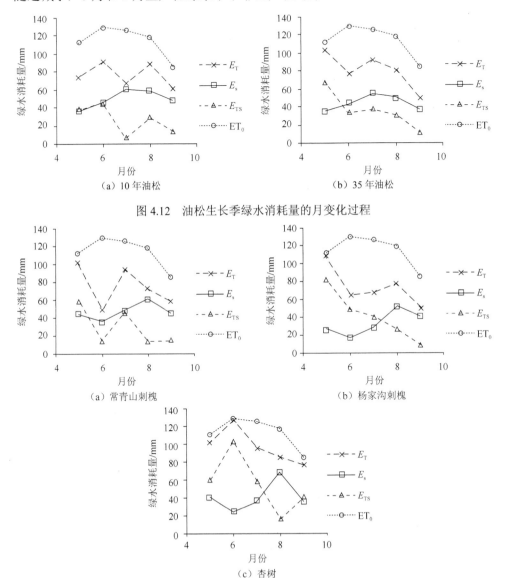

图 4.12　油松生长季绿水消耗量的月变化过程

图 4.13　常绿阔叶林生长季绿水消耗量年内变化

图 4.14 为草类植被绿水消耗量的年内变化过程，可以看出，对于苜蓿与荒草而言，苜蓿在开花期（6 月）绿水消耗量较大，6 月生产性绿水大于非生产性绿水。苜蓿花期结束直至生长季结束绿水消耗量没有明显减小，但生产性绿水在 7 月最小。主要是因为苜蓿花期需要消耗大量水分，6 月有一个较长的无雨期导致苜蓿供水不足，苜蓿出现大面积死亡。因此，苜蓿地生产性绿水在 7 月最小，7 月时苜蓿逐渐被野生杂草替代，7 月以后生产性绿水几乎全部由野生杂草贡献。荒草地绿水消耗自生长季开始到结束呈下降趋势，生产性绿水呈现波动变化。荒草地在 5 月和 7 月进行了割草，人为因素的影响造成了生产性绿水的减少。

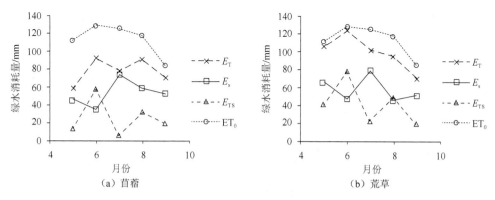

（a）苜蓿   （b）荒草

图 4.14 草类生长季绿水消耗量年内变化

3. 作物系数法计算绿水消耗量

作物系数法计算绿水消耗量由联合国粮食及农业组织推荐，该方法综合考虑了气象因素、植被因素和土壤水分因素，计算方法如下：

$$\mathrm{ET_a} = K_c \cdot K_s \cdot \mathrm{ET_0} \tag{4.18}$$

式中，$\mathrm{ET_a}$ 为实际绿水消耗量（mm/d）；K_c 为作物系数；K_s 为土壤水分胁迫系数。

1）作物系数 K_c 与土壤水分胁迫系数 K_s 计算

植被系数可反映植被种类、覆盖度等因素对绿水消耗量的影响，采用 FAO-56 中的方法计算植被系数，其计算过程为

$$K_c = K_{cb} + 0.05 \tag{4.19}$$

或

$$K_c = K_{cb} + 0.1 \tag{4.20}$$

式中，K_{cb} 为非完全覆盖下的基本植物系数。当土壤湿润频率较低时采用式（4.19）计算，当湿润频率较高，每周都会湿润一次时则采用式（4.20）。

$$K_c = K_{cb,min} + (K_{cb,full} - K_{cb,min}) \times \min(1, 2f_{cz}, f_{c,eff}^{1/(1+h)}) \tag{4.21}$$

式中，$K_{cb,min}$ 为最小植被系数，通常为 0.15～0.20，本节取 0.15；$K_{cb,full}$ 为全覆盖

条件下基本植物系数；h 为植被高度（m）；f_{cz} 为实际植被覆盖度；$f_{c,eff}$ 为有效植被覆盖度。

$$K_{cb,full} = K_{cb,h} + [0.04(u_2 - 2) - 0.004(RH_{min} - 45)] \cdot (h/3)^{0.3} \quad (4.22)$$

式中，$K_{cb,h}$ 为标准气象条件下的全覆盖基本植物系数；u_2 为距地面 2m 高风速。

$$f_{c,eff} = f_{cz} / \sin\eta \leqslant 1 \quad (4.23)$$

式中，η 为植被最大蒸散期间太阳与地平线的平均角度。式（4.23）主要适用于林地类植被，该类植被冠层呈圆形或椭圆形。

$$\sin\eta = \sin\varphi\cos\delta + \cos\varphi\cos\delta \quad (4.24)$$

式中，φ 为纬度；δ 为日倾角。

$$K_{cb,h} = 1.0 + 0.1h \quad (4.25)$$

或

$$K_{cb,h} = 1.2 \quad (4.26)$$

当植被高度小于 2m 时采用式（4.25），大于 2m 时采用式（4.26）。

土壤水分胁迫系数主要反映土壤性质和土壤含水率对绿水消耗量的影响，土壤水分胁迫系数的计算公式较多，采用 Jensen 公式计算，公式形式为

$$K_s = \begin{cases} 0, & W < W_p \\ \dfrac{W - W_p}{W_f - W_p}, & W_p < W < W_f \\ 1, & W > W_f \end{cases} \quad (4.27)$$

式中，W 为土壤实际含水率（mm）；W_p 为凋萎含水率（mm）；W_f 为田间持水量（mm）。

根据以上方法计算的南小河沟流域不同样地土壤水分胁迫系数与植被系数见表 4.19。

表 4.19 南小河沟流域不同样地土壤水分胁迫系数与植被系数表

类型		样地	5 月	6 月	7 月	8 月	9 月	平均
土壤水分胁迫系数	常绿针叶林	5 年侧柏	0.58	0.24	0.24	0.27	0.37	0.34
		10 年侧柏	0.62	0.40	0.57	0.45	0.67	0.54
		25 年侧柏	0.64	0.36	0.38	0.34	0.54	0.45
		35 年侧柏	0.81	0.59	0.71	0.60	0.71	0.68
		10 年油松	0.85	0.55	0.60	0.48	0.71	0.64
		35 年油松	0.78	0.58	0.50	0.42	0.49	0.55
	落叶阔叶林	常青山刺槐	0.81	0.40	0.54	0.41	0.68	0.57
		杏树	0.82	0.39	0.38	0.37	0.60	0.51
		杨家沟刺槐	1.00	0.98	1.00	0.88	1.00	0.97

续表

类型	样地	5 月	6 月	7 月	8 月	9 月	平均
草地	苜蓿	0.61	0.23	0.25	0.25	0.37	0.34
	荒草	0.55	0.38	0.33	0.24	0.35	0.37
植被系数 常绿针叶林	5 年侧柏	0.74	0.76	0.72	0.72	0.73	0.73
	10 年侧柏	1.18	1.20	1.13	1.13	1.17	1.16
	25 年侧柏	1.21	1.24	1.16	1.16	1.20	1.19
	35 年侧柏	1.24	1.26	1.17	1.17	1.21	1.21
	10 年油松	1.20	1.22	1.14	1.14	1.19	1.18
	35 年油松	1.24	1.27	1.17	1.16	1.20	1.21
落叶阔叶林	常青山刺槐	0.89	0.91	0.85	0.84	0.86	0.87
	杏树	1.17	1.19	1.11	1.10	1.14	1.14
	杨家沟刺槐	1.23	1.26	1.17	1.16	1.20	1.21

2）绿水消耗量拟合计算

根据 4.5.2 小节中作物系数法，结合 Penman-Monteith 公式计算所选各样地绿水消耗量，结果如表 4.20 所示。

表 4.20　南小河沟流域不同样地绿水消耗量拟合结果

类型	样地	5 月绿水消耗量/mm	6 月绿水消耗量/mm	8 月绿水消耗量/mm	9 月绿水消耗量/mm	总和/mm	相对误差/%
常绿针叶林	5 年侧柏	48.3	23.7	23.1	23.1	140.0	−58.1
	10 年侧柏	82.3	62.4	60.4	67.0	353.5	−19.8
	25 年侧柏	87.1	58.0	46.8	55.4	303.1	−22.3
	35 年侧柏	113.0	96.6	83.3	73.5	471.5	30.6
	10 年油松	114.8	87.2	65.0	72.2	425.7	2.0
	35 年油松	108.8	95.7	57.8	50.3	386.6	25.2
落叶阔叶林	常青山刺槐	81.1	47.3	40.9	50.0	277.4	−24.2
	杏树	108.0	60.3	48.3	58.5	328.4	−10.6
	杨家沟刺槐	138.4	160.4	121.2	102.6	670.6	55.4

从表 4.20 中可以看出，该方法的拟合结果与实测结果差别很大，与实测值相比较，拟合值整体偏小。拟合值与实测值相对误差最大可达到 50%以上，其中 5 年侧柏和杨家沟刺槐相对误差最大，分别为达到-58.1%和 55.4%。在所选样地中，拟合效果最好的为 10 年油松，其相对误差仅为 2%，其次为杏树，相对误差为-10.6%。通过进一步计算可知，去除拟合效果最差的 5 年侧柏和杨家沟刺槐以后，常绿针叶林绿水消耗量拟合值的平均相对误差仅为 3.1%，而落叶阔叶林拟合值的平均相对误差为-17.4%。对比分析可以发现，该方法对常绿针叶林的拟合效果较好，对落叶阔叶林的拟合效果较差。产生这种现象的原因是拟合时统一使用植被

生长季内最大覆盖度计算作物系数，常绿针叶林的覆盖度变化不大，而落叶阔叶林的覆盖度在生长季内变化较大。

3）非生产性绿水拟合计算

非生产性绿水采用4.4.2小节中建立的土壤蒸发方程进行拟合，拟合结果如表4.21所示。可以看出，根据土壤蒸发方程进行拟合之后的拟合值均小于实测值，其中，杨家沟刺槐的拟合效果最差，杏树和35年油松的相对误差则均在60%左右，荒草的拟合效果最好，相对误差为-13.5%，其次为25年侧柏，相对误差为-19.5%。同类植被中，覆盖度越小，其拟合效果越好，这主要是因为土壤蒸发不仅与土壤含水率、大气蒸发能力相关，而且还受植被因素影响，但4.4.2小节中建立的回归方程未考虑植被因素。

表4.21　南小河沟流域不同样地非生产性绿水拟合结果

类型	样地	5月拟合值	6月拟合值	7月拟合值	8月拟合值	9月拟合值	总和/mm	相对误差/%
常绿针叶林	5年侧柏	48.46	42.59	41.16	39.69	31.40	203.30	-21.2
	10年侧柏	37.52	35.94	40.45	34.35	29.72	177.98	-23.9
	25年侧柏	42.50	39.04	38.93	35.26	29.95	185.68	-19.5
	35年侧柏	31.22	28.67	31.86	26.61	21.42	139.78	-39.6
	10年油松	44.70	33.39	35.75	26.79	28.55	169.19	-32.4
	35年油松	27.68	19.81	14.84	9.55	9.71	81.59	-63.3
落叶阔叶林	常青山刺槐	39.77	33.89	36.99	31.41	27.70	169.77	-26.9
	杏树	24.57	16.30	15.36	14.32	14.58	85.13	-59.2
	杨家沟刺槐	-19.35	-31.57	-26.20	-48.36	-9.02	-134.51	-182.7
草类	苜蓿	52.96	34.30	34.83	33.21	29.30	184.60	-30.2
	荒草	58.69	57.31	53.20	44.71	36.54	250.45	-13.5

4.6　绿水资源量与植被生长关系分析

绿水是雨水入渗进入土壤并被植被利用的那部分，当绿水资源不足时植被生长会受到抑制，因此植被的长势情况可反映多年平均绿水资源的供给情况（臧传富等，2013；荣琨等，2011；甄婷婷等，2010）。年内绿水资源的消耗会引起土壤水的变化，当绿水资源不足时土壤水可利用量就会减小，甚至出现负值（程国栋等，2006）。因此，有必要通过野外实地调查植被的生长情况回答绿水资源多年平均量是否能够满足当地植被生长的问题。

土壤水可利用量为土壤中可被植被吸收利用的水量（由懋正等，1996），其计算公式为

$$W_a = \sum_{i=1}^{n} (\theta_i - \theta_{pi}) \cdot dh \qquad (4.28)$$

式中，W_a 为土壤水可利用量（mm）；θ_i、θ_{pi} 分别为对应土层的实际含水量（cm^3/cm^3）和凋萎含水量（cm^3/cm^3）；i 为土壤第 i 层；n 为土壤总层数；dh 为每层土壤深度（mm）。

表 4.22 为所选样地在 2012 年整个生长季中各月平均土壤水可利用量。

表 4.22　2012 年生长季南小河沟流域不同样地土壤水可利用量　　（单位：mm）

类型	样地	5 月	6 月	7 月	8 月	9 月	平均
常绿针叶林	5 年侧柏	157.4	66.4	64.3	72.1	101.3	92.3
	10 年侧柏	151.6	99.5	139.1	111.1	164.6	133.2
	25 年侧柏	134.5	74.7	80.3	71.9	113.3	94.9
	35 年侧柏	199.6	144.5	174.8	147.8	173.5	168.0
	10 年油松	205.9	132.1	145.6	115.6	172.6	154.4
	35 年油松	189.6	139.6	120.8	101.1	118.8	134.0
落叶阔叶林	常青山刺槐	168.9	82.4	111.9	85.8	141.4	118.1
	杏树	220.8	106.2	101.2	100.1	161.7	138.0
	杨家沟刺槐	214.7	205.4	210.1	183.9	223.4	207.5
草地	苜蓿	119.5	44.4	48.5	50.1	73.0	67.1
	荒草	118.3	81.1	71.6	51.2	74.7	79.4

可以看出，常绿阔叶林的平均土壤水可利用量最大，草地的最小；常绿针叶林、落叶阔叶林和草地平均土壤水可利用量分别为 129.5mm/月、154.5mm/月、73.24mm/月。杨家沟刺槐的平均土壤水可利用量最大，为 207.5mm/月，苜蓿地的最小，为 67.1mm/月。5 月各地土壤水可利用量最大，最小值一般出现在 6 月，油松、杨家沟刺槐和荒草土壤水可利用量最小值出现在 8 月。

表 4.23 为各样地在生长季内土壤水可利用量的变化量。

表 4.23　南小河沟流域不同样地土壤水可利用变化量　　（单位：mm）

类型	样地	5 月	6 月	7 月	8 月	9 月	总变化量
常绿针叶林	5 年侧柏	18.0	-79.9	-88.9	27.9	29.6	-93.3
	10 年侧柏	-4.3	-61.5	48.6	-31.4	61.7	13.1
	25 年侧柏	38.0	-45.7	-77.9	13.1	34.9	-37.6
	35 年侧柏	15.0	-93.2	8.1	20.4	-17.0	-66.7
	10 年油松	29.2	-107.9	39.8	-38.5	67.1	-10.3
	35 年油松	-19.4	-71.4	-16.5	-9.8	-1.6	-118.7
落叶阔叶林	常青山刺槐	4.6	-49.8	-69.0	16.4	36.2	-61.6
	杏树	-2.4	-90.5	-67.2	4.0	95.9	-60.2
	杨家沟刺槐	20.3	-56.1	61.6	-40.3	18.5	4.0
草类	苜蓿	-27.9	-44.3	-67.2	20.3	18.6	-100.5
	荒草	56.9	-74.7	-66.8	-8.7	62.6	-30.7

可以看出，2012 年生长季结束时大多植被的土壤水可利用量小于生长季初期，其中 35 年油松和苜蓿的土壤水变化最明显，10 年侧柏、杨家沟刺槐和 10 年油松土壤水变化较小，10 年侧柏和杨家沟刺槐土壤水甚至还得到一定补充。在植被生长最为旺盛的 6 月和 7 月土壤水消耗最大，各植被均出现供水紧张的情况，尤其是苜蓿。苜蓿在与本地生杂草竞争的过程中处于弱势，苜蓿逐渐枯萎而杂草生长旺盛。侧柏也出现供水不足的情况，尤其是 25 年侧柏和 35 年侧柏。

南小河沟自建站以来积极开展植树种草活动，逐渐形成以侧柏、油松、刺槐和杏树为主的人工林地群落。4 种主要林地均存在林龄在 35 年以上的植株，油松主要种植在阴坡面的魏家台，侧柏、刺槐和杏树主要种植在阳坡面的常青山。流域内侧柏、油松、刺槐和杏树长势情况如表 4.24 所示，可以看出，4 种植被中，经过 35 年生长的油松株高最大，达到 904.6cm，其他 3 种植被株高在 600～700cm，4 种植被长势情况良好，说明绿水资源基本可以满足侧柏、油松、刺槐和杏树的生长需要。

表4.24　南小河沟流域不同样地植被长势情况表

类型	样地	胸径/cm	株高/cm	冠幅/cm	覆盖度/%
常绿针叶林	侧柏	34.0	602.4	198.4	89
	油松	61.4	904.6	286.0	87
落叶阔叶林	刺槐	57.3	693.3	239.8	33
	杏树	45.5	651.8	339.8	52

4.7　本章小结

（1）植被截留量随降雨量的增加而增加，由于数据量有限，目前尚无法确定饱和截留量。在所选样地中，林地的截留率随降雨量增加呈现下降趋势，苜蓿截留率变化不明显。同一树种不同树龄的截留率不同，树龄越长对降雨的截留效果越显著。35 年侧柏、25 年侧柏、10 年侧柏和 5 年侧柏平均截留率分别为 42.2%、39.3%、25.4%和 21.2%，35 年油松和 10 年油松平均截留率分别为 38.2%和 30.9%。树龄相近树种不同时，35 年侧柏的截留作用更强，其次是杨家沟刺槐和 35 年油松。树种和树龄不同主要反映在植被郁闭度和枝叶结构的差异上，从而影响植被的截留效果。

（2）对 4 个树龄段的侧柏截留量进行经验统计模型拟合，发现 35 年侧柏、25 年侧柏、10 年侧柏和 5 年侧柏拟合效果较好的模型形式分别为幂函数形式、指数函数形式、幂函数形式和二次多项式形式。对杨家沟刺槐 10 次降雨截留和常青山刺槐 4 次降雨截留进行拟合，拟合效果较好的方程形式为幂函数形式，相关系数分别达到 0.9452 和 0.9988。对苜蓿 11 次降雨截留拟合效果较好的是幂函数形式，相关系数为 0.9356。

（3）常绿针叶林、落叶阔叶林和草类植被的土壤蒸发强度在整个生长季变化趋势相似，在 5 月下旬至 6 月中旬、7 月中旬至 8 月中旬和 9 月上旬至 10 月上旬这三个时期蒸发强度较小。整个生长季草类植被的土壤蒸发强度大于林地土壤蒸发强度，林地土壤蒸发强度大小关系为 5 年侧柏>10 年油松>常青山刺槐>35 年侧柏>25 年侧柏>10 年侧柏>杏树>35 年油松>杨家沟刺槐。5 月 28 日雨后连续观测土壤蒸发对土壤表层含水率的影响，连续多日的蒸发消耗使土壤表层土壤含水率迅速下降，雨后 11 至 13 天，5 年侧柏、10 年侧柏、25 年侧柏、常青山刺槐和荒草地的表层土壤水分呈现不同程度的亏缺，5 年侧柏亏缺量最大，亏缺水深 4.7mm。其余各地土壤表层含水率接近凋萎含水率。

（4）土壤蒸发强度与单气象因子的相关性较小，利用 Penman-Monteith 公式计算参考作物蒸散量表征气象因素对土壤蒸发强度的影响。通过分析可以发现，土壤蒸发强度与表层土壤含水率呈线性关系，草类植被和常绿针叶林的相关系数较高，落叶阔叶林的较小。

（5）利用水量平衡法计算南小河沟绿水总量的变化情况，通过分析可以发现，20 世纪 60 年代到 90 年代绿水总量呈下降趋势，90 年代多年平均绿水总量为461.3mm，占平均降雨量88.78%，2003～2012 年多年平均绿水总量为535.8mm，占多年平均降雨量99.06%。土地利用变化影响绿水总量，林地草地面积的增加使南小河沟流域绿水比例上升。根据土壤水分平衡方程计算得到 2012 年不同植被绿水消耗量情况，落叶阔叶林最大为388.3mm，常绿针叶林375.4mm，草地362.0mm，非生产性绿水所占比例分别为63.3%、51.8%和76.5%。林龄相同时绿水消耗量顺序为杏树>刺槐>侧柏>油松，侧柏、杏树、苜蓿和荒草 6 月绿水消耗最大，油松、刺槐则在 5 月。

（6）利用植被系数法拟合计算绿水消耗量，结果显示，不同植被的拟合值与实测值相对误差差别较大。不考虑模拟相对误差在 50%以上的 5 年侧柏和杨家沟刺槐，则常绿针叶林、落叶阔叶林的拟合相对误差分别为 3.1%和-17.4%。非生产性绿水拟合值小于实测值，荒草和 25 年侧柏拟合效果较好，相对误差小于 20%，杨家沟刺槐、杏树和 35 年油松拟合效果最差，相对误差在 60%以上。

（7）根据植被生长情况可以看出绿水资源多年平均值可以满足侧柏、油松、刺槐和杏树的生长需要。

参 考 文 献

程东娟, 张亚丽, 2012. 土壤物理实验指导[M]. 北京: 中国水利水电出版社: 68-79.

程国栋, 赵文智, 2006. 绿水及其研究进展[J]. 地球科学进展, 21(3): 221-227.

戴宏胜, 郭向红, 孙西欢, 等, 2009. 微型蒸渗仪法测量土壤蒸发研究进展[J]. 山西水利, 31(2): 78-82.

寄阳, 刘祖贵, 孙景生, 等, 2002. 风沙区春玉米棵间蒸发变化规律的研究[J]. 中国农村水利水电, (12): 33- 35.

李王成, 王为, 冯绍元, 等, 2007. 不同类型微型蒸发器测定土壤蒸发的田间试验研究[J]. 农业工程学报, 23(10): 6-13.

林茂森, 关德新, 金昌杰, 等, 2012. 枯落物覆盖对阔叶红松林土壤蒸发的影响[J]. 生态学杂志, 31(10): 2501-2506.

荣琨, 陈兴伟, 李志远, 等, 2011. 晋江西溪流域绿水蓝水资源量估算及分析[J]. 水土保持通报, 31(4): 12-15.

宋喜芳, 李建平, 胡希远, 2009. 模型选择信息量准则 AIC 及其在方差分析中的应用[J]. 西北农林科技大学学报, 37(2): 88-92.

王健, 蔡焕杰, 康燕霞, 等, 2007. 夏玉米棵间土面蒸发与蒸发蒸腾比例研究[J]. 农业工程学报, 23(4): 17-224.

夏军, 2002. 水文非线性系统理论与方法[M]. 武汉: 武汉大学出版社, 23-31.

叶碎高, 王帅, 聂国辉, 2008. 水土保持与绿水资源保护[J]. 中国水土保持, (6): 7-10.

由懋正, 王会肖, 1996. 农田土壤水资源评价[M]. 北京: 气象出版社: 34-41.

臧传富, 刘俊国, 2013. 黑河流域蓝绿水在典型年份的时空差异特征[J]. 北京林业大学学报, 35(3): 1-10.

张义, 谢永生, 郝明德, 2011. 黄土高原沟壑区苹果园土壤水分特征分析[J]. 土壤, 43(2): 293-298.

赵微, 2011. 土地整理对区域蓝绿水资源配置的影响[J]. 中国人口资源与环境, 21(5): 44-49.

甄婷婷, 徐宗学, 程磊, 等, 2010. 蓝水绿水资源量估算方法及时空分布规律研究——以卢氏流域为例[J]. 资源科学, (6): 1177-1183.

FALKENMARK M, 1995. Coping with Water Scarcity under Rapid Population Growth[M]. Pretoria: Conference of SADC Minister.

ROCKSTROM J, 1999. On-farm green water estimates as a tool for increased food production in water scarce regions[J]. Physics and Chemistry of the Earth, 24(4): 375-383.

第5章 绿水水分运动数值模拟

在第3章和第4章中关于绿水水文过程中降雨、入渗、蒸散发等部分的模型以及分布特征的研究都是针对绿水水文循环过程中的单一过程，适用范围较小，仅为定解条件下的水文过程，而绿水水文过程十分复杂，影响因素很多（王玉娟等，2011；马育军等，2010）。土壤水分运动是绿水运动过程中最重要的部分，因此对于复杂条件的绿水过程，土壤水分运动方程的数值解法是较为客观有效的方法。土壤水分运动的研究一般有两种途径：一种是毛管理论，一种是势能理论。前者把土壤看成一束均匀的不同管径的毛管，将土壤水分运动简化为在毛管中的运动，该理论清楚易懂，20世纪50年代以前应用比较广泛，目前仍然具有一定的实际意义，但这种方法有一定的局限性，仅仅适用于对一些简单问题的分析。势能理论则是根据在土壤水势基础上推导出的扩散方程，以此研究土壤的水分运动。这种方法的理论比较严谨，可以适用于各种边界条件，特别是随着电子计算机和数值计算的应用，近30年来利用势能理论研究土壤水分运动已经取得很大进展，在研究土壤水分运动问题上具有广阔的前景（徐宗学等，2013；荣琨等，2011；甄婷婷等，2010）。

5.1 土壤水分运动基本方程

1856年，Darcy通过饱和砂层的渗透实验，得出渗透速率 v 与水势梯度成正比，即达西定律（翟洪波等，2001）：

$$v = -K(\theta)\nabla \Psi \tag{5.1}$$

式中，$K(\theta)$ 为非饱和导水率；$\nabla \Psi$ 为水势梯度。

1931年，Richards将达西定律引入非饱和土壤水分运动，用偏微分方程描述非饱和土壤水，建立了多孔介质中水流运动的基本方程，土壤水分的定量研究从此开始基于动力学观点、利用物质与能量守恒原理来分析土壤水分运动。

Richards应用非饱和流运动的达西定律与连续原理导出非饱和流基本方程为

$$\frac{\partial \theta}{\partial t} = \nabla[K(\theta)\nabla \Psi] \tag{5.2}$$

式中，θ 为土壤体积含水量（cm^3/cm^3）；Ψ 为土水势；$K(\theta)$ 为非饱和导水率；∇ 为哈密顿算子。

考虑根系吸水项及坡度影响的饱和-非饱和土壤中水分运动方程的形式为

$$\frac{\partial \theta}{\partial t} = \frac{\partial}{\partial t}\left[K(h)\left(\frac{\partial h}{\partial z} + \cos\alpha\right)\right] - S(z,t) \qquad (5.3)$$

式中，θ 为土壤体积含水量（cm³/cm³）；t 为时间；h 为土壤吸力；z 为垂直方向坐标（向上为正）；$K(h)$ 为非饱和导水率；α 为水流方向与垂直方向上的夹角；$S(z,t)$ 为植物根系吸水速率。

求解该方程的初始条件可根据南小河沟流域的实际情况，选择实测土壤含水率来定义：

$$\theta(z,0) = \theta(z), \quad 0 \leqslant z \leqslant 1 \qquad (5.4)$$

上边界条件：初期入渗率大于雨强，为第三类边界条件。随着时间的推移，入渗率等于降雨强度，为第二类边界条件

$$-D(\theta)\frac{\partial \theta}{\partial z}\bigg|_{z=0} + K(\theta) = f(t) \qquad (5.5)$$

式中，$D(\theta)$ 为土壤水分扩散率，$D = K(\theta)\mathrm{d}\psi/\mathrm{d}\theta$；$\psi$ 为土壤基质势（cm）；f 为土壤入渗速率。当土壤表层水分达到饱和时，入渗小于降雨强度，出现积水，上边界转化为第一类边界条件：

$$\theta(0,t) = \theta_0(t) \quad \text{或} \quad \psi(0,t) = \psi_0(t) \qquad (5.6)$$

式中，$\theta_0(t)$ 和 $\psi_0(t)$ 分别为地表土壤含水率和基质势的值。

降雨停止后，上边界转化为蒸发边界条件，表层水分通量为土壤表面蒸发强度，即

$$-D(\theta)\frac{\partial \theta}{\partial z}\bigg|_{z=0} + K(\theta) = -E(t) \qquad (5.7)$$

下边界条件：该流域土层深厚，研究对象所在地无地下水补给，故下边界条件为自由排水边界，为二类边界条件，即

$$\frac{\partial \theta}{\partial z}\bigg|_{z=L} = 0 \quad \text{或} \quad \frac{\partial \psi}{\partial z}\bigg|_{z=L} = 0 \qquad (5.8)$$

式中，L 是下边界深度（cm）。

5.1.1　土壤水分运移方程的离散化

在点（i，j）将土壤水分运移基本方程为

$$\frac{\theta_i^{j+1,\,k+1}}{\nabla t} = \frac{1}{\Delta z}\left[K(h)_{i+1/2}^{j+1,k}\frac{h_{i+1}^{j+1,k+1} - h_i^{j+1,k+1}}{\Delta z_i} - K(h)_{i-1/2}^{j+1,k}\frac{h_i^{j+1,k+1} - h_{i-1}^{j+1,k+1}}{\Delta z}\right]$$

$$+ \frac{K(h)_{i+1/2}^{j+1,k} - K(h)_{i-1/2}^{j+1,k}}{\Delta z}\cos\alpha - S_i^j \qquad (5.9)$$

式中，$\Delta t = t^{j+1} - t^j$；$\Delta z_i = z_{i+1} - z_i$；$\Delta z_{i-1} = z_i - z_{i-1}$；$\Delta z = \dfrac{z_{i+1} - z_{i-1}}{2}$；$K(h)_{i+1/2}^{j+1,k} =$

$$\frac{K(h)_{i+1}^{j+1,k} + K(h)_i^{j+1,k}}{2} ; \quad K(h)_{i-1/2}^{j+1,k} = \frac{K(h)_i^{j+1,k} + K(h)_{i-1}^{j+1,k}}{2} 。$$

其中，Δz 为两土层间的厚度；$i-1$，i，$i+1$ 为不同的单元网格；k，$k+1$ 上一次和当次的循环次；j，$j+1$ 上次和当次的时间。

式（5.9）还可以推导成另外一种形式：

$$\frac{\theta_i^{j+1,k+1} - \theta_i^j}{\Delta t} = C_i^{j+1,k} \frac{h_i^{j+1,k+1} - h_i^{j+1,k}}{\Delta t} + \frac{\theta_i^{j+1,k} - \theta_i^j}{\Delta t} \tag{5.10}$$

式中，C_i 为节点 i 土壤的水容量，$C_i^{j+1,k} = \dfrac{\mathrm{d}\theta}{\mathrm{d}h}\bigg|^{j+1,k}$。

此法计算结果误差较小，HYSRUS-1D 软件用此方法。式（5.10）等号右边的第二项在当前的循环条件下为已知的。如果方程的数值解收敛，则式（5.10）等号右边的第一项在循环完成时，应当消失。可以简写为通量表达式

$$\left[P_{\mathrm{w}}\right]^{j+1,k} \{h\}^{j+1,k+1} = \{F_{\mathrm{w}}\} \tag{5.11}$$

式中，P_{w}、h、F_{w} 均为通量符号。

用矩阵表示为

$$\begin{bmatrix} A_1 & B_1 & 0 \\ B_1 & A_2 & B_2 & 0 \\ 0 & B_2 & A_3 & B_3 & & 0 \\ & \cdots & \cdots & \cdots \\ & & \cdots & \cdots & \cdots \\ & & 0 & B_{n-3} & A_{n-2} & B_{n-2} & 0 \\ & & & 0 & B_{n-2} & A_{n-1} & B_{n-1} \\ & & & & & 0 & B_{n-1} & A_n \end{bmatrix} \begin{bmatrix} h_1^{k+1} \\ h_2^{k+1} \\ h_3^{k+1} \\ \cdots \\ \cdots \\ \cdots \\ h_{n-1}^{k+1} \\ h_n^{k+1} \end{bmatrix} = \begin{bmatrix} F_1 \\ F_2 \\ F_3 \\ \cdots \\ \cdots \\ \cdots \\ F_{n-1} \\ F_n \end{bmatrix} \tag{5.12}$$

式中，

$$A_i = \frac{\Delta z}{\Delta t} C_i^{j+1,k} + \frac{K_{i+1}^{j+1,k} + K_i^{j+1,k}}{2\Delta z_i} + \frac{K_i^{j+1,k} + K_{i-1}^{j+1,k}}{2\Delta z_{i-1}}$$

$$B_i = \frac{K_i^{j+1,k} + K_{i+1}^{j+1,k}}{2\Delta z_i}$$

$$F_i = \frac{\Delta z}{\Delta t} C_i^{j+1,k} h_i^{j+1,k} - \frac{\Delta z}{\Delta t}(\theta_i^{j+1,k} - \theta_i^j) + \frac{K_{i+1}^{j+1,k} + K_{i-1}^{j+1,k}}{2} \cos\alpha - S_i^j \Delta z$$

$$A_1 = \frac{K_1^{j+1,k} + K_2^{j+1,k}}{2\Delta z_1}$$

$$F_1 = \frac{K_1^{j+1,k} + K_2^{j+1,k}}{2} + q_0^{j+1}$$

$$A_n = \frac{\Delta z_{n-1}}{2\Delta t} C_n^{j+1,k} + \frac{K_n^{j+1,k} + K_{n-1}^{j+1,k}}{2\Delta z_{n-1}}$$

$$F_n = \frac{\Delta z_{n-1}}{2\Delta t} C_n^{j+1,k} h_n^{j+1,k} - \frac{\Delta z}{2\Delta t}\left(\theta_n^{j+1,k} - \theta_n^j\right) + \frac{K_n^{j+1,k} + K_{n-1}^{j+1,k}}{2}\cos\alpha - \frac{\Delta z_{n-1}}{2}S_n^j - q_n^{j+1}$$

各节点的通量为

$$q_1^{j+1} = -K_{1+1/2}^{j+1}\left[\frac{h_2^{j+1} - h_1^{j+1}}{\Delta z_i} + 1\right]$$

$$q_i^{j+1} = \frac{-K_{i+1/2}^{j+1}\left[\dfrac{h_{i+1}^{j+1} - h_i^{j+1}}{\Delta z_i} + 1\right]\Delta z_{i-1} - K_{i-1/2}^{j+1}\left[\dfrac{h_i^{j+1} - h_{i-1}^{j+1}}{\Delta z_{i-1}} + 1\right]\Delta z_i}{\Delta z_{i-1} + \Delta z_i}$$

$$q_n^{j+1} = -K_{n-1/2}^{j+1}\left[\frac{h_n^{j+1} - h_{n-1}^{j+1}}{\Delta z_{n-1}} + 1\right] - \frac{\Delta z_{n-1}}{2}\left[\frac{\theta_n^{j+1} - \theta_n^j}{\Delta t} + S_n^j\right]$$

5.1.2 初始条件和边界条件

求解基本方程的初始条件可以用初始压力水头或初始含水率来定义。根据南小河沟流域径流小区试验资料，初始条件选取为评价时段开始时的土壤含水率，采用实测值。

$$\theta = \theta_0(z), \quad 0 \leqslant z \leqslant l, \quad t = 0 \tag{5.13}$$

上边界为自由边界，为三类边界条件，已知降雨、蒸发和植被蒸腾强度等。在 Hydrus-1D 中选择地表有径流的大气边界条件，直接输入实测日降雨量和参考作物蒸散量。

$$\left|K(h)\frac{\partial h}{\partial z} - K(h)\right| \leqslant E(t), \quad h_a \leqslant h \leqslant 0, \quad z = 0, \quad t > 0 \tag{5.14}$$

$$h = h_a, \quad h < h_a, \quad z = 0, \quad t > 0 \tag{5.15}$$

式中，$K(h)$ 为 1m 处的压力水头对应的导水率；$E(t)$ 为最大潜在的有效降雨或蒸发速率；l 为评价土层厚度，$l = 1$m；h_a 为地表最小的压力水头。

下边界，为地表以下评价土层深度处，由于塬面土层深厚，无地下水补给，假定为自由排水下边界，为二类边界条件，下边界的水流通量可求得。

$$q_n = -K(h)\left(\frac{h_n - h_{n-1}}{\Delta z} + 1\right), \quad l = 1\text{m}, \quad t > 0 \tag{5.16}$$

式中，h_n 为 1m 处的压力水头。某一时间步长时，1m 处的水分通量为：q_n^{j+1} 乘以 Δt，将所有时间步长的水分通量累加就得到了总的水分通量。

5.1.3 时间步长

对于土壤非饱和区，在保证稳定收敛条件的前提下，时间步长的选择是与含水率有关的，因此目前还没有一套成熟的选取时间步长与空间步长的理论和方法。

雷志栋等（1982）提出实验公式 $\Delta t \leqslant (5 \sim 7) \cdot \Delta z^2 / D^*$（其中，$\Delta t$ 为时间步长，Δz 为空间步长，D^* 为计算中出现的扩散度的最大值）。Δz 的取值不能过小，否则会影响计算结果在空间上的表现能力，而对 D^* 而言，当含水率较大时又是一个比较大的值，因此 Δt 是一个很小的值。这就给数值模拟带来计算上的困难，尤其是当饱和带与非饱和带联合计算时给时间的匹配带来困难。Hydrus 软件介绍了 3 种不同的时间离散：①数值解的时间离散；②边界条件实施的时间离散；③提供输出结果的时间离散（如节点的相关变化值，水量和溶质的质量平衡构成以及有关流态的其他信息）。②和③离散量相互独立，通常将时间步长变量作为输入的数据文件。①离散在数值模拟中采用的试调方法，根据经验设定一个最小时间步长 $\Delta t_{\min}$ 与一个最大时间步长 $\Delta t_{\max}$，实际计算应用的时间步长以 Δt 表示。其在最小时间步长 $\Delta t_{\min}$ 与最大时间步长 $\Delta t_{\max}$ 之间变化。如果在一个特定的时间步长内（含第一个时间步长）达到收敛所需迭代次数小于等于 3，那么下一个时间步长就增大，增大的办法是原增量乘一个预先给定的大于 1（通常在 1.1 到 1.5 之间）的常数，作为下一个时间步长。如果迭代数大于等于 7 则下一个时间步长就要缩小一些，缩小的办法是原增量乘一个预先给定的小于 1（通常在 0.3 到 0.9 之间）的常数，作为下一个时间步长。如果在一个时间步长内，迭代次数比事先给定的最大迭代次数（通常在 10 到 50 之间）大，则在此时间段迭代结束后，进入下一个时段时将时间步长改为原时间步长的 1/3。

5.1.4　模型参数及其确定

以上数学模型中需要确定的参数有土壤水分特征曲线、非饱和水力传导度。考虑植被根系吸水土壤水的基质势或吸力是土壤含水率的函数，它们之间的关系曲线称为土壤水分特征曲线。它反映了土壤水的能量与数量之间的关系，是反映土壤水分运动基本特征的曲线。土壤水分特征曲线的线型是由土壤的物理、化学性质决定的，其主要影响因子是土壤质地、容重和空隙率等。目前尚不能根据土壤基本性质分析得出土壤水分特征曲线，只能用试验方法测得。李亚娟（2007）在南小河沟流域取得的 57 个原状土样，土样风干过 2mm 筛，按野外原状土的容重填装环刀，在实验室由离心机法测定土壤水吸力与含水率序列，并根据实验数据采用 RECT 软件拟合表示土壤水吸力与土壤含水率关系的 van Genuchten 经验公式：

$$\theta(h) = \begin{cases} \theta_r + \dfrac{\theta_s - \theta_r}{\left[1 + |\alpha_e h|^{n_e}\right]^m}, & h < 0 \\ \theta_s, & h \geqslant 0 \end{cases} \tag{5.17}$$

$$K(h) = k_s S_e^l \left[1 - \left(1 - S_e^{1/m}\right)^m\right]^2 \tag{5.18}$$

式中，S_e 为相对饱和度；h 为基质势；α_e 为进气吸力的倒数；m 为水分特征曲线参数；n_e 为孔径分布参数，且 $m = 1 - \dfrac{1}{n_e}$，$n_e > 1$；l 为空隙连通性参数，一般取值 0.5；θ_s 为土壤饱和体积含水量，θ_r 为土壤残余体积含水量，k_s 为饱和导水率。

以上方程需要输入 5 个参数：$\theta_r, \theta_s, \alpha_e, n_e, k_s$。黄土高原沟壑区实测数据拟合土壤水力参数见表 5.1～表 5.4。

表 5.1　南小河沟不同测点的土壤水力参数值

地形	编号	取样点及深度/cm	类型	容重 /(g/cm³)	θ_r /(cm³/cm³)	θ_s /(cm³/cm³)	α_e /cm⁻¹	n_e	k_s /(cm/d)	l
沟道	1	花果山 0～20	沙棘林	1.48	0.045	0.4496	0.0244	1.1841	7.518	0.5
	2	花果山 20～40	沙棘林	1.72	0.045	0.4232	0.0129	1.1645	15.810	0.5
	3	花果山 40～100	沙棘林	1.68	0.045	0.4568	0.0086	1.2191	1.242	0.5
	4	董庄沟 0～20	荒草地	1.39	0.045	0.4124	0.0344	1.1648	3.726	0.5
	5	董庄沟 20～60	荒草地	1.33	0.045	0.4584	0.0847	1.1676	7.326	0.5
	6	董庄沟 60～100	荒草地	1.40	0.045	0.4184	0.0994	1.1397	6.162	0.5
	7	董庄沟阴坡 0～20	荒草地	1.27	0.045	0.4700	0.1124	1.1914	11.410	0.5
	8	董庄沟阴坡 20～60	荒草地	1.32	0.045	0.4594	0.1753	1.1486	13.220	0.5
	9	董庄沟阴坡 60～100	荒草地	1.29	0.045	0.4392	0.1055	1.1640	28.080	0.5
	10	十八亩台有水沟道 0～20	荒草地	1.38	0.045	0.4237	0.0281	1.2007	19.610	0.5
	11	有水沟道 20～40	荒草地	1.51	0.045	0.4411	0.2637	1.1364	14.860	0.5
	12	有水沟道 40～100	荒草地	1.57	0.045	0.3784	0.0266	1.1612	9.762	0.5
	13	十八亩台沟台地 0～20	荒草地	1.17	0.045	0.5004	0.0556	1.3126	10.540	0.5
	14	十八亩台沟台地 20～40	荒草地	1.37	0.045	0.4654	0.0294	1.2648	3.198	0.5
	15	十八亩台沟台地 40～60	荒草地	1.21	0.045	0.4494	0.0449	1.2199	9.156	0.5
	16	十八亩台沟台地 60～100	荒草地	1.28	0.045	0.4581	0.0519	1.2516	8.604	0.5
	17	十八亩台坝地 0～20	黄豆地	1.30	0.045	0.4434	0.0865	1.1952	13.390	0.5
	18	十八亩台坝地 20～40	黄豆地	1.47	0.045	0.4328	0.0348	1.2133	3.234	0.5
	19	十八亩台坝地 40～60	黄豆地	1.32	0.045	0.4578	0.0567	1.1959	6.408	0.5
	20	十八亩台坝地 60～-100	黄豆地	1.41	0.045	0.4498	0.0280	1.2164	8.640	0.5

表 5.2　南小河沟不同测点的土壤水力参数值

地形	编号	取样点及深度/cm	类型	容重 /(g/cm³)	θ_r /(cm³/cm³)	θ_s /(cm³/cm³)	α_e /cm⁻¹	n_e	k_s /(cm/d)	l
坡	21	常青山 0～40	侧柏林	1.26	0.04	0.4611	0.0296	1.3139	6.462	0.5
	22	常青山 40～100	侧柏林	1.24	0.04	0.4957	0.0223	1.3617	6.462	0.5
	23	常青山 0～20	刺槐林	1.17	0.04	0.4816	0.0440	1.3004	6.918	0.5
	24	常青山 20～40	刺槐林	1.11	0.04	0.5069	0.0528	1.3031	11.840	0.5
	25	常青山 40～100	刺槐林	1.05	0.04	0.4881	0.0342	1.3347	17.970	0.5

表 5.3　南小河沟不同测点的土壤水力参数值

地形	编号	取样点及深度/cm	类型	容重 /(g/cm³)	θ_r /(cm³/cm³)	θ_s /(cm³/cm³)	α_e /cm⁻¹	n_e	k_s /(cm/d)	l
	26	塬面 0~20	玉米地	1.31	0.033	0.4456	0.0377	1.2475	17.450	0.5
	27	塬面 20~40	玉米地	1.46	0.033	0.3972	0.0480	1.1455	3.594	0.5
	28	塬面 40~100	玉米地	1.22	0.033	0.4464	0.1150	1.1641	18.400	0.5
	29	坡耕地 0~20	麦茬地	1.31	0.033	0.4577	0.0678	1.2144	7.536	0.5
	30	坡耕地 20~40	麦茬地	1.35	0.033	0.4570	0.0850	1.1702	5.850	0.5
	31	坡耕地 40~60	麦茬地	1.25	0.033	0.4764	0.0693	1.2170	13.650	0.5
塬面	32	坡耕地 60~100	麦茬地	1.20	0.033	0.4649	0.1161	1.2049	22.030	0.5
	33	塬面 60~100	苹果地	1.19	0.033	0.4855	0.1337	1.1725	8.898	0.5
	34	塬面 20~60	苹果地	1.34	0.033	0.4759	0.0594	1.1804	8.898	0.5
	35	塬面 0~20	苹果地	1.14	0.033	0.5061	0.0735	1.2639	8.988	0.5
	36	塬面 0~20	黄豆地	1.34	0.033	0.4457	0.0542	1.2220	7.740	0.5
	37	塬面 20~40	黄豆地	1.19	0.033	0.4214	0.0323	1.2248	1.800	0.5
	38	塬面 40~-60	黄豆地	1.36	0.033	0.4512	0.0726	1.1630	5.178	0.5
	39	塬面 60~100	黄豆地	1.24	0.033	0.4498	0.1168	1.1634	7.428	0.5

表 5.4　南小河沟不同测点的土壤水力参数值

地形	编号	取样点及深度/cm	类型	容重 /(g/cm³)	θ_r /(cm³/cm³)	θ_s /(cm³/cm³)	α_e /cm⁻¹	n_e	k_s /(cm/d)	l
	40	魏家台 0~20	油松林	1.17	0.04	0.5125	0.0391	1.2327	7.794	0.5
	41	魏家台 20~40	油松林	1.32	0.04	0.4284	0.0219	1.4831	10.020	0.5
	42	魏家台 40~-100	油松林	1.45	0.04	0.4849	0.0414	1.1876	2.100	0.5
	43	常青山 0~-20	杏树林	1.21	0.04	0.5149	0.0361	1.3101	23.070	0.5
	44	常青山 20~40	杏树林	1.26	0.04	0.5108	0.0405	1.3031	16.420	0.5
	45	常青山 40~100	杏树林	1.19	0.04	0.4948	0.0398	1.3041	7.068	0.5
	46	常青山阴坡 0~20	苜蓿地	1.22	0.04	0.4789	0.0330	1.3079	9.588	0.5
	47	常青山阴坡 20~60	苜蓿地	1.36	0.04	0.4853	0.0270	1.2971	22.980	0.5
坡面	48	常青山阴坡 60~100	苜蓿地	1.24	0.04	0.4731	0.0308	1.3121	25.570	0.5
	49	常青山 0~20	荒草地	1.06	0.04	0.4944	0.0464	1.3255	10.720	0.5
	50	常青山 20~60	荒草地	1.31	0.04	0.5114	0.0261	1.3031	6.396	0.5
	51	常青山 60~100	荒草地	1.20	0.04	0.5028	0.0362	1.2913	16.670	0.5
	52	常青山阳坡 0~20	苜蓿地	1.12	0.04	0.4882	0.0342	1.3526	6.258	0.5
	53	常青山阳坡 20~60	苜蓿地	1.28	0.04	0.5024	0.1783	1.1146	4.926	0.5
	54	常青山阳坡 60~100	苜蓿地	1.21	0.04	0.4938	0.0389	1.3250	9.588	0.5
	55	常青山 0~20	苹果地	1.16	0.04	0.5050	0.0634	1.2550	9.156	0.5
	56	常青山 20~60	苹果地	1.29	0.04	0.4475	0.0962	1.1724	12.790	0.5
	57	常青山 60~100	苹果地	1.20	0.04	0.4298	0.0943	1.1753	23.680	0.5

　　在水力的传导性功能方面的毛孔连接性参数被估算为 0.5（Singh et al., 2006），作为许多土壤类型的平均值。土壤体积含水量 $\theta(h)$ 和土壤非饱和导水率 $K(h)$ 与土壤吸力 h 的关系具体为

$$\theta(h) = \begin{cases} \theta_a + \dfrac{\theta_m - \theta_a}{\left[1 + |\alpha h|^{n_e}\right]^m}, & h < h_s \\ \theta_s, & h \geqslant h_s \end{cases} \tag{5.19}$$

和

$$\begin{cases} K(h) = k_s K_r(h), & h \leqslant h_k \\ k_k + \dfrac{(h - h_k)(k_s - k_k)}{h_s - h_k}, & h_k < h < h_s \\ k_s, & h \geqslant h_s \end{cases} \tag{5.20}$$

其中，

$$K_r(h) = \frac{k_k}{k_s} \left(\frac{S_e}{S_{ek}}\right)^{1/2} \left[\frac{F(\theta_r) - F(\theta)}{F(\theta_r) - F(\theta_k)}\right]^2 \tag{5.21}$$

$$F(\theta) = \left[1 - \left(\frac{\theta - \theta_a}{\theta_m - \theta_a}\right)^{1/m}\right]^m \tag{5.22}$$

$$m = 1 - 1/n_e, \, n_e > 1 \tag{5.23}$$

$$S_e = \frac{\theta - \theta_r}{\theta_s - \theta_r} \tag{5.24}$$

$$S_{ek} = \frac{\theta_k - \theta_r}{\theta_s - \theta_r} \tag{5.25}$$

式中，θ_a、θ_m 和 θ_k 分别为最小土壤含水量、实际最大土壤含水量以及导水率为 k 时的土壤含水量；k_k 为导水率为 k 时的土壤饱和导水率；$K(h)$ 为非饱和导水率；$K_r(h)$ 为残余含水量对应的水分胁迫系数；h_s 为饱和含水量对应的土壤负压；h_k 为残余含水量对应的土壤负压；S_{ek} 为残余含水量对应条件下的相对饱和度。在式（5.19）中，令 $h = h_s$，则可得

$$\theta_a + \frac{\theta_m - \theta_a}{\left[1 + |\alpha_e h_s|^{n_e}\right]^m} = \theta_s \tag{5.26}$$

于是可以确定

$$h_s = -\frac{1}{\alpha_e} \left[\left(\frac{\theta_s - \theta_a}{\theta_m - \theta_a}\right)^{-1/m} - 1\right]^{1/n_e} \tag{5.27}$$

同理可以确定

$$h_k = -\frac{1}{\alpha_c}\left[\left(\frac{\theta_k-\theta_a}{\theta_m-\theta_a}\right)^{-1/m}-1\right]^{1/n_c} \tag{5.28}$$

改进后的 van Genuchten 模型认为 $k_k<k_s$，$\theta_k<\theta_s$，但实际的取用中认为模型的确定只依赖 5 个参数，即取 $k_k=k_s$，$\theta_\alpha=\theta_r$，$\theta_m=\theta_k=\theta_s$，对应单行表格中的参数式。

5.1.5　根系吸水项

在描述作物根系吸水条件下的土壤水分运动基本方程时，常在式（5.3）的等号右边加入一个源汇项 S 表示根系吸水作用，表示单位时间内植物根系从单位体积的土壤中吸取的水量，这种表达形式称为宏观模型。其基本出发点是把作物根系看做整体，根系分布密度在整个根区内是变化的，但在某一土层单元内则是均匀分布的。整个根系以不同的速率在不同土层深度内吸取水分，吸水速率和强度与土壤湿润状况、作物特性和田间微气象条件有关。宏观根系吸水函数的形式大致分为两类：一类是半理论半经验型，一类是经验型。由于经验型吸水函数具有数学表达简单、使用方便和待定参数相对易于确定等特点已被普遍使用，其中两种典型的吸水函数 S 分别来自 Feddes 等（1976）和 van Genuchten（1987）。

Feddes 定义 S 的表达式为

$$S=\alpha(h)S_p \tag{5.29}$$

式中，$\alpha(h)$ 表示土壤负压水头（或土壤含水率）对根系吸水的响应函数，S_p 为作物根系潜在吸水速率。

van Genuchten 考虑渗透胁迫并改进了 Feddes 吸水模型，表示为

$$S(h,h_\phi)=\alpha(h,h_\phi)S_p \tag{5.30}$$

式中，h_ϕ 为土壤溶质水头，这里假定其与溶质浓度是线性组合，即

$$h_\phi=a_i c_i \tag{5.31}$$

式中，a_i 为由溶质浓度转换为土壤溶质水头的经验系数；c_i 为溶质浓度。

van Genuchten 提出用 S 型曲线描述土壤水分胁迫函数的分布形式，函数可表达为

$$\alpha\left(h,h_\phi\right)=\frac{1}{1+\left(\dfrac{h+h_\phi}{h_{50}}\right)^{p_0}} \tag{5.32}$$

或

$$\alpha\left(h,h_\phi\right)=\frac{1}{1+\left(h/h_{50}\right)^{p_1}}\frac{1}{1+\left(h_\phi/h_{50}\right)^{p_2}} \tag{5.33}$$

式中，p_0、p_1、p_2 为经验常数，对于大多数作物而言，$p_0 \approx 3$；h_{50} 为作物潜在蒸腾率减少 50% 时对应的土壤负压水头值，与作物生理特性有关，通常 h_{50} 的绝对值愈大，表明植被耐旱吸水的能力愈强。

式（5.30）中 S_p 表示与作物潜在蒸腾量有关的作物根系潜在吸水速率。当作物根系潜在吸水速率均匀分布时，作物根系潜在吸水速率 S_p 可由式（5.34）表示：

$$S_p = \frac{1}{L_r} T_p \tag{5.34}$$

式中，T_p 为作物的潜在蒸腾速率，L_r 为根系区的深度，当根系分布区域为不规则区域时，根系在土壤剖面中点处的潜在吸水量可表示为

$$S_p = b(x) T_p \tag{5.35}$$

式中，$b(x)$ 为根系吸水分布函数相对值，它描述了潜在根系吸水项 S_p 在根系区域的空间分布，可以得到

$$b(x,z) = \frac{b'(x)}{\int_{L_r} b'(x) \mathrm{d}x} \tag{5.36}$$

式中，$b'(x)$ 为根系密度分布函数，一般常将植被根区划分为若干分层，假定各层内的根系分布均匀，为了确保根系吸水分布函数 $b(x)$ 在渗流区具有统一的形式，对其进行标准化处理，即

$$\int_{L_r} b(x) \mathrm{d}x = 1 \tag{5.37}$$

将式（5.36）代入式（5.31）便可得到实际的吸水量，即

$$S(h,x) = a(h,x) b(x) T_p \tag{5.38}$$

实际蒸腾速率为

$$T_v = \frac{1}{L_t} \int S(h,x,z) \, \mathrm{d}\Omega = T_p \int_{\Omega_R} a(h,x,z) b(x,z) \mathrm{d}\Omega \tag{5.39}$$

式中，L_t 为发生蒸腾作用的根系区土壤表面宽度；Ω_R 为根系区范围；$b(x,z)$ 为标准化的根系吸水分布函数，其不规则分布如图 5.1 所示。

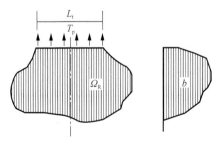

图 5.1　根系区潜在水分分布函数 $b(x,z)$ 的不规则分布

目前，有许多方法可以对 $b(x)$ 函数进行描述，Feddes 指出 $b(x)$ 可为随深度线性变化。Hydrus 软件中，将根区分成若干个均匀分布的节点，其潜在的根系吸水分布系数是一个大于 0 的系数，假定根系吸水速率在每个单元呈线性变化，同时可以输入用户自定义的任何根系分布形式。根区范围和根系吸水率大小在调用至 BOUNDARY 模块时菜单 Condition/Root Distribution（此时已变成有效）中设定。在根系吸水参数中需要输入 P0、P0pt、P3（分别对应于 h_1、h_2、h_3），以及 P2H、P2L（分布对应于潜在腾发率为 r2H 和 r2L 时的 h_3，其中 r2H 和 r2L 的默认值分别 0.5cm/d 和 0.1cm/d）。

5.2　模型的应用

5.2.1　土壤特性参数的选择

对黄土高原沟壑区四种土地类型的次降雨条件下的土壤水分运动和根系吸水进行模拟。根据室内试验分析得到的土壤特征曲线的参数，初步拟定四种土地利用类型下的参数，如表 5.5。同时，根据次降雨条件的径流小区的模拟，校核以下参数，使其数值与小区的实际情况更加吻合，有利于相应尺度下的土壤水分运动的模拟。

表 5.5　南小河沟流域不同土地利用下土壤水分特征参数值

径流小区	土地利用	土层深度 /cm	容重 /(g/cm³)	θ_r /(cm³/cm³)	θ_s /(cm³/cm³)	α_e /cm⁻¹	n_e	k_s /(cm/d)	l
杨 9	刺槐林地	0~20	1.17	0.04	0.4816	0.0440	1.3004	6.918	0.5
		20~40	1.11	0.04	0.5069	0.0528	1.3031	11.838	0.5
		40~100	1.05	0.04	0.4881	0.0342	1.3347	17.970	0.5
长 16	塬面玉米地	0~20	1.31	0.033	0.4638	0.0583	1.2370	10.428	0.5
		20~40	1.46	0.033	0.4252	0.0551	1.1802	3.744	0.5
		40~100	1.22	0.033	0.4624	0.1039	1.1808	12.600	0.5
魏 9	阳坡苜蓿地	0~20	1.12	0.04	0.4965	0.0423	1.2977	10.500	0.5
		20~40	1.28	0.04	0.4847	0.0633	1.2824	12.192	0.5
		40~100	1.21	0.04	0.4810	0.0451	1.2757	14.664	0.5
董 19	荒草地	0~20	1.06	0.04	0.4944	0.0464	1.3255	10.716	0.5
		20~40	1.31	0.04	0.5114	0.0261	1.3031	6.396	0.5
		40~100	1.20	0.04	0.5028	0.0362	1.2913	16.674	0.5

在模拟过程中设定和调整的参数符合实际条件。只要输入值能代表该地类某时刻的平均值，就可以模拟降雨、蒸发条件下的土壤水分效应。利用不同次降雨条件进行模拟，调整参数，使其达到适应径流小区的数值，将点上的实测数据转化为可以用于一定面积上代表性的计算。参数调整结果见表 5.6。

表 5.6　不同土地利用调整后的土壤水分运动参数

径流小区	土地利用	土层深度 /cm	容重 /(g/cm³)	θ_r /(cm³/cm³)	θ_s /(cm³/cm³)	α_e /cm⁻¹	n_e	k_s /(cm/d)	l
杨 9	刺槐林地	0~20	1.17	0.04	0.500	0.0040	1.300	0.130	0.5
		20~40	1.11	0.03	0.510	0.0050	1.300	0.120	0.5
		40~100	1.05	0.04	0.480	0.0040	1.300	0.160	0.5
长 16	塬面农地	0~20	1.31	0.03	0.430	0.0036	1.560	0.120	0.5
		20~40	1.46	0.03	0.485	0.0063	1.280	0.085	0.5
		40~100	1.22	0.03	0.481	0.0045	1.275	0.102	0.5
李 1	苜蓿地	0~20	1.22	0.04	0.497	0.0040	1.298	0.073	0.5
		20~40	1.36	0.04	0.485	0.0060	1.282	0.085	0.5
		40~100	1.24	0.03	0.430	0.0020	1.800	0.125	0.5
董 19	荒草地	0~100	1.12	0.03	0.430	0.0020	1.800	0.150	0.5

5.2.2　不同土地利用下土壤水资源量的模拟

1. 空间离散和时间离散

在黄土高原沟壑区，6~9 月降雨充沛，模拟该时段的降雨-入渗间的关系，对于水土保持的植被有建设性地指导意义。在土壤水资源量的模拟中，对于刺槐地和荒草地，选取南小河沟流域典型枯水年（1982 年），典型平水年（刺槐地选用 2006 年，荒草地选用 1985 年）和典型丰水年（1990 年）的 5 月 1 日到 9 月 30日为模拟对象。由于苜蓿地和农地实测时间的限制，选用典型平水年（1985 年）的 5 月 1 日到 9 月 30 日为模拟对象。

模型模拟时间为 153d，时间单位是 d，迭代运算的起始步长为 0.01d，最大允许步长为 0.1d，最小允许步长 0.000 01d。迭代标准参数采用模型预先设定的值。模型距离单位是 cm，模拟深度为地面以下 100cm，按 10cm 等间隔剖分成 101 个节点。由于塬面土层深厚，无地下水补给，假定为自由排水下边界。在上边界，主要接受降雨，次暴雨资料选取当地雨量站实测资料中相应类型的暴雨数据作为输入项。

2. 植被吸水参数

在 Hydrus 模型中，根系吸水函数采用以水势差为基础的 Feddes 模型，吸水参数取值见表 5.7。在根系吸水参数中需要输入 P0、P0pt 和 P3（分别对应于 h_1、h_2 和 h_3），以及 P2H、P2L（分布对应于潜在腾发率为 r2H 和 r2L 时的 h_3，其中 r2H 和 r2L 的默认值分别 0.5cm/d 和 0.1cm/d）。另外，Hydrus 软件中，将根区分成若干个均匀分布的节点，其潜在的根系吸水分布系数是一个大于 0 的系数，假定根系吸水速率在每个单元呈线性变化，根据当地实际情况确定不同植被的根系分布情况，在 BOUNDARY 模块的菜单 Condition/Root Distribution（此时已变成有效）中设定。

表 5.7　植被吸水参数值

| 样地 | P0（h_1） | P0pt（h_2） | P3（h_3） | P2H | P2L | r2H | r2L |
	/cm	/cm	/cm	/cm	/cm	/(cm/d)	(cm/d)
紫花苜蓿	−15	−30	−1500	−1500	−8000	0.5	0.1
玉米	−15	−30	−323	−600	−8000	0.5	0.1
荒草	0	−5	−300	−1000	−16000	0.5	0.1
刺槐	0	−1	−600	−600	−16000	0.5	0.1

3. 潜在蒸腾率

参考作物蒸散量输入项可用 Penman-Monteith 公式对南小河沟流域林地日参考作物蒸散量的计算。

4. 模拟结果分析

表 5.8～表 5.15 分别为塬面农地、坡面人工草地（苜蓿地）在典型平水年（1985年）5～9 月，坡面刺槐地、荒草地在典型丰水年（1990 年）、典型平水年以及典型枯水年（1982 年）5～9 月的 1m 土层土壤水资源量的模拟值和实测值。

表 5.8　典型平水年农地 1m 土层土壤水资源量的模拟值与实测值对比

日期	模拟日/d	实测值/mm	模拟值/mm	绝对误差/mm	相对误差/%
5 月 1 日	121	188	188.0	0.0	0.00
5 月 4 日	124	239	196.0	43.4	18.11
5 月 11 日	131	194	214.3	20.0	10.27
5 月 12 日	132	188	212.4	24.4	12.97
5 月 22 日	142	178	197.1	18.9	10.60
6 月 1 日	152	190	157.4	32.6	17.18
6 月 11 日	162	216	190.0	26.4	12.19
6 月 21 日	172	223	209.4	13.8	6.17
7 月 1 日	182	216	184.3	31.3	14.50
7 月 11 日	192	168	195.7	27.6	16.40
7 月 22 日	203	135	155.8	20.8	15.41
8 月 1 日	213	128	145.8	17.9	14.02
8 月 11 日	223	148	130.0	17.7	12.00
8 月 26 日	238	181	146.3	34.9	19.26
9 月 1 日	244	144	138.5	5.6	3.88
9 月 11 日	254	172	140.8	31.2	18.12
9 月 21 日	264	174	203.5	29.2	16.76

表 5.9　典型平水年苜蓿地 1m 土层土壤水资源量的模拟值与实测值对比

日期	模拟日/d	实测值/mm	模拟值/mm	绝对误差/mm	相对误差/%
5 月 1 日	121	189	189.0	0.0	0.00
5 月 11 日	131	201	211.9	10.9	5.42
5 月 12 日	132	188	209.7	21.7	11.55
5 月 22 日	142	178	190.6	12.4	6.95
6 月 1 日	152	183	152.6	30.4	16.61
6 月 11 日	162	216	198.3	18.1	8.35
6 月 21 日	172	223	206.6	16.5	7.41
7 月 1 日	182	216	208.0	7.6	3.51
7 月 11 日	192	168	205.6	37.5	22.28
7 月 22 日	203	115	126.4	11.2	9.73
7 月 29 日	210	128	136.6	8.6	6.76
8 月 1 日	213	102	115.4	13.4	13.17
8 月 11 日	223	86	90.5	4.4	5.07
8 月 21 日	233	98	114.3	16.3	16.67
9 月 1 日	244	124	108.2	15.9	12.78
9 月 11 日	254	138	108.4	29.6	21.46
9 月 21 日	264	174	176.7	2.4	1.38

表 5.10　典型丰水年刺槐地 1m 土层土壤水资源量的模拟值与实测值对比

日期	模拟日/d	实测值/mm	模拟值/mm	绝对误差/mm	相对误差/%
5 月 1 日	121	201	217.42	16.42	8.17
5 月 11 日	131	182	191.79	9.79	5.38
5 月 21 日	141	227	225.55	1.45	0.64
6 月 1 日	152	194	189.48	4.52	2.33
6 月 11 日	162	159	159.97	0.97	0.61
6 月 21 日	172	158	147.79	10.21	6.46
6 月 27 日	178	141	158.39	17.39	12.33
7 月 1 日	182	188	166.26	21.74	11.56
7 月 11 日	192	178	180.58	2.58	1.45
7 月 21 日	202	176	164.98	11.02	6.26
8 月 1 日	213	150	155.07	5.07	3.38
8 月 11 日	223	145	135.85	9.15	6.31
8 月 13 日	225	161	165.93	4.93	3.06
8 月 16 日	228	197	187.57	9.43	4.79
8 月 18 日	230	183	189.16	6.16	3.37
8 月 21 日	233	163	182.40	19.40	11.90
8 月 26 日	238	192	192.60	0.60	0.31
9 月 4 日	247	182	198.32	16.32	8.97
9 月 8 日	251	187	215.25	28.25	15.11
9 月 27 日	270	234	232.70	1.30	0.56

表 5.11　典型平水年刺槐地 1m 土层土壤水资源量的模拟值与实测值对比

日期	模拟日/d	实测值/mm	模拟值/mm	绝对误差/mm	相对误差/%
5 月 1 日	121	63	63.0	0.0	0.00
5 月 22 日	142	87	84.5	2.5	2.87
6 月 1 日	152	92	74.2	17.8	19.35
6 月 21 日	172	86	74.3	11.7	13.60
7 月 1 日	182	73	70.7	2.3	3.15
7 月 3 日	184	121	108.9	12.1	10.00
7 月 21 日	202	160	137.1	22.9	14.31
8 月 1 日	213	112	127.1	15.1	13.48
8 月 3 日	215	144	143.9	0.1	0.07
8 月 11 日	223	121	123.2	2.2	1.82
8 月 21 日	233	125	114.9	10.1	8.08
9 月 3 日	244	136	161.2	25.2	18.53
9 月 11 日	254	160	163.9	3.9	2.44
9 月 21 日	264	131	147.4	16.4	12.52
9 月 30 日	273	185	173.8	11.2	6.05

表 5.12　典型枯水年刺槐地 1m 土层土壤水资源量的模拟值与实测值对比

日期	模拟日/d	实测值/mm	模拟值/mm	绝对误差/mm	相对误差/%
5 月 1 日	121	204	204.2	0.2	0.08
5 月 12 日	132	159	181.1	22.1	13.91
5 月 21 日	141	169	148.4	20.6	12.20
6 月 1 日	152	160	141.2	18.8	11.77
6 月 11 日	162	144	127.7	16.3	11.31
6 月 21 日	172	129	110.2	18.8	14.60
7 月 1 日	182	106	102.6	3.4	3.22
7 月 10 日	191	82	98.1	16.1	19.63
7 月 21 日	202	79	96.0	17.0	21.56
7 月 28 日	209	113	113.7	0.7	0.62
8 月 2 日	214	173	187.1	14.1	8.17
8 月 4 日	215	183	204.0	21.0	11.50
8 月 9 日	221	201	217.2	16.2	8.03
8 月 14 日	226	199	217.8	18.8	9.46
8 月 21 日	233	209	208.1	0.9	0.42
9 月 2 日	245	212	220.5	8.5	4.00
9 月 11 日	254	196	209.6	13.6	6.92
9 月 21 日	264	167	175.2	8.2	4.93

表 5.13　典型丰水年荒草地 1m 土层土壤水资源量的模拟值与实测值对比

日期	模拟日/d	实测值/mm	模拟值/mm	绝对误差/mm	相对误差/%
5 月 1 日	121	196	196.0	0.0	0.00
5 月 21 日	141	220	217.1	2.9	1.32
6 月 1 日	152	208	191.6	16.4	7.88
6 月 11 日	162	204	177.1	26.9	13.19
6 月 21 日	172	193	172.4	20.6	10.67
7 月 1 日	182	167	180.4	13.4	8.02
7 月 11 日	192	173	178.1	5.1	2.95
8 月 1 日	213	175	164.3	10.7	6.11
8 月 11 日	223	124	147.8	23.8	19.19
8 月 16 日	228	218	193.8	24.2	11.10
8 月 26 日	238	191	198.2	7.2	3.77
8 月 28 日	240	222	209.1	12.9	5.81
9 月 11 日	254	225	228.3	3.3	1.47
9 月 21 日	264	207	208.1	1.1	0.53
9 月 30 日	273	254	249.0	5.0	1.97

表 5.14　典型平水年荒草地 1m 土层土壤水资源量的模拟值与实测值对比

日期	模拟日/d	实测值/mm	模拟值/mm	绝对误差/mm	相对误差/%
5 月 2 日	122	232	228.1	3.9	1.68
5 月 12 日	132	218	244.4	26.4	12.11
5 月 22 日	142	255	224.8	30.2	11.84
6 月 1 日	152	237	206.4	30.6	12.91
6 月 12 日	163	246	226.1	19.9	8.09
6 月 22 日	173	189	233.8	44.8	23.70
7 月 2 日	183	207	221.6	14.6	7.05
7 月 12 日	193	213	207.0	6.0	2.82
7 月 21 日	202	167	185.5	18.5	11.08
8 月 1 日	213	200	193.1	6.9	3.45
8 月 11 日	223	144	168.9	24.9	17.29
8 月 21 日	233	149	173.7	24.7	16.58
9 月 11 日	254	103	123.2	20.2	19.61
9 月 21 日	264	143	168.9	25.9	18.11
9 月 30 日	273	155	156.8	1.8	1.16

表 5.15 典型枯水年荒草地 1m 土层土壤水资源量的模拟值与实测值对比

日期	模拟日/d	实测值/mm	模拟值/mm	绝对误差/mm	相对误差/%
5 月 1 日	121	223	223.8	0.8	0.35
5 月 12 日	132	241	215.9	25.1	10.42
5 月 21 日	141	198	190.2	7.6	3.86
6 月 1 日	152	215	187.7	27.2	12.68
6 月 11 日	162	200	168.1	31.4	15.74
6 月 21 日	172	137	145.3	8.2	5.97
7 月 1 日	182	125	126.2	0.7	0.59
7 月 11 日	192	106	110.2	4.2	3.95
7 月 30 日	211	147	140.8	6.2	4.21
8 月 2 日	214	179	158.8	20.2	11.28
8 月 4 日	216	207	173.4	33.6	16.23
8 月 9 日	221	226	181.6	44.4	19.64
8 月 21 日	233	181	168.6	12.4	6.83
9 月 2 日	245	206	187.5	18.5	8.98
9 月 11 日	254	163	183.6	20.6	12.62
9 月 21 日	264	189	173.5	15.5	8.21

从表中可以看出，模拟值和实测值吻合较好，表明所建立的模型可以较好地用来模拟塬面农地、坡面人工草地、刺槐地和荒草地 4 种土地利用类型的土壤水资源动态变化过程。从表中还可以看出在降雨量大且集中的时候，模拟结果误差较大，可通过细化有效降雨量的输入来改善，由于该工作量较大，此处降雨输入为日有效降雨量，误差保持在 20%以内，满足分析数据的要求（表 5.5～表 5.12）。同时可以看出塬面农地和人工苜蓿地的模拟效果没有刺槐地和荒草地的模拟结果好，主要是由人为活动影响了表层土壤结构和土壤水分参数所致。

在典型平水年（1985 年）的模拟中，农地和人工草地土壤水资源的变化趋势相似，而与荒草地的情况有较大差异，主要是由土壤质地不同所引起的。在典型丰水年（1990 年），刺槐地和荒草地土壤水资源变化趋势相似，同时刺槐地的模拟结果较好。在典型枯水年（1982 年），荒草地的土壤水资源比刺槐地的土壤水资源变化剧烈，主要与植被类型有关，说明应该在水分条件不好的年份采取措施，保证植被需水要求，实现水土保持工作的顺利进行。

5.2.3 典型林地土壤含水率的模拟

根据试验资料，利用 Hydrus-1D 模型对南小河沟流域内侧柏和刺槐两种最常见的植被类型覆盖的土地进行土壤水资源模拟。在黄土高原沟壑区，6～9 月降雨充沛，模拟该时段内的土壤水分运动过程，对于了解该时段内绿水水文过程具有一定的指导意义。选定试验数据条件较好的刺槐和侧柏林地进行模拟，模拟月尺度条件下的土壤含水率情况。模型模拟时间为 30d 或者 31d，迭代运算的起始步长取 0.01d，最大允许步长设为 0.1d，最小允许步长 10^{-5}d。迭代标准采用模型默认值。模型中土层深度单位设定为 cm，模拟深度为 100cm，按 10cm 等间隔剖分 101 个节点。上下边界条件选定时，同样设定为自由排水下边界，上边界选定为带有径流的大气边界。参考作物蒸散数据根据西峰气象站的相关气象资料，同样根据 Penman-Monteith 公式计算日参考作物蒸散量。

根据输入的边界条件以及各项参数，运行 Hydrus-1D 软件对南小河沟流域内两种林类植被覆盖条件下的土壤水分运动过程进行模拟。由于实测资料的限制，模拟的时段为每月雨后 1 日、3 日或 5 日的土壤含水率。侧柏地土壤水分垂向分布变化模拟见图 5.2～图 5.6，刺槐林土壤水分变化模拟见图 5.7～图 5.11。

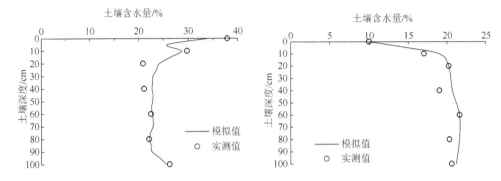

图 5.2　5 月侧柏林雨后 1 日土壤含水率　　　图 5.3　6 月侧柏林雨后 1 日土壤含水率

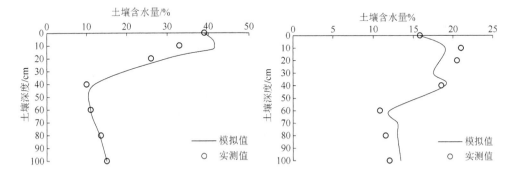

图 5.4　7 月侧柏林雨后 1 日土壤含水率　　　图 5.5　8 月侧柏林雨后 3 日土壤含水率

从图中可以看出，在侧柏和刺槐林的模拟中，模型都能够很好地模拟绿水在土壤中的再分布和动态变化过程，Hydrus-1D 模型对于该流域内绿水水文过程的模拟效果较好，可作为该流域内分析绿水过程的有效工具。

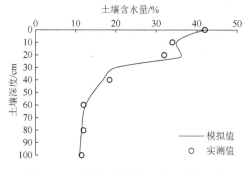

图 5.6　9 月侧柏林雨后 1 日土壤含水率

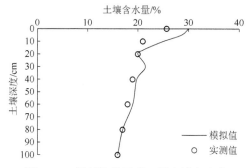

图 5.7　5 月刺槐林雨后 5 日土壤含水率

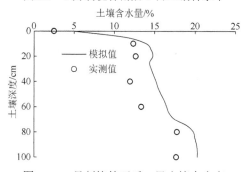

图 5.8　6 月刺槐林雨后 5 日土壤含水率

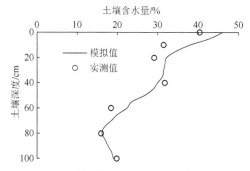

图 5.9　7 月刺槐林雨后 3 日土壤含水率

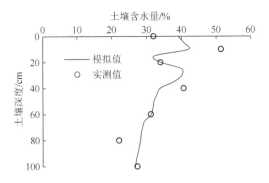

图 5.10　8 月刺槐林雨后 1 日土壤含水率

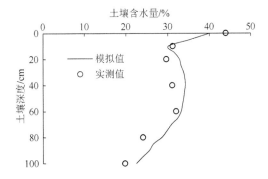

图 5.11　9 月刺槐林雨后 3 日土壤含水率

通过 Hydrus-1D 模型对侧柏和刺槐林覆盖条件下 5～9 月土壤水资源量进行计算，其结果见图 5.12～图 5.21。

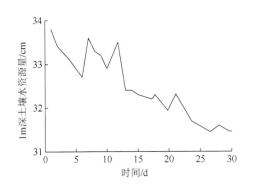

图 5.12　5 月侧柏林 1m 深土壤水资源量

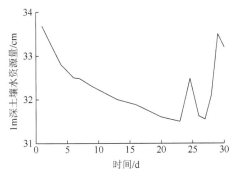

图 5.13　6 月侧柏林 1m 深土壤水资源量

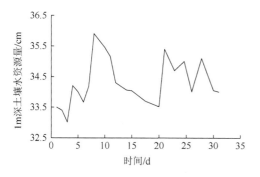

图 5.14　7 月侧柏林 1m 深土壤水资源量

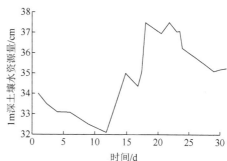

图 5.15　8 月侧柏林 1m 深土壤水资源量

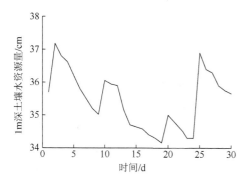

图 5.16　9 月侧柏林 1m 深土壤水资源量

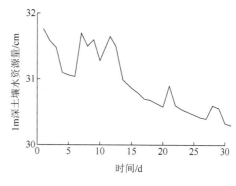

图 5.17　5 月刺槐林 1m 深土壤水资源量

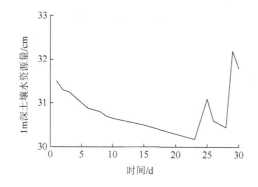

图 5.18　6 月刺槐林 1m 深土壤水资源量

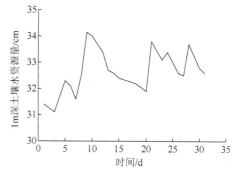

图 5.19　7 月刺槐林 1m 深土壤水资源量

从土壤水资源量的模拟计算结果来看,侧柏林和刺槐林在 5～9 月的土壤水资源量变化趋势大体上一致,5 月两种林地的土壤水资源量均呈现下降趋势,6 月土壤水资源量先下降后上升,7 月的土壤水资源量出现较大的波动,最终有小幅上升,8 月的土壤水资源量呈现上升趋势,9 月的土壤水资源量同样出现较大的波动,变化幅度不大。

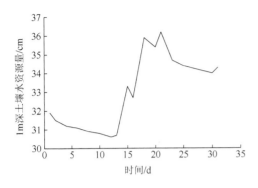

图 5.20　8 月刺槐林 1m 深土壤水资源量

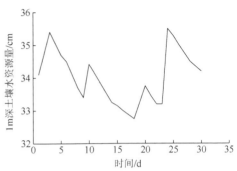

图 5.21　9 月刺槐林 1m 深土壤水资源量

5.3　本 章 小 结

（1）构建适合黄土高原沟壑区的土壤水分运动模型，可用于在降雨和蒸发的自然条件下，考虑根系吸水项的土壤水分的动态变化及产流情况的模拟，并利用 Hydrus-1D 软件进行模型实现。通过四种土地利用（塬面农地、坡面林地、坡面人工草地和坡面荒草地）的径流小区的次降雨的资料，率定土壤的特征参数，使模型可用于模拟降雨后的土壤水分再分布。同时选取三种典型水平年的汛期降雨资料，模拟四种不同土地利用的土壤水资源的动态变化。根据实测数据，验证该模型能较好地模拟各种地类土壤水分的动态变化及土壤水资源量。

（2）Hydrus-1D 模型能够较好的模拟侧柏和刺槐林地 5～9 月土壤剖面水分运动过程，而土壤水分的垂向运动是绿水资源最主要的运动过程，Hydrus-1D 可以较好地模拟绿水资源降雨—入渗—蒸发蒸腾这一最主要的运动过程。

（3）运用该模型对 5～9 月侧柏和刺槐林的土壤水资源量进行计算，并和第 4 章的土壤储水量变化量即绿水储存的试验值进行对比，发现该模型计算结果较为准确。

（4）作为输入条件的植被潜在蒸腾率的计算和叶面积指数的确定，需要更进一步的研究，以减少模拟误差。同时对黄土高原沟壑区的各种植物根系分布模拟的研究应加以深入与细化，修改与完善、校正已有的根系分布模型，同时考虑生长过程的根系分布动态模拟，使模型的预测与模拟更接近于真实根系生长发育过程与变化。

（5）在不同土地利用类型的土壤水资源分析的基础上，确定流域的适宜的植被覆盖度及合理的种植业结构，使实际生产和工作的安排既能满足水土保持的生态要求，又能保证流域出口水量满足下游的需水，同时应考虑增加当地人们的经济收入。

参 考 文 献

雷志栋, 杨诗秀, 1982. 非饱和土壤水一维流动的计算[J]. 土壤学报, 19(2): 141-153.

李亚娟, 2007. 甘肃西峰南小河沟流域土壤水分运动参数空间分布的试验研究[D]. 西安: 西安理工大学硕士学位论文.

马育军, 李小雁, 徐霖, 等, 2010. 虚拟水战略中的蓝水和绿水细分研究[J]. 科技导报, 28(4): 47-54.

荣琨, 陈兴伟, 李志远, 等, 2011. 晋江西溪流域绿水蓝水资源量估算及分析[J]. 水土保持通报, 31(4): 12-15.

王玉娟, 杨胜天, 曾红娟, 等, 2011. 黄河大柳树水利枢纽工程区生态修复绿水资源消耗量定量模拟[J]. 干旱区地理, 34(2): 262-270.

徐宗学, 左德鹏, 2012. 渭河流域蓝水绿水资源量多尺度综合评价[R]. 西安: 流域水循环模拟与调控国家重点实验室.

翟洪波, 李吉跃, 2001. Darcy 定律在测定油松木质部导水特征中的应用[J]. 北京林业大学学报, 23(4): 6-9.

甄婷婷, 徐宗学, 程磊, 等, 2010. 蓝水绿水资源量估算方法及时空分布规律研究——以卢氏流域为例[J]. 资源科学, 32(6): 1177-1183.

FEDDES R A, KOWALIK P, 1976. Simulation of field water uptake by plants using a soil water dependent root extraction function[J]. Journal of Hydrology. 31: 13-26.

SINGH R, VAN DAM J C, FEDDES R A, 2006. Water productivity analysis of irrigated crops in Sirsa district, India[J]. Agricultural Water Management, 82(3): 253-278.

VAN GENUCHTEN M, 1987. A numerical model for water and solute movement in and below the root zone[R]. California: United States Department of Agriculture Research Service US Salinity Laboratory.

第 6 章　南小河沟流域绿水的变化规律研究

6.1　绿水资源量计算

为了揭示南小河沟流域绿水的变化规律，首先要计算绿水资源量。本章分别采用水量平衡法和微气象学法来计算绿水量，对两种方法的计算结果进行对比分析，选择合适的方法对绿水进行进一步的评估。

6.1.1　水量平衡法

降雨被分割成了蓝水和绿水两部分。在该流域，蓝水指的是地表径流，而径流资料在部分年份缺测，因此本研究利用实测年份绿水量和降雨量的良好线性关系，对缺测年份进行插补延长。考虑到人类活动对绿水变化的影响，本小节根据南小河沟流域水土保持治理工作，按照不同土地利用时期插补延长出缺测年份的绿水量。南小河沟水土保持治理从大的过程上分为以下几个阶段。

第一阶段为 1951～1959 年：南小河沟流域的治理处于探索试验时期。1954年和 1956 年两次制定南小河沟流域水土保持规划，明确黄土高原沟壑区的治理方向是保塬固沟，利用沟壑造林种草、建果园，发展农业生产。具体的治理措施是在塬面布设三道防线：第一道是农田防线，主要措施是修建沟边梗和沟头防护工程，做到塬面水不下沟；第二道为沟壑治理措施，即新修水平梯田、试办山地果园、营造护坡林、苜蓿坡等；第三道为在主沟沟谷中建成十八亩台骨干工程，支毛沟底修建土谷坊、柳谷坊和沟地防护林。从塬面到沟谷的治理原则是从当地生产、群众生活出发，因地制宜，因害设防，基本达到水不出塬，泥不下沟。但是治理塬面采用的地边梗只是过渡措施，没有彻底解决水土流失问题。沟壑里林牧矛盾、林权和管护等问题没有解决，在 1958～1959 年及 1960～1962 年，除国家试验场地的中游沟谷林地保存完整外，其他林地均遭到了一定程度的破坏。

第二阶段为 1964～1969 年：在流域的塬面上，开始试搞水平梯田，不少大队、生产队开始建立山地果园，国家实验场地的中游沟谷，由于修建坝塘，初步形成沟地川台化，并在沟道修建水库、淤地坝和鱼塘。各支毛沟的树木，因常抚育且严加看管，生长良好，经济效益和水土保持效益明显。

第三阶段为 1970～1979 年：在中央农村工作会议（在北京举行）和延安水土保持会议的推动下，塬面上大面积兴修水平条田，大搞以杨树为主的四旁植树造林，营造小片林田，塬面初步形成林网田，沟壑中办起了很多林场，山地果园得到大面积推广，在上游主沟道兴修周家嘴治沟骨干工程。这一阶段，塬面治理方向正确，效果显著，但沟壑中由于林牧矛盾问题没有得到妥善解决，林草发展缓慢。

第四阶段为 1980～2000 年：中国十一届三中全会以后，农村实行了包产到户，土地使用权归农民所有，国家开始从计划经济走向商品经济，对水土保持投资也开始从面上投资逐步转向分项目集中投资，分流域分片集中治理阶段。这一时期国家投资处于下降趋势，流域治理面积变化不大，甚至有的地方所有减少，但从总体来说，这一阶段由于治理所取得的经济效益同群众利益挂钩，群众治理积极性增强，各种措施的质量提高，局部发展较快，整个流域处于不均衡发展时期（或局部发展时期）。这一时期存在的问题是土地承包以后，部分林草地被开垦种地，造成林草面积下降；20 世纪 60 年代修筑的沟道工程大部分淤满，失去功能，再加上管护工作跟不上，沟道治理工作整体发展缓慢。

第五阶段为 2001～2012 年：在黄河水土保持生态工程齐家川示范区的和南小河沟示范园项目支持下，加大了水土保持治理的步伐，南小河沟的治理又迎来了一个新高潮，以径流利用、治沟骨干工程、苗圃工程等为主要技术措施，使南小河沟小流域水土保持治理程度达到 79.43%。

结合流域实际水土保持治理情况，利用已有的 1954 年、1969 年、1980 年、2000 年和 2012 年共 5 期的土地利用数据，将南小河沟流域水土保持治理分为 4 个不同土地利用时期：1954～1969 年、1969～1980 年、1980～2000 年和 2000～2012 年。本节将结合这 4 个不同土地利用时期的情况，对南小河沟流域的绿水进行统计分析。

根据闭合流域水量平衡方程，利用实测年份绿水量和降雨量的良好线性关系，按照上述的 4 个土地利用时期对缺测年份进行插延长（图 6.1），得到南小河沟流域多年平均绿水系列（1954～2012 年）。根据水平平衡法计算出的流域历年绿水量结果见表 6.1。

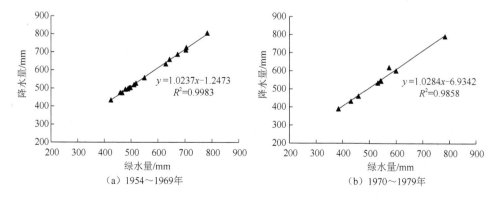

（a）1954～1969 年　　　　　　　　　　（b）1970～1979 年

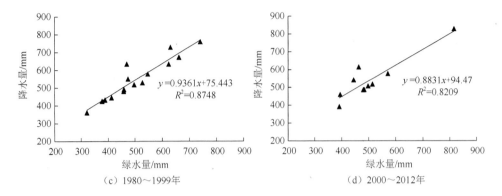

图 6.1　不同土地利用时期南小河沟流域降雨量和绿水量相关分析（水量平衡法）

表 6.1　南小河沟流域 1954~2012 年绿水资源量（水量平衡法）　　（单位：mm）

年份	降雨量	绿水量	年份	降雨量	绿水量	年份	降雨量	绿水量
1954	503.2	492.8	1974	544.8	543.5	1994	481.0	458.5
1955	494.5	478.4	1975	791.0	782.3	1995	333.8	292.1
1956	659.1	642.2	1976	534.9	531.2	1996	561.2	531.8
1957	497.4	487.7	1977	547.1	541.0	1997	338.3	296.9
1958	634.0	628.8	1978	601.1	598.8	1998	521.7	490.2
1959	519.9	510.9	1979	389.6	384.7	1999	436.3	400.2
1960	433.7	424.4	1980	528.3	527.4	2000	465.7	420.4
1961	711.4	703.2	1981	634.1	624.0	2001	556.1	522.7
1962	475.7	459.2	1982	425.2	377.4	2002	601.3	573.9
1963	528.0	518.2	1983	672.1	662.2	2003	828.2	815.4
1964	805.2	782.4	1984	577.8	546.9	2004	485.9	480.4
1965	475.2	466.5	1985	549.8	474.6	2005	506.9	497.9
1966	725.3	704.5	1986	361.3	321.1	2006	577.1	570.9
1967	558.5	549.9	1987	431.9	388.1	2007	517.3	514.0
1968	687.3	672.2	1988	728.2	630.7	2008	391.3	391.1
1969	503.8	497.3	1989	490.7	459.6	2009	459.6	394.1
1970	669.2	675.9	1990	759.1	740.4	2010	541.7	444.6
1971	460.3	459.3	1991	444.6	412.4	2011	614.5	463.4
1972	431.7	431.2	1992	634.8	470.0	2012	486.8	483.6
1973	619.9	573.3	1993	518.1	497.4	平均	546.8	520.6

由表 6.1 可知，根据水量平衡法的计算结果，流域内多年平均降雨资源量 546.8mm，蓝水资源量 26.2mm，绿水资源量 520.6mm，绿水资源量占降雨资源总

量的 95%，可见在南小河沟流域绿水资源是降雨资源的主要组成部分，这和中国喜（2013）的研究所得出的结论相一致。说明在南小河沟流域，降雨经过冠层截留、降雨入渗，使得降雨大部分转化为绿水，供生态系统用水，其余一小部分转化为蓝水即径流。

6.1.2　微气象学法

蒸散发是流域内水分主要运输方式，在大陆上大致上有 63%的降雨用于蒸散发，在除了南极洲之外的大陆上，几乎所有的流域内蒸散发量均超过径流量。对于流域蒸散发过程变化规律研究和进行模拟、估算已经成为研究流域生态水文过程的重要方面。绿水包括两部分：绿水流和绿水储存，绿水流即实际蒸散发，而参考作物蒸散量是计算实际蒸散发的关键参数，因此本研究分析参考作物蒸散量和实际蒸散发变化规律对于研究绿水的响应变化规律有着重要的意义。

1. 参考作物蒸散量变化规律及其与气象因子间相关性分析

本节采用联合国粮食及农业组织（FAO）推荐的 Penman-Monteith 公式计算参考作物蒸散量，该公式被认为是最能准确估算 ET_0 的模型，已经在世界各地推广使用，并且效果较好。利用 1970～2012 年的气象资料，包括日平均降雨量、气温（日最高气温、日最低气温和日平均均气温）、日相对湿度和风速等，其月值和年值由逐日值统计得到。

利用 Penman-Monteith 公式在 1970～2012 年气象数据基础上，首先对南小河沟流域参考作物蒸散量年际变化进行分析。南小河沟流域年潜在蒸散量由逐日 ET_0 计算得到，其年际变化规律见图 3.16。

为了揭示各影响因素对参考作物蒸散量的影响程度，利用 SPSS 软件，选取了气温、日照时数、相对湿度、实际水汽压和风速这 5 个气象因素，分析它们与参考作物蒸散量的相关性，见表 6.2。

表6.2　参考作物蒸散量与各气象因素皮尔逊相关系数

参考作物蒸散量	气温	日照时数	相对湿度	实际水汽压	风速
	0.843^{**}	0.745^{**}	-0.821^{**}	0.297	0.325

**表示显著性水平 p =0.05。

经过 Person 相关检验，在显著水平为 p=0.05 上，气温、日照时数及相对湿度与参考作物蒸散量之间相关性较大，是较为显著的；而实际水汽压和风速则表现出相关性较小。其中，相对湿度与参考作物蒸散量呈现负相关。总体来看，在南小河沟流域，温度、相对湿度和日照时数是影响参考作物蒸散量的主要限制因素，同时实际水汽压和风速对参考作物蒸散量的变化也起到了一定影响。

根据逐日 ET_0 可以得到多年平均各月参考作物蒸散量量，其年内变化规律及见图 3.15。

2. 绿水量的计算

1) 绿水储存量的处理

绿水可分为绿水流和绿水储存两个部分：绿水流主要包括截留蒸发、土壤蒸发和植物蒸腾三个部分（也有小部分的水面蒸发）；绿水储存指土壤储水量的变化量，在多年变化中，可将土壤储水量的变化量近似为 0，但在月尺度条件下，年内土壤水含量变化较大，绿水储存是不可忽视的。

根据第 4 章的研究成果，在南小河沟流域内，绿水资源量中绿水流量占绝对优势，绿水资源量分布规律与绿水流量的分布规律几乎相同；绿水资源中储存在土壤中的水汽年际变化量仅占绿水资源量的 5%以内，这与流域的地形地貌和土壤条件密切相关，不利于土壤保水，绝大部分降雨都消耗于植被蒸腾和流域表面蒸散发过程。

参考作物蒸散量与实际蒸散量的转换方法很多，近年来，根据互补相关原理相继提出的 AA 模型、GG 模型和 CRAE 模型已得到了广泛的应用，但是由于生态系统的异质性和复杂性，目前国内外仍然没有一个公认的转换方法。澳大利亚联邦科学与工业研究组织著名学者 Zhang 等（2001）在对世界上 257 条流域的实测资料分析基础上，提出了 Zhang 模型法。Zhang 模型法为分析土地利用变化影响的经验模型，已被证实并广泛应用于相关影响研究。本节考虑到要分析土地利用变化对绿水的响应，传统的互补理论很难体现土地利用变化对绿水的影响，因此选用 Zhang 模型法计算实际蒸散发量，模型如式（6.1）所示

$$\mathrm{ET_s} = \left[\frac{1 + w\dfrac{\mathrm{ET_0}}{P}}{1 + w\dfrac{\mathrm{ET_0}}{P} + \dfrac{P}{\mathrm{ET_0}}} \right] \times P \qquad (6.1)$$

式中，$\mathrm{ET_s}$ 为实际蒸散发量；$\mathrm{ET_0}$ 为参考作物蒸散量；P 为降雨量；w 为下垫面特征参数。

在 Zhang 模型法中，下垫面特征参数的确定是非常重要的。w 为某种土地覆被类型的用水系数，用以表征植被蒸散对土壤水用量的大小，它与地形、植被和土壤等因素相关，考虑到研究的 59 年时间内，地形和土壤条件都不会发生大的变化，故植被变化是影响 w 的主要因素。由于黄土高原沟壑区下垫面情况比较复杂，在确定 w 时采用附加面积权重的综合指数来计算，w 是各地类用水系数 w_i 的面积加权和。根据唐丽霞等（2010）和王盛萍（2007）确定的各土地利用类型 w 值的取值范围，确定林地 w 值取值范围为[0，3]，草地和农地为[0，2]，未利用地和建筑用地为[0，0.5]，各 w 值取值精确到 1 位小数。

　　本小节采用 Zhang 模型法来计算绿水量，计算步长都在年尺度上进行，因此可将年土壤储水蓄变量视为 0，对于绿水量的计算实际上就是推求实际蒸散发量的过程。

　　2）下垫面参数 w 的确定

　　Zhang 模型法中下垫面参数 w 的取值对于最终结果有很大影响，精确的 w 是非常重要的。本小节参考相关文献（唐丽霞等，2010；王盛萍，2007），采用专家打分方法结合实际情况对南小河沟流域不同土地利用类型下垫面特征参数进行赋值，结果见表 6.3。

表 6.3　南小河沟流域不同土地利用类型下垫面参数 w 赋值

土地利用类型	林地	草地	农地	未利用地	建筑用地
w	1.8	0.8	0.7	0.2	0.1

　　通过资料收集查询、现场调查以及访问调查等手段，还原出南小沟流域 1954 年、1969 年、1980 年、2000 年和 2012 年共 5 期的土地利用情况，计算出各年份 w 的加权平均值，结果见表 6.4。

表 6.4　南小河沟流域不同土地利用类型的面积及不同年份下垫面参数 w 的取值

类型	年份	土地面积/hm²					w
		林地	草地	农地	未利用地	建筑用地	
面积	1954	83.5	1161.1	1773.1	610	2.3	0.772
	1969	164	983.3	1960	512	10.7	0.801
	1980	482	756	1926.8	436.6	28.6	0.892
	2000	362	609	2146	408	105	0.849
	2012	974.4	384.6	1785.8	326.1	159.1	1.015

　　通过计算相邻年份 w 的算术平均值即得 1954～1969 年、1969～1980 年 1980～2000 年以及 2000～2012 年 4 个不同时期的下垫面参数 w。

　　3）Zhang 模型法的计算结果

　　将各年份的降雨量、参考作物蒸散量和下垫面参数带入 Zhang 模型法中，计算出南小河流域 1954～2012 年的历年绿水量，结果见表 6.5。

　　根据 Zhang 模型法计算出来的结果，流域内多年平均降雨资源量为 546.8mm，其中，蓝水资源量为 103.6mm，绿水资源量为 443.2mm，绿水资源量占水资源总量的 81%，降雨仍是大部分转化成了绿水，但绿水系数比水量平衡法计算出来的结果要小。刘昌明（2006）指出，在西北干旱地区，年绿水量约占年降雨量的 3/4，这与 Zhang 模型法的计算结果接近，因此 Zhang 模型法的计算结果应该更接近流域实际情况。

表 6.5　Zhang 模型法计算南小河沟流域 1954～2012 年绿水资源量　（单位：mm）

年份	降雨量	绿水量	年份	降雨量	绿水量	年份	降雨量	绿水量
1954	503.2	430.8	1974	544.8	459.1	1994	481	408.1
1955	494.5	425.0	1975	791	568.6	1995	333.8	310.2
1956	659.1	523.5	1976	534.9	444.5	1996	561.2	460.9
1957	497.4	427.0	1977	547.1	455.0	1997	338.3	313.9
1958	634	509.8	1978	601.1	480.8	1998	521.7	443.3
1959	519.9	441.6	1979	389.6	344.4	1999	436.3	387.4
1960	433.7	383.3	1980	528.3	417.8	2000	465.7	410.0
1961	711.4	550.7	1981	634.1	462.6	2001	556.1	470.2
1962	475.7	412.4	1982	425.2	351.7	2002	601.3	494.9
1963	528	446.8	1983	672.1	487.9	2003	828.2	598.8
1964	805.2	595.2	1984	577.8	431.2	2004	485.9	416.5
1965	475.2	412.1	1985	549.8	415.3	2005	506.9	426.5
1966	725.3	557.7	1986	361.3	313.2	2006	577.1	472.4
1967	558.5	465.8	1987	431.9	372.5	2007	517.3	431.5
1968	687.3	538.4	1988	728.2	502.7	2008	391.3	347.8
1969	503.8	431.2	1989	490.7	400.2	2009	459.6	394.2
1970	669.2	533.8	1990	759.1	530.5	2010	541.7	444.7
1971	460.3	405.6	1991	444.6	372.1	2011	614.5	480.7
1972	431.7	383.3	1992	634.8	463.5	2012	486.8	408.1
1973	619.9	508.6	1993	518.1	410.2	平均	546.8	443.8

6.1.3　模型的对比与选取

将水量平衡法和 Zhang 模型法的计算结果进行对比分析见图 6.2，可以看出，用水量平衡法计算 ET_a 时，几乎所有年份的值都大于 Zhang 模型法的计算结果，特别是绿水量较大的年份，相对误差更大，但是两者的变化趋势在总体上还是比较一致的。经过 Pearson 检验，两种方法计算结果的相对误差为 14.7%，在显著水平 $p=0.001$ 上，两者相关系数达到 0.956，说明 Zhang 模型法适用于该研究区域。

水量平衡法计算蒸散发的首要前提就是流域地上和地下均是闭合的，但是实际情况地下部分由于地质活动与流域地上部分在空间上经常会错位或者出现裂口；另外水量平衡中存在一些不确定因素，没有计算入内，如人畜用水等；同时，通过流域径流资料计算出来的蓝水量，部分年份径流资料只有 5～10 月的数据，统计出的多年平均径流量值小于实际值，导致蓝水量变小，即绿水量相应增大。因此，使用 Zhang 模型法计算得出的 ET_a 更加符合实际，后续章节将主要根据 Zhang 模型法对南小河沟流域进行相关分析。

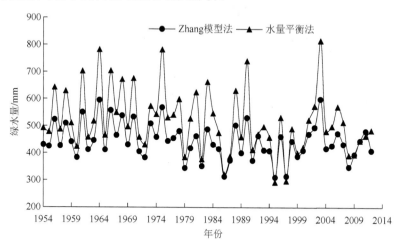

图 6.2　Zhang 模型法和水量平衡法绿水量计算结果对比

6.2　绿水随时间的变化规律

6.2.1　绿水的年际变化

通过图 6.2 可以看出，南小河沟流域绿水总体呈现下降趋势，这是由于该流域降雨的减少，造成了实际蒸散发所需的水资源供给变少。对绿水量按照土地利用情况分不同时期进行统计分析，结果见表 6.6。可以看出，南小河沟流域绿水量在不同时期其变化情况各不相同：1954～1969 年绿水表现出上升的趋势，自1970 年以后，各时期绿水均呈下降趋势；各时期的变异系数接近，且值较小，说明各时期变化趋势不明显；从标准差和极值比来看，1970～1979 年绿水的变化程度较大，2000～2012 年的变化程度较小。

表 6.6　南小河沟流域绿水变化统计分析

年份	年均值/mm	最大值/mm	最小值/mm	标准差/mm	极值比	变异系数	变化趋势
1954～1969	471.9	595.2	383.3	64.0	1.55	0.14	上升
1970～1979	458.4	568.6	344.4	68.7	1.65	0.15	下降
1980～1999	412.8	530.5	310.2	62.5	1.71	0.15	下降
2000～2012	445.9	598.8	347.8	61.1	1.72	0.14	下降

6.2.2　绿水的年内变化

在月尺度条件下，年内土壤水含量变化较大，绿水储存是不可以忽略的。由于缺乏长系列年内土壤储水蓄变量数据，在分析绿水的年内分配时则采用水量平衡法进行计算。绿水的年内变化过程见图 6.3。

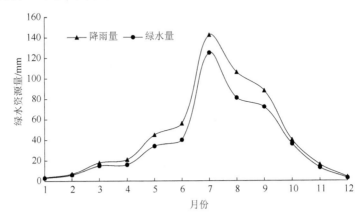

图 6.3　南小河沟流域绿水资源量的年内变化

从图中可以看出，绿水的年内变化趋势与降雨年内分布大致相同，夏季（6~8 月）最高，这三个月绿水资源量占全年绿水资源量的 55.4%；冬季（12 月~次年 2 月）最低，占全年绿水资源量的 3.2%。

2~4 月，随着温度开始回升，植被耗水增加，流域蒸散发量开始增大，绿水量也开始增加。4~7 月，绿水资源量迅速增加，这主要是因为气温的升高、降雨的增加使流域蒸散发量增大。在 6 月时，绿水量增加速度减缓，这是由于 6 月降雨量增加幅度较小，而植被又处在生长旺盛时期，大量的消耗了土壤储水量。绿水量峰值出现在降雨量最多的 7 月，绿水量为 117.27 mm，占全年的 26.4%，随后绿水资源量一直在减少。11 月至次年 1 月，由于气温过低、降雨过少使蒸散发量很低，绿水资源量达到全年的低谷。

6.3　绿水的变化趋势分析

趋势分析是对气候变化下气候因子和水文因子变化趋势诠释的一种很好的方式。从全球到区域水资源管理角度来看，只有弄清水文因子变化的趋势以及突变的时间，才能搞清突变背后的原因，以便更好地服务于水资源管理。但是，过去的趋势研究大多数集中对径流和参考作物蒸散量的分析，而对于对实践指导意义很强的实际蒸散发（绿水流）的趋势分析和预测研究却很少。

因此本节选用 Mann-Kendall 统计检验方法对南小河沟流域 59 年绿水资源量的变化趋势进行分析，并对其进行了突变点的检测，同时采用了滑动 t 检验对 Mann-Kendall 突变检验结果进行验证，确定绿水发生突变的年份。

对南小河沟流域绿水系列进行检验（图 6.4），结果表明，在给定显著性水平 $p=0.05$ 的条件下，南小沟流域绿水量 59 年来呈减少趋势，但趋势不明显。同时根据 UF 和 UB 曲线交点的位置可以看出，南小河沟流域绿水在 1978 年左右发生突变。

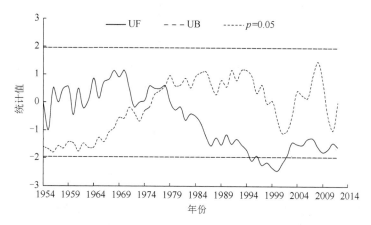

图 6.4　南小河沟流域年绿水量的 Mann-Kendall 统计检验

对可能突变点（1978 年）进行滑动 t 检验，取子序列长度为 10 年，检验结果如图 6.5 所示。可以看出，1978 年是流域年绿水资源量的突变年份。流域 1954～1979 年，进行了较大规模的水土保持综合治理，水土保持效益和经济效益明显，生态环境得到了很大的改善，但是 1980～2000 年，国家投资处于下降趋势，流域治理工作整体发展缓慢甚至有所降低，因此于 1978 年后发生了突变，之后流域绿水呈逐渐减小趋势。

图 6.5　南小河沟流域年绿水量的突变检测（滑动 t 检验）

6.4 绿水系数变化及其生态环境意义

已有的关于绿水的研究大部分集中于农田尺度。为了进行流域绿水管理，合理的对水资源进行评价，必须在流域尺度上深入研究绿水形成的机理，研究降雨-绿水的转化率的变化，如何受到自然与人为因素的影响，并定量评价两者的贡献率。流域系统既是一个水文地貌系统，又是一个生态环境系统。目前国内外研究者对于绿水在水文学和水资源管理上的意义进行了比较充分的研究，但对于其在流域尺度上生态意义的揭示还较少，这对于充分研究绿水的本质和意义存在着一定的欠缺和不足。本节将探讨绿水系数的生态环境意义及其在流域水资源管理和水土流失治理效益评价中的应用意义。其目的是深化对于绿水系数科学内涵的认识，为更科学、更确切地评价水土保持效益和更好地开展流域水资源管理和水土保持规划提供新的知识。

根据第 3、4 章的分析，绿水包括生产性绿水（指被蒸腾量）和非生产性绿水（陆面蒸发量）。其中，生产性绿水对于水资源管理有更为重要的意义。然而，目前在广大流域面积上对于植被蒸腾量的观测资料很少，不足以进行深入研究。因此，本章研究内容为包括蒸腾量和蒸发量在内的广义绿水。在水量平衡方程的基础上（式 2.2），引入流域尺度上绿水系数的指标，定义为从降雨到绿水的转化率，即绿水量与降雨量之比。必须指出，在研究绿水系数时，应该采用天然径流量而不是实测径流量，因为人类所引用的水量属于蓝水，引水导致实测径流量及蓝水减小，对于这一部分必须进行还原计算。

6.4.1 绿水系数的时间变化趋势

图 6.6 为南小河沟流域绿水系数随时间的变化规律，可以看出，绿水随时间的线性回归方程为 $y = 0.001x + 0.6257$，这表明绿水系数呈现微弱的增大趋势。

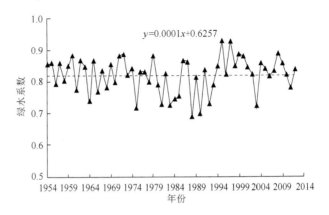

图 6.6 南小河沟流域绿水系数的年变化规律

6.4.2 绿水系数与其影响因素的关系

流域绿水系数与气候因素（如降雨量和气温）和人类活动因素（如各种水土保持措施）有密切的关系。许炯心（2004）对于河龙区间绿水系数增大的原因进行了较深入的研究，认为绿水系数的增大与夏季风强度减弱、降雨量减小、年均气温升高和水土保持面积增大有密切的正相关关系。本节根据许炯心的方法，建立了绿水系数（C_{gw}）与水土保持措施总面积（A_{sw}）、年平均降雨量（P）和年平均气温（T）之间的多元线性回归方程：

$$C_{gw}=0.947+0.000104A_{sw}-0.000210P+0.00419T \quad (R^2=0.578) \quad (6.2)$$

对式（6.2）进行标准化计算，得到标准化方程为

$$C_{gw}=0.443A_{sw}-0.495P+0.093T \quad (6.3)$$

在此基础上估算出这三个主要影响因素对绿水系数的贡献率分别为 43%、48%和9%。

6.4.3 绿水系数与流域侵蚀产沙的关系

从本质上说，水土保持措施减少了降雨到径流（蓝水）的转化率，增大了降雨到绿水的转化率。绿水系数的增大意味着坡面径流减弱，河流径流也减弱，前者可以减少坡面侵蚀，后者则可以减少河道侵蚀。同时，绿水系数的增大意味着植被蒸腾作用的增强，说明植被对地表的保护作用增强，这也会导致坡面侵蚀的减弱，侵蚀产沙量减小。因此，河流的产沙量与绿水系数之间存在密切的关系。图 6.7 为南小河沟流域年绿水系数与年产沙模数的关系，可以看出，南小河沟流域产沙量与绿水系数之间呈显著的负相关关系（$R^2=0.45$，$p<0.01$），意味着流域产沙量变化的45%可以用绿水系数的变化来解释。

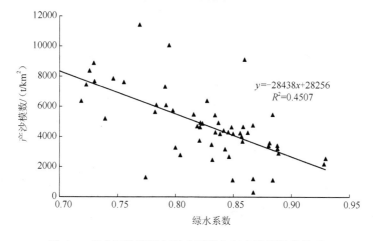

图6.7 南小河沟流域年绿水系数与年产沙模数的关系

为了更好地体现出变化的趋势，计算出年系列 5 年滑动平均值，其变化曲线如图 6.8 所示。

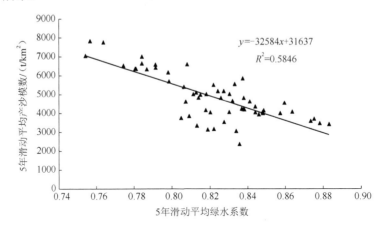

图 6.8　南小河沟流域 5 年滑动平均绿水系数与 5 年滑动平均产沙模数的关系

从图 6.8 中可以看出，产沙量的 5 年滑动平均值与绿水系数的 5 年滑动平均值具有很强的负相关，（R^2=0.58，$p<0.001$），R^2=0.58 比图 6.9 中的 R^2=0.45 要高出不少。这一现象表明，植被通过对增大绿水系数来影响侵蚀产沙，具有一定的时间尺度效应。在较长的时间（如 5 年）尺度上，如果绿水系数有增大趋势，则意味着植被状况持续改善，植被的抗蚀力也会持续增加，从而使侵蚀产沙量稳定地减少，生态环境质量有所提高。因此，在较长的时间尺度上（如 5 年）绿水系数的变化对于产沙量变化的解释能力要比年尺度关系的解释能力强得多。

从实质上说，水土保持措施的作用是对于地表径流进行调节。这种调节包括两个方面。一是对于降雨-径流转换率即地表径流系数的调节。梯田、造林种草等水土保持措施会增加降雨入渗，增加土壤水，减少地表径流。由于黄土高原黄土层厚度很大，地下水埋藏很深，入渗的雨水量经由土壤水和地下水最终转化为河流基流的比例不大，最后大部分都消耗于蒸发与蒸腾作用，重新回到大气，即转化为绿水。因此，水土保持会显著地增大绿水系数。二是对于径流的影响。坡地改为水平梯田或缓坡梯田之后，地表坡度大大减小；林草植被则增大了坡面地表的糙率系数，这两方面的作用都会减慢坡面流的流速、延长其历时，从而增加径流运动过程中的入渗量。淤地坝以及前期淤成的坝地大量拦蓄来自沟道流域的洪水径流，这些径流大部分都渗入土壤之中，转化为土壤水，最后消耗于蒸散发而成为绿水。因此，水土保持措施对于径流的调节，最后会表现为增大绿水系数（Xu，2013）。

6.4.4　绿水系数的增大在农业生产上的意义

　　流域绿水系数的增大意味着生产性绿水系数的增大。因此，在绿水系数增大的同时，植被覆盖度和粮食产量均增大。由于梯田与坡耕地相比，降雨入渗量大大增加；而坝地拦蓄的洪水，大部分最后都渗入地下，因此梯田和坝地土壤含水率要大大高于坡耕地。据黄河水利委员会西峰水土保持科学试验站实测资料，坡地、梯田和坝地土壤含水率分别为9.47%、10.72%和17.61%，梯田和坝地分别是坡地土壤含水率的1.13倍和1.86倍。在其他条件基本相同时，这是梯田和坝地的粮食产量要大大高于坡耕地的原因。坝地粮食产量每公顷为3700～4500kg，最高可达7500kg以上，是坡耕地的4～6倍、梯田的2～3倍，梯田每公顷产量则为坡耕地的2倍以上。据西峰水土保持试验站对南小河沟流域多年的观测资料，坝地、水平梯田和坡耕地年均粮食产量分别为每公顷4750kg、1606kg和566kg，即坝地水平梯田分别为坡耕地的8.39倍和2.83倍。农作物耗水量体现为蒸腾作用，是流域绿水量的重要组成部分。在其他条件基本相同时，单位面积粮食产量越高，农作物的耗水量越大，梯田和坝地粮食的增产意味着绿水系数的增大。这说明，粮食产量指数与流域绿水系数也呈较显著的正相关，在水土保持措施实施后，特别是梯田和坝地等水土保持措施，生产性绿水占降雨的比率增大，这是粮食产量显著提高的原因之一。

6.4.5　绿水系数对生态环境的指示意义

　　在蒸散发量中，蒸发量为非生产性绿水流，散发量（植物蒸腾量）为生产性绿水流。其中，农作物散发量是生产粮食所消耗的绿水，非农作物植被的散发量则是维持生态系统的所消耗的绿水量，这两部分绿水量都对生态环境有利（王玉娟等，2009；许炯心，2004）。为了对这两部分进行区分，可以称前一部分为农业生产性绿水流，后一部分为生态性绿水流。土壤蒸发消耗的绿水量可以增加空气的湿度，对于生态环境的维持也是有利的。因此，广义上而言，绿水流对于生态环境是有利的。从这一意义出发，可以将绿水系数作为衡量生态环境变化的指标。在年降雨可比的情况下，如果绿水系数减小，说明生态系统中以径流的方式流失的水量即蓝水的比率增大，用于其自身维持的水量（即绿水）的比率减小，在这一过程中与径流流失相伴随的物质流失（土壤颗粒、土壤有机质和营养元素）也增加。可以认为，这会导致生态环境质量的下降。反之，绿水系数增大，则说明生态系统中以径流的方式流失的水量即蓝水的比率减小（由此导致物质流失减少）、绿水的比率增大（这意味着生态系统的生产力提高），可以认为生态环境趋于好转。从这一思路出发，可以评价南小河沟流域的绿水系数的变化及其生态环境意义。

本小节采用 Mann-Kendall 非参数检验研究绿水系数的变化趋势，探测变化过程中的转折点，结果如图 6.9 所示。滑动 t 检验结果见图 6.10。

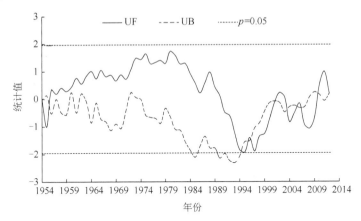

图 6.9　南小河沟流域年绿水系数的 Mann-Kendall 检验

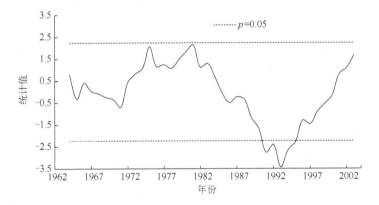

图 6.10　南小河沟流域年绿水系数的滑动 t 检验

可以可出，U 值变化曲线有两个明显的转折点，发生于 1980 年和 1997 年，据此可以将 1954～2012 年南小河沟流域绿水系数的变化分为 3 个阶段：①1954～1980 年：绿水系数在波动中呈增大趋势。这是因为自南小河沟流域被选定为黄土高原沟壑区的典型小流域以来，进行了较大规模的水土保持综合治理，水土保持措施开始生效，流域水分流失大大减少，与水分流失相伴随的土壤流失与土壤养分流失也大大减少，这意味着生态环境质量的提高；②1980～1997 年：淤地坝的拦沙效应明显衰减。南小河沟的淤地坝绝大部分是 20 世纪六七十年代修建的，80 年代以后淤地坝修建量大为减少，而淤地坝的拦沙寿命为 10～20 年，六七十年代修建的淤地坝到这一时期已大部失效，因此流域水分流失增加，绿水系数减小；③1997～2012 年：绿水系数迅速增大。这一阶段中，除了原有的梯田、林草和淤地坝措施得到加强外，大面积退耕还林还草和以自然封禁为主的生态恢复也在这一地区广泛开展，这使得植被进一步改善，生态环境质量进一步提高。

6.4.6　关于绿水系数应用意义的讨论

揭示黄土高原沟壑区绿水系数变化的生态环境意义，有助于更全面地评价水土保持的水资源效应，从而为流域水资源的管理提供新的认识。这体现在四个方面：第一，绿水系数的增大意味着绿水（蒸发蒸腾量）在降雨中所占比例的增大。蒸腾量比率的增大表明植物消耗水量的增加，即林草植被和农作物耗水的增加。前者属于生态耗水量，对于生态环境的改善有利；后者是粮食等农作物生产的耗水量，有益于社会经济发展。第二，绿水系数和天然径流系数之和是一个常数，二者互为消长。水土保持措施的生效是这些措施对于径流进行调节的结果，梯田、林草和淤地坝的减沙效益来自减水效应。与这种减水效应相伴随的是土壤水资源的增加和生态性、生产性绿水资源的增加。因此，水土保持在减少了下游的河川径流资源的同时，增加了流域中的土壤水和生态性、生产性绿水资源。第三，水土保持的水资源效应的含义应包括蓝水和绿水在内。水土保持对蓝水资源的影响体现为对径流的影响，是一种异地（off-site）或下游效应，一般表现为减少年径流。水土保持对绿水资源的影响则体现为对土壤水资源的影响，是一种当地（in-site）效应。绿水系数的增大意味着当地生态耗水量和农作物耗水量的增大，这两部分耗水量是绿水资源的消耗量，是由土壤水资源转化而来的。下游河川径流的减少不一定意味着水资源的净减少；径流资源的减少是以土壤水资源（或生态性、生产性绿水资源）的增加为补偿的，虽不利于下游河道，但有利于实施水土保持的小尺度、中尺度流域。水土保持的水资源效应包括两部分，即减少蓝水和增加生产性、生态性绿水。第四，水土保持的水资源效应该是蓝水减少量与生产性、生态性绿水增加量的代数和。对于水土保持措施的水资源效应的评价必须从包含土壤水和生态生产性绿水资源在内的广义水资源的概念出发，才能得到全面、正确的认识。在广义水资源的管理规划中如何科学地确定河川径流资源和生态生产性绿水资源之间的合理比例，在理论和实践上都有重要意义。

6.5　本 章 小 结

（1）水量平衡法以及 Zhang 模型法计算绿水的结果都表明，在南小河沟流域，绿水资源是降雨资源的主要组成部分，绿水资源量占降雨资源总量的80%以上。降雨经过冠层截留、入渗，使得降雨大部分转化为绿水，供生态系统用水，其余一小部分转化为蓝水即径流。

（2）南小河沟流域多年平均潜在蒸散量为961.3mm，极值比为1.46，变异系数小为 0.11，其下降趋势不明显。Pearson 检验的结果显示，在南小河沟流域，温度、相对湿度和日照时数是影响参考作物蒸散量的主要限制因素，实际水汽压和风速对参考作物蒸散量的变化也起到了一定影响。同时发现，参考作物蒸散量年内变化与气温变化情况相一致。

（3）南小河沟流域绿水在年际间呈现下降趋势，但趋势不明显，这是由于该流域降雨量不断减少，使实际蒸散发所需要的水资源供给变少；绿水年内变化与降雨年内分布大致相同；Mann-Kendall 统计检验的结果显示，南小河沟流域绿水在 1978 年左右发生突变。

（4）水土保持措施的大规模实施是导致绿水系数增大的重要因素，黄土高原沟壑区产沙量与绿水系数之间呈显著的负相关关系，绿水系数的变化可以解释产沙量变化的 45%；梯田、坝地面积与绿水系数和粮食产量之间都存在着显著的正相关关系，粮食产量与绿水系数之间也存在显著的正相关关系；水土保持的实施通过增大梯田和坝地生产性绿水系数，增加了粮食产量。

（5）绿水系数具有生态环境指示意义，可以作为评价流域生态环境变化的指标之一。在年降雨可比的情况下绿水系数的减小意味着生态环境质量降低，绿水系数的增大意味着生态环境质量提高。绿水系数对于广义的流域水资源评价和水土保持措施水资源效应的确切评价，都有重要的应用意义。

参 考 文 献

刘昌明, 李云成, 2006. "绿水"与节水: 中国水资源内涵问题讨论[J]. 科学对社会的影响, (1): 16-20.

申国喜, 2013. 南小河沟流域不同植被地类绿水转化及模拟计算研究[D]. 西安: 西安理工大学硕士学位论文.

唐丽霞, 张志强, 王新杰, 等, 2010. 晋西黄土高原丘陵沟壑区清水河流域径流对土地利用与气候变化的响应[J]. 植物生态学报, 34(7): 800-810.

王盛萍, 2007 典型小流域土地利用与气候变化的生态水文响应研究[D]. 北京: 北京林业大学硕士学位论文.

王玉娟, 杨胜天, 刘昌明, 等, 2009. 植被生态用水结构及绿水资源消耗效用——以黄河三门峡地区为例[J]. 地理研究, 28(1): 74-84.

许炯心, 2004. 黄河中游多沙粗沙区水土保持减沙的近期趋势及其成因[J]. 泥沙研究, (2): 5-10.

XU J X, 2013. Effects of climate and land-use change on green-water variations in the Middle Yellow River, China[J]. Hydrological Sciences Journal, 58(2): 1-12.

ZHANG L, DAWES W R, WALKER G R, 2001. Response of mean annual evapotranspiration to vegetation changes at catchment scale[J]. Water Resources Research, 37(3): 701-708.

第7章　绿水对土地利用变化的响应

在黄土高原地区，为了改善水土流失、生态环境，实施了大量的水土保持工程，尤其植树造林等植被恢复措施，使得森林覆盖率明显增加；然而，这些措施却很少考虑造林等植被覆盖对区域水量平衡影响的复杂性，以及在区域尺度产生的资源和环境效应。植被的水文效应不仅受区域气候控制，还与林种、林龄及面积有关；且生物措施与工程措施在空间上的混合性、在各流域分布的不一致和不均衡性，将会导致一系列环境问题，如土壤含水率的过度消耗，土壤干层等现象。因此，更为深刻的理解大气、植被、土壤和水循环之间的相互作用，特别是在干旱半干旱地区，可为造林等植被恢复措施实施提供理论指导和支持，从而达到流域综合治理的目的。

本章主要分析绿水对土地利用变化的响应，在第 6 章的研究基础上，从土壤储水量的季节变化与垂直变化角度出发，对南小河沟流域不同地貌及植被类型的土壤储水量特征进行研究，并对其土壤水分有效性进行分析；最后采用 Zhang 模型法，利用历年气候和土地利用数据进行以下两个方面的土地利用变化模拟与分析：①保持气候条件不变，通过建立不同土地利用情景，模拟分析土地利用变化对流域绿水的影响，从而正确、科学的评价各土地利用类型在绿水循环中的重要作用。②对各种土地利用类型分别进行皆伐处理，从而分离出每种土地利用类型对绿水变化的贡献，进而探索适合南小河沟流域生态环境和进行生态恢复的最佳途径，以期为该流域水土保持及生态恢复工程提供理论指导。

7.1　土地利用变化

人类活动对地球陆地表层系统作用的步伐、程度与广度是空前的，陆地表层系统最重要的变化之一就是土地利用的变化。土地利用是人类根据土地的特点，按一定的经济与社会目的，采取一系列生物和技术手段，对土地进行长期性或周期性的经营活动；主要表现为土地用途转移和土地利用集约度的变化，侧重于土地的经济属性。土地利用方式多种多样，包括各种方式的耕作、放牧、伐木、聚落与城市、基础设施、自然保护和旅游休闲等。

土地利用变化现象是形形色色的，可归纳为三种：一是土地利用的退化，即某种利用类型虽未改变，但其质量已经降低。例如，过度放牧引起草地退化，土地由草地变为荒地，伐木引起森林覆被密度降低，土地利用则变化为草地；二是土地利用的转换，即某种利用类型完全改变成另一种类型。例如，耕地被城市或工业建设占用，由农业用地转换为工业用地，林地被全部砍伐并开垦为牧草地或耕地；三是土地利用的改良，指某种土地利用得到维护、修复和更新。例如，土壤改良、耕地梯化、草地改良、森林抚育和灌溉系统的建立与完善。三种土地利用变化中，转换和改良比较容易引起人们的重视，也比较容易监测；而退化却较难观测，因为其记录最不完备。

土地利用变化的驱动力既有内在因素，也有外在因素，既有自然驱动力，也有社会驱动力。气候、土壤和水文等被认为是主要的自然驱动力，即自然因素。社会驱动力因素可分为直接因素和间接因素。一般而言，某一区域的土地利用结构是该区自然因素和社会经济因素共同作用的结果，这些因素对土地利用变化的作用，包括作用方式和作用强度各有不同。

自然因素（气候、土壤、水文和地质地貌等）是影响区域土地利用结构的最基本要素，在某种程度上具有一定的主导作用。自然因素主要分为以下几个因素：①气候因素。气候条件对土地利用有制约作用，主要表现在其对农作物、牧草和林木种类选择及其分布、组合、耕作制度和产量的影响上。②地形、地质地貌因素。地质、地貌直接影响着土地利用类型的分布，地形通过对气温、降雨及山体坡度等的作用而影响土地利用类型和分布。③水文因素。水文因素对土地利用类型的数量和质量有着深远的影响，在较长的时间尺度或大的空间尺度上，它对土地利用/土地覆被变化显著而深远的影响是不容忽视的。但在较短时段内，它对土地利用/土地覆被变化的影响并不直观明显。④自然灾害因素。自然灾害会引起人类活动和土地利用条件的异常变化，直接或间接地影响土地的利用方式和利用程度。自然灾害频繁发生不仅影响农牧业生产的发展，而且导致土地利用/覆被发生变化，加重了生态环境恶化。

社会经济因素可分为直接因素和间接因素。直接因素包括对土地产品的需求、对土地的投入、城市化程度、土地利用的集约化程度、土地权属、土地利用政策及土地资源保护的态度等；间接因素包括人口变化、技术发展、经济增长、政治与经济政策、富裕程度和价值取向等方面，它们通过直接因素作用于土地利用。社会、经济、政策和技术等人文因素作用的强度、合理与否对土地利用的时空变化具有决定性影响。

土地利用变化的驱动力对土地利用的作用是一个十分复杂的过程。一种驱动力可以同时作用于各种土地利用类型，但其对于不同土地类型的作用程度和作用方式存在着一定的区别。例如，人口增长可能对耕地、林地、工矿用地、交通用地、居住用地和各种配套服务设施用地的变化都有影响，然而其对居住用地的影响要比交通用地的影响更直接一些，因为居住用地扩大主要是人口增长带来的住房需求增加造成的，而交通用地的变化更多的是受经济发展的影响。

综上所述，本章拟从三个方面分析南小河沟流域土地利用变化，包括土地利用面积的变化、土地利用类型变化速率和土地利用变化对水文过程的影响。

7.1.1　土地利用概况

据前述章节可知，南小河沟流域在历史上经历了多次大规模的水土保持治理时期，根据西峰水土保持站的统计资料，南小河沟流域治理前（1951 年）各土地利用类型的面积如表 7.1 所示。

表 7.1　南小河沟流域治理前土地类型面积表

部分	土地类型	十八亩台以上			全流域		
		面积/hm²	占部/%	占总/%	面积/hm²	占部/%	占总/%
塬	农地	1689.2	83.79		1730.2	83.83	
	庄院	88.8	4.40		91.8	4.45	
	道路	92.8	4.61	65.84	94.8	4.59	56.86
	人工草地	100.9	5.00		100.9	4.88	
	场、坟等	44.3	2.20		46.3	2.25	
	小计	2016.0	100.00		2064.0	100.00	
坡	农地	20.0	6.90		61.4	10.77	
	荒草地	250.5	86.38	9.47	444.7	78.02	15.70
	道路等	19.5	6.72		63.9	11.21	
	小计	290.0	100.00		570.0	100.00	
沟	农地	25.4	3.35		29.5	3.00	
	林地	—	—		—	—	
	荒草地	527.5	69.77		645.5	74.76	
	立崖	94.8	12.54	24.69	141.7	14.22	27.44
	泻溜	89.8	11.89		140.8	14.14	
	沟床	18.5	2.45		38.5	3.87	
	小计	756.0	100.00		996.0	100.00	
总计		3062.0	—	100.00	3630.0	—	100.00

经过不同治理阶段的各种综合治理，南小河沟流域地形利用面积发生较大改变（赵安成，1994）。截止 2000 年，该流域塬面面积 20.5km²，沟壑面积 15.8 km²，分别占流域总面积的 56.5% 和 43.5%，塬面、沟道地形面积及其所占比例详见表 7.2。

表 7.2　南小河沟流域地貌组成统计分析表

行政村	总土地面积 /hm²	塬面		沟壑	
		面积/hm²	占比/%	面积/hm²	占比/%
赵咀	210.72	38.76	18.4	171.96	81.6
沟畎	433.41	232.95	53.7	200.46	46.3
南佐	540.76	342.04	63.3	198.72	36.7
中心	368.68	256.75	96.8	11.93	3.2
后官寨	26.99	26.99	100.0	0.00	0.0
王玲	571.29	459.29	80.4	112.00	19.6
联合	35.43	35.43	100.0	0.00	0.0
帅堡	48.84	48.84	100.0	0.00	0.0
马集	473.10	296.74	62.7	176.36	37.3
路堡	207.09	171.19	82.7	35.90	17.3
孔家塬	233.69	41.29	17.7	192.40	82.3
监测站	480.00	0.00	0.0	480.00	100.0
合计	3630.00	2050.27	56.5	1579.73	43.5

7.1.2　土地利用面积的变化

　　土地利用的变化首先应体现在土地利用面积的变化上，通过分析多年土地利用类型面积的变化情况，可以总体了解不同时期南小河沟流域土地利用结构与幅度的变化情况。

　　结合南小河沟流域土地利用类型的多样特点，将土地利用类型共分为林地、草地、农地、未利用地（立崖、陡壁及窄深沟道）和建筑用地（交通用地、工矿用地及居民区）5 种类型，各地类面积及变化情况具体见表 7.3 和表 7.4。

表 7.3　南小河沟流域 1954～2012 年土地利用类型面积及面积变化量　（单位：hm²）

年份		土地利用类型				
		林地	草地	农地	未利用地	建筑用地
面积	1954	83.5	1161.1	1773.1	610.0	2.3
	1969	164.0	983.3	1960.0	512.0	10.7
	1980	482.0	756.0	1926.8	436.6	28.6
	2000	362.0	609.0	2146.0	408.0	105.0
	2012	947.4	536.9	1785.8	200.8	159.1
面积 变化量	1954～1969	80.5	−177.8	186.9	−98.0	8.4
	1969～1980	318.0	−227.3	−33.2	−75.4	17.9
	1980～2000	−120.0	−147.0	219.2	−28.6	76.4
	2000～2012	585.4	−72.1	−360.2	−207.2	54.1
	1954～2012	863.9	−624.2	12.7	−409.2	156.8

表 7.4　南小河沟流域 1954～2012 年土地利用类型面积比及变化比例　（单位：%）

	年份	土地利用类型				
		林地	草地	农地	未利用地	建筑用地
面积 百分比	1954	2.3	32.0	48.8	16.8	0.1
	1969	4.5	27.1	54.0	14.1	0.3
	1980	13.3	20.8	53.1	12.0	0.8
	2000	10.0	16.8	59.1	11.2	2.9
	2012	26.1	14.8	49.2	5.5	4.4
面积变化 比例	1954～1969	2.2	-4.9	5.1	-2.7	0.2
	1969～1980	8.8	-6.3	-0.9	-2.1	0.5
	1980～2000	-3.3	-4.0	6.0	-0.8	2.1
	2000～2012	16.1	-2.0	-9.9	-5.7	1.5
	1954～2012	23.8	-17.2	0.3	-11.3	4.3

在研究期间，南小河沟流域内土地利用方式发生了很大的改变：①林地面积除了在 1980～2000 年减小外，其面积一直处于增加的趋势，这主要是在十一届三中全会以后，农村土地实行了包产到户，部分林地被开垦成农地，造成林地面积下降；②草地面积总体来说是减少的，这主要是荒草地一直都在被充分开发利用；③农地面积呈现先增加随后又几乎降低到研究初期水平的趋势；④未利用地一直在减少，逐渐转化为其他用地；⑤建筑用地面积一直在增加，特别是 1980 年以后，这主要是因为居民用地以及道路用地的大幅度增加。

在研究期间，虽然土地利用类型变化不同，但是总体上来讲，无论时间的变化，面积比重最大的为农地，其次为草地；林地面积比重逐渐增大，而建筑用地所占比重较小。为了研究土地利用变化的相对大小，对各研究阶段以研究前期的不同土地利用类型为本底，研究其变化率。

7.1.3　土地利用类型的变化速率

土地利用类型速率的变化可以用土地利用动态度来表示。土地利用动态度可以直观地反映某一种土地利用类型在一段时间变化的速度，能够有效地分析土地利用变化的区域差异，也能对未来土地利用变化情况进行总体的预测。土地利用动态度表达式为

$$K_b = \frac{U_2 - U_1}{U_1} \times \frac{1}{T_s} \times 100\% \qquad (7.1)$$

式中，K_b 表示某种土地利用类型在一段时间内的变化率；U_1 和 U_2 表示研究期初和期末该土地利用类型的数量；T_s 为研究时段。

根据各时期的土地利用资料，使用式（7.1）进行计算得到南小河沟流域 1954～

2012 年土地利用类型变化速率详见表 7.5。

表 7.5　南小河沟流域 1954～2012 年土地利用类型变化速率

年份	年变化率/%				
	林地	草地	农地	未利用地	建筑用地
1954～1969	6.43	-1.02	0.70	-1.07	24.35
1969～1980	17.63	-2.10	-0.15	-1.34	15.21
1980～2000	-1.24	-0.97	0.57	-0.33	13.36
2000～2012	13.48	-0.99	-1.40	-4.23	4.29
1954～2012	17.84	-0.93	0.01	-1.16	117.54

由表 7.5 可知，在所有研究时段，各土地利用在 1969～1980 年的动态度最高，而在 1980～2000 年变化幅度不大；其中，建筑用地年变化率最高，其次是林地、未利用地和草地，农地变化速率最小。

比较 4 个时期整体情况来看，林地在 1954～2012 年是以 17.84%的高速率递增的，这是由于南小沟流域长期不懈进行水土保持治理的结果。而其中 1980～2000 年是以 1.24%的速率递减，主要是因为这期间实行了土地承包，部分林地被开垦成农地的原因。

草地变化速率一直是在递减。草地主要包括流域内的荒草地以及人工草地。五十多年的水土保持治理，使荒草地在流域内保存面积逐年减少，而人工草地面积目前较小，截至 2012 年人工草地面积为 124.6hm^2。

农地变化速率在 1954～2000 年基本上是在逐年递增，主要是荒草地和未利用地不断被开发利用，逐渐整修成梯田、坡耕地，另外一方面则是人口数量的增加和经济的发展导致农田不断开垦，使得农田面积日益增加；而从 2000 年开始响应国家退耕还林政策，耕地逐渐转出为林地，致使耕地以每年 1.40%的速度逐年递减。

未利用地变化速率自 1954 年以来一直在递减，特别是 2000～2012 年以 4.23%的速率递减，这是在 2001 年，随着黄河水土保持生态工程齐家川示范区项目的实施，南小河沟流域的治理又迎来了一个新高潮，未利用地得到进一步开发利用。

建筑用地变化速率一直在递增，而且变化速率很大，这主要是由该流域城镇化的发展和道路的修建造成的。

7.1.4　土地利用变化对水文过程的影响

土地利用变化对水分循环的影响主要可以分为以下几个方面：①森林变化的影响。森林的砍伐影响反射率、树冠的截流和地表的粗糙度，这些同水分和能量平衡有重要联系。从森林转变为短季的种植作物可以节约大量的水分，而根系发达的树木则会消耗大量的地下水和土壤水,而且,从总体来讲,森林生长所需的耗水量大于草地耗水量。②草地变化的影响。草地对水分的影响取决于对草地的管理。不适当的管理和过度放牧将引起植被的减少和土壤的板结,使得地下水的供应减少,这会严重地影响靠地下水补给的河流水量。严重的后果可能对区域气候产生影响,如增加地表反射率,减少对流,减少降雨,增加大气流的沉降,使区域气候变得干旱。南小河沟地区的草地在今年呈现持续减少现象,这在一定程度上会对绿水的总量造成影响。③耕种的影响(包括灌溉和农业集水)。大面积的灌溉实践对水分循环有重要的影响。在有些实行灌溉农业的国家,有 80%～90%的水分通过灌溉消耗了。在我国大多数干旱地区,每公顷灌溉作物需要消费 10000t的水分,由于无用的灌溉引起许多问题,盐化和土壤水渍大约占了所有灌溉区的30%。南小河沟流域的灌溉也存在漫灌现象,这会对流域内水资源的消耗造成严重浪费,要提高科学的灌溉效率,改变传统的灌溉方式才能对南小河沟流域的土地利用效率提高起到积极作用。灌溉的结果在一定程度上增加了地表大气中的水分,提高了湿度,降低反射率和日温,也有助于降雨的形成。④聚居地和其他非农业土地利用影响。20 世纪以来,世界人口和城市数量大大增加,城市集中了居民、商业区,还伴随有工厂等大量工业设施,这些要求更多的水量;供给城市化过程中树木和植被的减少降低了蒸发和截流,增加的不透水层,使得天然降雨转换成地下水的效率变低,增加了河流的沉积量;房屋、街道的建设降低了地表的渗透和地下水位,多余的降雨会通过地面径流的方式汇入河道,同时短时间内的强降雨因入渗速度变慢,会形成城市内涝,不仅如此,在黄土高原沟壑区会造成山洪和水土流失,增加了地表径流量和下游潜在洪水的威胁。

土地利用变化对地表水和地下水的影响表现在对水质和水量上。在水资源短缺方面,进入 20 世纪之后,由于农业的扩张和工业的发展,全世界用水量剧增。其中,农业用水增加了 7 倍,工业用水增加了 20 倍。水资源短缺不仅严重影响居民的日常生活,威胁工农业生产,还造成河水断流、海水入侵等严重的生态环境问题。

对水质的影响方面,由于人类耕作和定居引起的土地利用的变化已造成了世界性的水污染。相关研究表明,南小河沟流域内部各种土地利用的比例的变化是造成该流域内河流水质发生变化的主要原因,不同的土地利用形式,像林地、农田和城镇会对水质产生不同的影响,不管是对地表水还是地下水都是如此。

近年来,南小河沟流域土地利用结构变化情况发生了较大改变,综合治理前后土地利用情况发生了重大,南小河沟利于综合治理前后土地利用变化情况详见表 7.6。

表 7.6　南小河沟流域综合治理前后土地利用变化情况

土地类型			治理前		治理后		增减比例/%
			面积/hm²	占流域总面积比例/%	面积/hm²	占流域总面积比例/%	
农耕地	基本农田	水地	366.14	10.09	366.14	10.09	0.00
		梯田	1215.48	33.48	1420.98	39.14	5.65
		坝地	6.67	0.18	6.67	0.18	0.00
		小计	1588.29	43.75	1793.79	49.41	5.65
	坡耕地		204.77	5.64	0.00	0.00	−5.64
林地	果园		99.59	2.74	131.19	3.61	0.87
	经济林		67.80	1.87	221.20	6.09	4.22
	乔木林		178.59	4.92	555.09	15.29	10.37
	灌木林		7.07	0.19	28.61	0.79	0.59
	疏林地		87.58	2.41	0.00	0.00	−2.41
	防护林		0.00	0.00	10.60	0.29	0.29
	苗圃		5.33	0.15	7.76	0.21	0.07
	小计		445.96	12.29	954.45	26.29	14.00
荒草地	人工草地		93.33	2.57	124.56	3.43	0.86
	荒地		781.34	21.52	229.97	6.34	−15.19
	小计		874.67	24.10	354.53	9.77	−14.33
水域及工程用地			9.20	0.25	11.00	0.30	0.05
其他用地			306.33	8.44	315.45	8.69	0.25
难利用地			200.78	5.53	200.78	5.53	0.00
合计			3630.00	100.00	3630.00	100.00	—

7.2　不同土地利用及地貌类型的绿水变化分析

7.2.1　土地利用方式

　　土地利用方式的不同对流域绿水会产生不同的响应过程，土地利用中绿水的变化直接影响着覆被的生长过程。本节利用流域土地覆被资料，研究了不同土地利用类型在年际上的绿水变化情况（图 7.1）。

　　可以看出，各土地利用绿水的年际变化不均，一般分布在 300～600mm，通过与年降雨量比较得知，不论何种土地利用方式，至少有 60% 以上的降雨都消耗于蒸散发；绿水量在不同的土地利用中分异明显，林地绿水量最大，草地、农地和未利用地逐渐次之，建筑用地最小，这充分说明了下垫面蒸散发能力的大小与

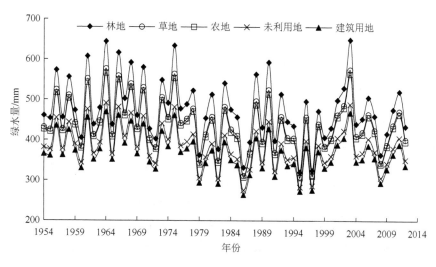

图 7.1　各土地利用类型绿水变化

人类的改造作用密切相关。因此，在未来的流域治理过程中，为了将更多的降雨转化为绿水，要加强林、草和梯三项水土保持措施，从而更加有利于南小河沟流域内生态系统的恢复。

7.2.2　地貌类型

在径流小区中选取其中两块刺槐样地，坡向分别是阴坡和阳坡，用来分析不同地貌下绿水资源量的变化，样地基本情况如表 7.7。

表 7.7　南小河沟流域刺槐样地基本情况表

植被类型	位置	土壤质地	坡向	胸径/cm	最大冠幅/cm	株高/cm	土壤容重/（g/cm³）	田间持水量/%
刺槐	杨家沟	粉壤土	阴坡	19.1	138.8	416.2	1.59	18.82
刺槐	常青山	粉壤土	阳坡	61.4	286.0	904.6	1.56	19.05

根据式（2.3），利用两样地的径流系数，结合 2012 年 4～10 月实测降雨量资料可以计算出两样地生长季各月绿水量，结果见表 7.8。

表 7.8　南小河沟流域 2012 年 4～10 月不同坡向刺槐林生长季月绿水量　（单位：mm）

月份	阳坡			阴坡		
	绿水总量	绿水流	绿水储存	绿水总量	绿水流	绿水储存
4	43.40	40.95	2.45	34.72	31.45	3.27
5	106.60	112.95	-6.35	85.28	80.89	4.39
6	58.90	62.33	-3.43	47.12	48.70	-1.58
7	96.40	91.24	5.16	77.12	74.51	2.61

续表

月份	阳坡			阴坡		
	绿水总量	绿水流	绿水储存	绿水总量	绿水流	绿水储存
8	110.20	123.06	-12.86	88.16	92.14	-3.98
9	74.70	71.22	3.48	59.76	58.02	1.74
10	23.00	21.49	1.51	16.00	14.77	1.23
合计	513.20	523.24	-10.04	408.16	400.48	7.68

根据绿水的定义，绿水包括绿水流和绿水储存两部分，其中，绿水储存为土壤储水变化量。土壤储水量是衡量土壤水资源量的指标之一，指某时刻植被潜在可利用深度以上，单位面积土壤柱体所含有的土壤水体积，用以度量土壤水的多少，记为 W_p，以 mm 表示（马玉霞，2009）。土壤储水量并不是静止不变的，它是一个动态变化的过程，土壤储水量能通过植物蒸腾和土壤蒸发过程耗损，而降雨入渗又可以补充土壤储水量以维持其动态平衡（陈晓燕，2010）。植被状况对土壤储水量具有重要的影响，不同的植被类型具有不同的蒸腾耗水强度、植被覆盖度等，即使为同一类型植被，树龄的不同也会导致土壤储水特征的差异。同时，土壤储水量的多少也会直接影响植被的生长，当降雨不能满足植被生长需求时，植被根系便从土壤中吸收水分用于其生长或蒸腾耗水，此时土壤储水量就会转化为植物耗水量。当土壤储水量长时间得不到降雨补充而只用于消耗时，土壤储水便会出现亏缺状态，土壤储水亏缺对植被生长不利。因此，研究不同地貌及植被类型的土壤储水量特征有利于分析其土壤储水亏缺与补偿恢复情况，进而选出适生植被与土壤水分相协调，为该区植被的重建与恢复提供一定的理论依据。土壤储水量的计算公式如下：

$$W_i = 10w_i r_i h_i \tag{7.2}$$

$$W_p = \sum W_i \tag{7.3}$$

式中，W_i 为第 i 层土壤储水量（mm）；w_i 为第 i 层土壤含水率（%）；r_i 为第 i 层土壤干容重（g/cm³）；h_i 为第 i 层土壤的厚度（cm）。

利用已有的土壤含水率、容重数据，可求得两样地 2012 年 4～10 月土壤储水变化量，即绿水储存量，从而可以计算出各月份的绿水流量，详细结果见表 7.8 和图 7.2。

表 7.8 为不同地貌类型绿水分离计算结果，可以看出，阳坡刺槐比阴坡刺槐绿水总量多了 105.04 mm，绿水流量多了 122.76 mm，但是绿水储存量阳坡比阴坡少了 17.72 mm，这是因为阴坡接受的太阳辐射较弱，温度较低，而阳坡太阳辐射较强，蒸发蒸腾作用强，所以阳坡绿水总量和绿水流量比阴坡大，同时，阳坡土壤储水量消耗较高，因此绿水储存比阴坡少。通过分析还可以发现，阴坡土壤储水量变化幅度不大，阳坡土壤储水量变化较剧烈，阴坡土壤储水量相对较稳定，这也说明了阴坡土壤水分的优越性，更有利于高耗水植被的生长。

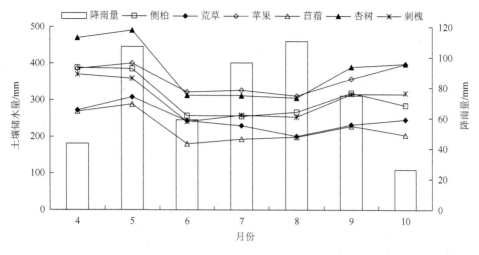

图 7.2 不同植被类型土壤储水量的季节变化

7.2.3 土壤储水量的季节变化

1. 不同植被类型土壤储水量的季节变化

对不同植被类型 2012 年 4～10 月 0～100cm 土层土壤储水量平均值进行分析（图 7.2），可以看出，不同植被类型土壤储水量随季节呈"凹"字形曲线变化，6～8 月土壤储水量最低。不同植被类型土壤储水量也有所不同，整体表现为果树土壤储水量最大，苜蓿最小，具体表现为杏树>苹果>侧柏>刺槐>荒草>苜蓿，这表明在同样气候条件情况下，苜蓿生长过程中所需的水量大于其他植被类型。

从土壤储水量与降雨量的关系可知（图 7.2），各植被生育期时，土壤储水量的季节变化与降雨量的季节性相一致，南小河沟流域的降雨呈现雨热同期，夏季降雨占全年降雨量的较大部分，生长季初期 4 月、5 月植被耗水量较小，此时降雨补充土壤水分增加土壤储水量，6 月、7 月降雨量相对减少，同时植物蒸腾耗水增大，导致土壤储水量减小，8 月降雨量大于植被耗水量，土壤储水量逐渐升高，生长季末期降雨强度虽然有所减弱，但是同时植被耗水量明显减小，土壤储水量一直呈上升趋势。

2. 不同树龄植被土壤储水量的季节变化

第 4 章已经介绍过植被的树龄对其土壤水分具有很重要的影响，本小节从不同树龄植被土壤储水量的季节变化角度出发，研究不同树龄对土壤储水量的影响，结合实际情况确定研究区内植被的适宜树龄。

对不同树龄油松和侧柏 2012 年 5～10 月土壤储水量进行分析，研究其土壤储水量的季节变化，具体出水量变化如图 7.3 所示，可以看出，10 年生油松和 35 年生油松土壤储水量具有相似的季节变化，均呈现先减小后增大的趋势：生长季初期土壤储水量最大，之后随着时间的推移逐渐呈下降状态，至 8 月达到最低值，这是因为油松作物在 7 月、8 月生长较为旺盛，生长过程中所需水增加，不仅如此，在夏季高温下，土壤水分蒸发较大，所以在降雨量较大的情况下，土壤含水率仍然较低，之后由于降雨量的增大且集中，土壤储水量逐渐升高，但至生长季末仍未达到生长季初的水平。整个生长季内 10 年生油松土壤储水量季节变化曲线始终位于 35 年生油松土壤储水量季节变化曲线之上，这说明 10 年生油松整个生长季土壤储水量均大于 35 年生油松，这也表明 35 年生油松在生长过程中所需水的水分大于 10 年生油松。

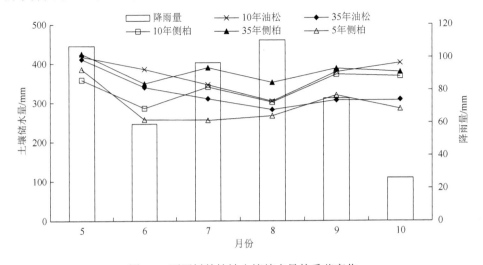

图 7.3　不同树龄植被土壤储水量的季节变化

不同树龄侧柏的土壤储水量季节变化与降雨的季节性较为一致，降雨量较小的 6 月，不同树龄侧柏土壤储水量均出现快速下降趋势而达到最低值，5 年生侧柏表现尤为明显，这说明低龄生的侧柏作物在生长季内需水量较大，容易受降雨量变化影响。随着 7 月降雨的增多，35 年生和 10 年生侧柏土壤储水量增大趋势明显，5 年生侧柏土壤储水量变化不明显，直到 8 月降雨结束后，才表现出快速上升的趋势，这是因为 5 年侧柏植株较小，覆盖度较小，林内表层无杂物覆盖，所以土壤蒸发量较大，5 年生侧柏的植被截留与 35 年生、10 年生侧柏也存在较大差异，这对土壤含水率的变化也起着一定作用。从土壤储水量季节变化曲线来看，35 年生和 10 年生侧柏储水量季节变化曲线呈"W"字形，而 5 年生侧柏储水量的季节变化曲线呈"凹"字形。整个生长季内，不同树龄侧柏土壤储水量的大小顺序为 35 年生侧柏>10 年生侧柏>5 年生侧柏，由此可以得出结论，就侧柏而言，树龄越大，其土壤储水量越大，反之，树龄越小，其土壤储水量也越小。说明树龄大的侧柏在该区域的适生性较好，对南小河沟流域土壤水分的保持有着更积极的作用。

7.3 土壤储水量的垂直变化

不同植被类型、不同树龄植被及不同地貌土壤水分的差异性导致了土壤储水量的差异性，下面从植被类型、树龄和地貌三个方面进行土壤储水量垂直变化的差异性分析。

7.3.1 不同植被类型土壤储水量的垂直变化

对不同植被类型 2012 年整个生长季 0～10 cm、10～20 cm、20～40 cm、40～60 cm、60～80 cm 和 80～100 cm 土层土壤储水量均值进行分析，研究各植被类型土壤储水量的垂直变化情况见图 7.4。整体来看，不同植被类型土壤储水量在垂直剖面上均表现为表层最大，并且随土层深度的不断增加呈波动下降的趋势，油松各土层土壤储水量随深度增加变化不明显。草地 0～100 cm 土层各土层深度土壤储水量均为最小，0～40cm 土层果树储水量大于林地，这是因为油松作物在生长过程中需水量较为稳定，对不同深度的土壤水含水率影响较小，因此，油松作物对于水土保持来讲效果较好。草地植被的土壤含水率个深度均小于其他作物是因为草地作物根系较短，需水量较其他作物较少，同时植被覆盖面积较小，在同样气候条件下，草地植被的土壤蒸发较大，因此土壤含量少。果树植被覆盖在生长过程中叶面蒸发小于林地，对土壤水的需求小于林地。40～100 cm 土层林地储水量大于果树地储水量，这一结论与果树地根系分布较浅而林地根系的分布较深的结果是一致的。

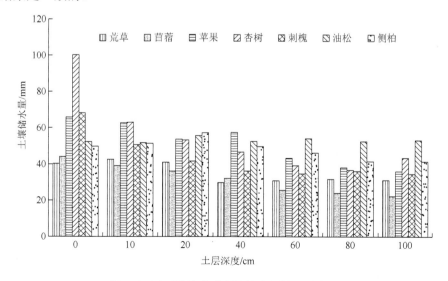

图 7.4　不同植被类型土壤储水量的垂直变化

综上分析可以看出，在南小河沟流域对于土壤水分保持可以利用不同植被结构组合，这对不同层次的土壤水分保持具有更好的效果。从各植被类型来看，草地类型中荒草的土壤储水量略大于苜蓿；果树地表现为：0～10 cm 土层苹果土壤储水量明显高于杏树地，而 20～100 cm 土层土壤储水量逐渐低于杏树储水量；不同林地 0～10 cm 表层土壤储水量大小顺序为：刺槐>油松>侧柏，20～100 cm 土层土壤储水量大小顺序表现为油松>侧柏>刺槐。

对不同植被类型整个生长季土壤储水量的亏缺变化情况进行计算分析，如表 7.9 所示。

表 7.9 南小河沟流域不同植被类型土壤储水量亏缺变化分析表

	土层深度/cm	荒草			苜蓿		
		储水量/mm	变化量/mm	亏缺量/mm	储水量/mm	变化量/mm	亏缺量/mm
草地	0	40.20	8.28	4.96	44.01	-18.75	10.75
	10	42.57	6.52	2.60	39.06	-4.75	15.70
	20	41.08	-2.26	30.20	36.14	-1.70	12.16
	40	29.80	-8.60	35.23	32.24	-4.24	36.02
	60	30.96	-20.90	42.93	25.56	-15.66	27.78
	80	31.74	-23.62	28.52	23.97	-19.70	33.53
	100	31.25	-20.93	21.90	22.32	-19.11	32.28
	平均值	35.37	-8.79	23.76	31.90	-11.99	24.03

	土层深度/cm	苹果			杏树		
		储水量/mm	变化量/mm	亏缺量/mm	储水量/mm	变化量/mm	亏缺量/mm
果树地	0	65.86	14.30	15.17	100.15	-15.02	-10.24
	10	62.67	10.26	18.36	63.08	0.11	26.83
	20	53.78	10.39	21.57	53.29	2.45	28.95
	40	57.51	8.04	26.82	46.69	-6.08	37.87
	60	43.30	-9.08	36.26	39.29	-16.79	28.72
	80	38.17	-16.27	27.39	36.75	-28.78	28.28
	100	36.06	-19.46	32.49	43.44	-27.04	28.57
	平均值	51.05	-0.26	25.44	54.67	-13.02	24.14

	土层深度/cm	侧柏			油松		
		储水量/mm	变化量/mm	亏缺量/mm	储水量/mm	变化量/mm	亏缺量/mm
林地	0	56.86	4.28	11.31	56.22	-4.25	31.92
	10	51.58	0.80	16.59	50.05	-4.18	38.10
	20	50.92	1.97	19.10	50.09	-2.44	6.69
	40	45.07	-0.33	23.11	45.37	-7.70	18.63
	60	40.71	-10.34	29.11	47.41	-9.66	6.01
	80	38.54	-18.75	31.59	48.83	-11.50	-8.09
	100	41.06	-20.99	29.18	51.28	-19.11	24.98
	平均值	46.39	-6.19	22.85	49.89	-8.41	16.89

由表 7.9 可知，不同植被类型土壤储水亏缺量的大小顺序整体表现为：果树地>草地>林地。其中首蓿和油松各土层生长季末土壤储水变化量均为负值，苹果土壤储水在 60cm 以下土层出现负变化，杏树和侧柏土壤储水的负变化出现在 40cm 以下土层，而荒草土壤储水变化量的负值出现在 20cm 以下土层，土壤储水变化量为负说明生长季末各植被土壤储水量低于生长季初土壤储水量，即土壤水分为亏缺状态。在草地植被类型土地利用方面，荒草出水量在各土层深度上均值为 35.37mm，首蓿作物植被覆盖类型土壤储水量均值为 31.90mm，而首蓿作物的亏缺量大于荒草作物，因此首蓿作物在南小河沟流域较草地作物绿水变化效果较差。杏树的土壤储水量均值为 54.67mm，苹果树的土壤储水量均值为 51.05mm，杏树的土壤水分亏缺量远远小于苹果树，但是二者差异较小，因此苹果树、杏树的植被覆盖类型在南小河沟流域对绿水变化造成的影响较大，侧柏作物植被覆盖的土壤储水量均值为 46.39mm，油松作物为 49.89mm，二者土地利用类型的水分亏缺相比果树较小。通过对比几种不同土地利用类型的土壤含水率，林地作物的储水量大于果树作物，也大于草地植被土地利用类型。土壤水分亏缺对流域的水土保持存在不利情况，因此在流域土地利用中，要综合考虑土地利用类型的组合或者植被覆盖类型不同，以保证植被正常生长情况下，对流域土壤储水量起到积极意义，要将土地利用的效率提高以满足不同的经济生活要求。不同植被类型土壤储水量的变化量在垂直变化上略显差异，草地土壤储水量在 80cm 处变化量最大，而果树地和林地土壤储水变化量在 100cm 处最大。不同植被类型土壤储水量在垂直剖面上的变异系数 C_v 分别为荒草 0.16、首蓿 0.26、苹果 0.23、杏树 0.40、侧柏 0.15 和油松 0.07，说明杏树土壤储水量垂直变化幅度较大，变化较剧烈，不同深度的土壤储水量相关性较强，其次为首蓿，而油松土壤储水量变异系数最小，说明油松土壤垂直剖面储水量的变化最不明显。这表明在南小河沟流域中，为了最大效率的达到土地利用，使得绿水资源丰富，油松作物植被覆盖条件下的土地利用对绿水的保持效果较其他作物较好，其次是首蓿作物覆盖土地利用类型，效果较差的是杏树作物植被覆盖土地利用类型。对不同植被类型土壤剖面储水量进行方差分析，结果表明不同植被类型土壤剖面储水量存在极显著差异。

7.3.2　不同树龄植被土壤储水量的垂直变化

对不同树龄侧柏 2012 年 5～10 月 0～10cm、10～20cm、20～40cm、40～60cm、60～80cm 和 80～100cm 土层土壤储水量进行分析，研究不同树龄植被土壤储水量的垂直变化情况，见表 7.10。整体来看，不同树龄植被土壤储水量在垂直剖面上随土层深度的不断增加基本呈逐渐下降趋势，除 10 年生侧柏外，其余树龄侧柏土壤储水量均表现为表层最大，在 80～100cm 处略有上升。35 年侧柏土壤垂直剖面上储水量均为最高，25 年生侧柏最低，5 年生侧柏 0～10cm 表层土壤储水量大于 10 年侧柏，而 10～100cm 土层土壤储水量小于 10 年生侧柏。

表 7.10　南小河沟流域不同树龄植被土壤储水量垂直变化

土层深度/cm	5 年生侧柏			10 年生侧柏		
	储水量/mm	变化量/mm	亏缺量/mm	储水量/mm	变化量/mm	亏缺量/mm
0	54.10	−18.20	23.25	49.77	18.56	18.10
10	53.09	−3.70	24.27	51.43	2.95	16.44
20	43.00	−3.37	23.87	57.31	2.65	17.80
40	41.65	−4.12	28.81	49.71	4.81	21.03
60	36.24	−18.39	44.81	46.29	7.36	25.82
80	37.28	−24.74	41.99	41.60	−6.64	29.16
100	42.82	−27.85	47.11	41.49	−20.21	23.32
平均值	44.03	−14.34	33.45	48.23	1.35	21.67

土层深度/cm	25 年生侧柏			35 年生侧柏		
	储水量/mm	变化量/mm	亏缺量/mm	储水量/mm	变化量/mm	亏缺量/mm
0	53.58	−1.98	5.96	69.97	18.74	−2.10
10	46.32	2.63	13.23	55.46	1.34	12.41
20	41.03	6.14	21.94	62.34	2.46	12.77
40	36.19	1.83	24.57	52.73	−3.83	18.01
60	32.12	−9.32	21.87	48.17	−21.02	23.94
80	31.21	−18.08	28.52	44.08	−25.54	26.68
100	32.59	−17.65	28.82	47.33	−18.26	17.48
平均值	39.01	−5.20	20.70	54.30	−6.59	15.60

对不同树龄侧柏整个生长季土壤储水量的亏缺变化情况进行计算分析可知，不同树龄植被土壤储水亏缺量的大小顺序整体表现为：5 年生侧柏>10 年生侧柏>25 年生侧柏>35 年生侧柏，从而得出结论：就侧柏而言，树龄越大，土壤储水亏缺量越小，反之，树龄越小，土壤储水亏缺量越大，亏缺量从 33.45mm 逐渐减小至 15.60mm，但是储水量由 44.03mm 增大至 54.30mm。这表明南小河沟林地土地利用侧柏植被覆盖下，侧柏树龄越大，对土壤水分的储存能力越大，但是需水量减少，因此树龄越大的侧柏植被，水分亏缺越小，对南小河沟流域绿水的存储效果较好。从土壤储水变化量来看，5 年生侧柏各土层生长季末土壤储水变化量均为负值，35 年生侧柏土壤储水在 40cm 以下土层出现负值，而 10 年生侧柏土壤储水变化量的负值出现在 80cm 以下土层，说明 5 年生侧柏土壤水分亏缺最严重，10 年侧柏仅 80~100cm 土层出现水分亏缺状态。5 年生和 10 年生侧柏土壤储水在 80cm 处变化量最大，25 年生和 35 年生侧柏土壤储水变化量在 100cm 处最大。不同树龄植被土壤储水量在垂直剖面上的变异系数 C_v 分别为 5 年生侧柏 0.16、10 年生侧柏 0.12、25 年生侧柏 0.22 和 35 年生侧柏 0.17，说明 25 年生侧柏土壤储水量垂直变化幅度较大，变化较剧烈，其次为 35 年生侧柏，而 10 年生侧

柏土壤储水量变异系数最小，说明其土壤垂直剖面储水量的变化最不明显。对不同树龄植被土壤剖面储水量进行方差分析，结果表明不同树龄植被土壤剖面储水量存在极显著差异，$F=4.75>2.48$，$p=0.002$，小于 0.01。

7.3.3 不同地貌土壤储水量的垂直变化

对不同地貌植被 2012 年 5～10 月 0～10cm、10～20cm、20～40cm、40～60cm、60～80cm 和 80～100cm 土层土壤储水量进行分析，研究不同地貌刺槐林土壤储水量的垂直变化情况，见表 7.11。从表中可知，阳坡刺槐的储水量随着土层深度的增加，其储水量由 68.28mm 降低至 34.54mm，沟道土地类型情况下刺槐利用下的储水量从 73.63mm 降低至 50.67mm，二者相较而言，阳坡的储水量下降较快，变化范围达到 49.41%，而沟道的储水量下降较慢，变化幅度为 31.18%，沟道土壤储水量明显高于阳坡土壤储水量，其亏缺量低于阳坡，阳坡条件下刺槐生长亏缺量从-4.49mm 逐渐升至 25.78mm，而沟道的刺槐生长亏缺量由-8.14mm 增长至 12.03mm，土壤储水量的垂直变化表现为随着土层深度的增大而逐渐减小，土壤储水亏缺量随着土层的加深而逐渐增大。沟道土壤储水亏缺量在 0～40cm 土层出现负值，阳坡表层土壤储水亏缺量为负值，亏缺量小于零，说明土壤水分大于田间持水量，表明该土层土壤水分没有出现亏缺。沟道土壤储水量的变异系数为 0.15（$p=0.05$），而阳坡土壤储水量的变异系数为 0.29，表明沟道土壤储水量较阳坡变化幅度不大，阳坡土壤储水量变化较剧烈，沟道土壤储水量相对较稳定，这也说明了沟道土壤水分的优越性，更有利于高耗水植被的生长。对不同地貌土壤储水量和亏缺量在剖面上的变化进行方差分析，结果表明不同地貌土壤储水量在剖面上存在显著差异，$F = 8.66>4.75$，$p <0.05$，不同地貌土壤水分亏缺量存在极显著的差异，$F = 12.34 > 4.75$，$p = 0.04$，小于 0.05。

表 7.11 南小河沟流域不同地貌刺槐林地土壤储水量垂直变化

土层深度/cm	阳坡			沟道		
	储水量/mm	变化量/mm	亏缺量/mm	储水量/mm	变化量/mm	亏缺量/mm
0	68.28	2.45	-4.49	73.63	-4.46	-8.14
10	50.65	8.35	13.14	68.71	6.28	-3.21
20	41.68	8.66	21.43	60.77	5.36	-0.24
40	36.26	3.46	13.99	63.33	4.44	-1.72
60	34.79	-18.86	24.25	57.63	3.33	0.88
80	36.16	-23.48	23.48	48.10	1.53	3.37
100	34.54	-21.08	25.78	50.67	-6.82	12.03

7.3.4　土壤水分有效性分析

土壤水分有效性是用于表征植被对土壤水分的利用程度和是否对植被生长造成水分胁迫的指标。土壤有效水量是灌溉决策的主要依据之一。田间土壤湿度不应高于有效水的上限，即田间持水量，也不应低于有效水的下限，即萎蔫系数；灌溉定额应根据土壤有效水的幅度和田间土壤有效水量之差确定。土壤中的水分并不能全部被植被生长所吸收利用，因此许多学者将土壤水分的有效性分为 4 个等级，即无效水、难效水、中效水和易效水，分级标准见表 7.12。

表 7.12　土壤水分有效性分级标准表

分级	无效水	难效水	中效水	易效水
土壤含水率/%	<25%田间持水量	田间持水量的 25%～60%	田间持水量的 60%～80%	>80%田间持水量

土壤所能供给植物的有效水量为田间持水量与凋萎系数之差，由于影响田间持水量及稳定凋萎含水率的因素很多，故土壤有效含水率的变化范围是一个常数。在田间，因地下水位深浅不一及剖面中层次不同，土壤有效含水率范围的数值应分层计算。

根据相关文献，南小河沟流域关于土壤水分的有效性划分标准主要是：无效水是指凋萎湿度（25%田间持水量）以下不能被植被利用的水分；难效水指的是生长阻滞含水率（田间持水量的 60%）以下至凋萎湿度之间的水分，根系吸收这部分水分时需消耗大量的能量，对植被的生长起阻滞作用；中效水指位于生长阻滞含水率和 80%田间持水量之间的水分；易效水指土壤含水率在田间持水量的80%以上的土壤水分，土壤水分达到这个范围时，土壤基质对这个范围土壤水分的作用力较小，土壤通气状况良好，根系活动旺盛，易于吸收利用土壤水分（易亮等，2009；张建军等，1994）。

依据表 7.12 中标准对不同植被类型生长季各月土壤水分进行有效性分析，结果见表 7.13，可以看出，生长季初期 4～5 月，杏树和刺槐土壤水分处于易效水状态，其余植被土壤水分均处于中效水状态，说明此时土壤水分易于被植物吸收利用。6 月降雨量较少，加之植被生长迅速，导致各植被土壤水分均处于难效水状态，7～8 月苹果和刺槐土壤水分处于中效水状态，其余植被土壤水分均进入难效水状态，进入生长季末期的 9～10 月，植被蒸腾耗水减少，除荒草、苜蓿和 5 年侧柏土壤水分仍处于难效水状态外，其余植被土壤水分已恢复至中效水状态。综合来看，苹果和刺槐在该区域具有较好的适生性。

表 7.13　南小河沟流域不同样地生长季土壤水分有效性分析

样地	项目	4 月	5 月	6 月	7 月	8 月	9 月	10 月
荒草	土壤含水率/%	14.07	15.87	12.54	11.84	10.38	11.98	12.71
	有效性	中效水	中效水	难效水	难效水	难效水	难效水	难效水
苜蓿	土壤含水率/%	13.97	14.97	9.40	10.00	10.28	11.80	10.52
	有效性	中效水	中效水	难效水	难效水	难效水	难效水	难效水
苹果	土壤含水率/%	16.01	16.57	13.12	13.47	12.77	14.65	16.31
	有效性	中效水	中效水	难效水	中效水	难效水	中效水	中效水
杏树	土壤含水率/%	17.92	18.67	11.95	11.81	11.58	14.72	15.12
	有效性	易效水	易效水	难效水	难效水	难效水	中效水	中效水
刺槐	土壤含水率/%	16.91	16.39	10.99	11.81	11.58	14.43	14.62
	有效性	易效水	易效水	难效水	难效水	中效水	中效水	中效水
25 年侧柏	土壤含水率/%	15.76	15.16	11.12	11.45	10.91	14.19	13.37
	有效性	中效水	中效水	难效水	难效水	难效水	中效水	中效水
5 年侧柏	土壤含水率/%	15.61	15.48	10.35	10.23	10.66	12.71	11.46
	有效性	中效水	中效水	难效水	难效水	难效水	难效水	难效水

对各植被类型 2012 年生长季 0～100cm 土层不同深度土壤水分进行有效性分析，结果如表 7.14 所示，可以看出，苜蓿、25 年侧柏和 5 年侧柏 10～20cm 土壤水分处于中效水状态，其余土层均处于难效水状态。荒草 10cm 土层土壤水分处于易效水状态，其余土层均处于难效水状态。苹果和刺槐 10～40cm 土层土壤水分均处于中效水状态，60～100cm 土层土壤水分处于难效水状态。杏树仅表层 10cm 土壤水分为中效水状态，其余土层为难效水状态。从有效水存在土层来看，荒草和杏树的有效水存在土层最浅，苹果和刺槐有效水存在较深。

表 7.14　南小河沟流域不同深度土层土壤水分有效性分析

样地	项目	10cm	20cm	40cm	60cm	80cm	100cm
荒草	土壤含水率/%	15.02	13.75	11.54	11.04	11.05	11.32
	有效性	易效水	难效水	难效水	难效水	难效水	难效水
苜蓿	土壤含水率/%	14.31	12.08	10.40	8.31	8.54	8.74
	有效性	中效水	中效水	难效水	难效水	难效水	难效水
苹果	土壤含水率/%	17.49	16.51	14.87	12.49	11.92	11.50
	有效性	中效水	中效水	中效水	难效水	难效水	难效水
杏树	土壤含水率/%	16.28	14.34	12.30	11.31	10.74	10.95
	有效性	中效水	难效水	难效水	难效水	难效水	中效水
刺槐	土壤含水率/%	15.75	13.63	11.71	10.27	10.11	10.10
	有效性	中效水	中效水	中效水	难效水	难效水	难效水

样地	项目	10cm	20cm	40cm	60cm	80cm	100cm
25 年侧柏	土壤含水率/%	15.44	13.77	12.20	10.76	10.84	11.08
	有效性	中效水	中效水	难效水	难效水	难效水	难效水
5 年侧柏	土壤含水率/%	14.18	12.88	10.88	10.88	10.92	11.26
	有效性	中效水	中效水	难效水	难效水	难效水	难效水

7.4 不同土地利用情景下的绿水评估

7.4.1 不同土地利用情景的构建

土地利用对水文过程及水资源评估有着重要的影响，包括径流、泥沙和蒸发等。这些水文要素的主要来源都是降雨，落到地面的雨水，以蒸发、径流和入渗的方式再分配，部分雨水以地面径流和地下径流的形式注入海洋，为看得见的液态水，另一部分则以蒸散发的形式返回大气，为看不见的气态水。土地利用的变化，改变了下垫面条件，对蒸发、入渗及径流等水文过程的发生都产生巨大影响，其中，土地利用的变化对蒸发的影响主要体现在，不同土地利用具有不同的植被覆盖度、叶面积指数等，从而影响流域的蒸发能力。

为研究土地利用变化对绿水资源量的影响，固定气象因子不变，即采用 1954～2012 年平均降雨数据不变，温度等气候因子也保持不变，建立多种不同土地利用情景模式，对南小河沟流域绿水资源量进行评估。

为了模拟不同土地利用下南小河沟流域绿水资源的变化，建立五种不同土地利用情景模式，分别为：①1954 年土地利用；②1969 年土地利用；③1980 年土地利用；④2000 年土地利用；⑤2012 年土地利用。不同土地利用代表不同的土地结构、植被覆盖度等。

7.4.2 不同土地利用情景下绿水模拟

采用 1954～2012 年多年平均降雨数据，保持土地利用和其他气象因子（温度、相对湿度和太阳辐射等）不变，分别对 5 种土地利用情景进行模拟，计算出各类土地利用情景下的绿水资源量，详细结果见表 7.15。

表 7.15　南小河沟流域不同土地利用情景下的绿水资源量

年份	降雨量/mm	绿水资源量/mm	土地面积/hm²				
			林地	草地	农地	未利用地	建筑用地
1954	546.8	446.1	83.5	1161.1	1773.1	610	2.3
1969	546.8	447.9	164	983.3	1960	512	10.7

续表

年份	降雨量/mm	绿水资源量/mm	土地面积/hm²				
			林地	草地	农地	未利用地	建筑用地
1980	546.8	453.1	482	756	1926.8	436.6	28.6
2000	546.8	450.7	362	609	2146	408	105
2012	546.8	459.4	947.4	536.9	1785.8	200.8	159.1

从表 7.15 中可以看出，当土地利用情景由 1954 年到 1969 年时，绿水资源量由 446.1mm 增加到 447.9mm，草地和未利用地面积在减少，但是面积比例处于绝对优势的农地在增加，绿水量也在增加，但是增加的幅度较小，此时林地面积由于过小，还未能对绿水量产生显著的影响；当土地利用情景由 1969 年到 1980 年时，虽然林地、农地和未利用地的面积分别以 2.10%、0.15% 和 1.34% 的速率在减少，但是林地的面积以 17.63% 的速率在增加，而绿水量也由 447.9mm 增加到 453.1mm，变化幅度较大，和林地面积的变化趋势一致，这说明在该阶段林地对绿水量已经产生了相当一定的影响；当土地利用情景由 1980 年到 2000 年时，绿水量由 453.1mm 减少到 450.7mm，这是由于林地、草地面积和未利用地面积在减少，其减少的幅度对绿水变化趋势的影响超过农地和建筑用地面积增加幅度对绿水变化趋势的影响；当土地利用情景由 2000 年到 2012 年时，虽然草地、农地和未利用地面积都在减少，然而该阶段林地面积在大幅度增加，因此绿水量也由 2000 年的 450.7mm 增加到 459.4mm。

综合这四个阶段，可以看出：除了第一阶段由于林地所占面积较小的原因之外，剩下三个阶段绿水的变化趋势和林地的变化趋势保持一致；而且，绿水的两个峰值点 453.1mm 和 459.4mm 都是出现在林地面积处于峰值点的年份：1980 年和 2012 年。这说明在南小河沟流域内林地对绿水的影响逐渐增大，其影响甚至开始大于其他任意土地利用类型，同时林地面积的变化趋势和绿水量的变化趋势将会继续保持一致。林地增加，植被覆盖度增加，蒸散发量也相应增加。根据水量平衡原理，蒸散发量与径流量是成反比的，蒸散发量的增加会引起径流量的减小。因此，林地的高蒸散发能力具有水源涵养的作用，同时也有调节径流的作用，南小河沟流域应以植树造林为生态修复的主要措施。

7.5　不同土地利用类型对绿水变化的贡献

以上内容定性分析了各类土地利用类型对南小河沟流域内绿水的响应，但如何定量求算各土地利用类型在水文变化过程中的影响一直是生态水文学界关心的问题，由于各土地利用类型间转化复杂，一种土地利用类型的变化必然引起其他土地利用类型变化，因此分离出每种土地利用类型对水文变化的贡献是相关研究的难点。林地作为南小河沟流域重要的土地利用类型，具有涵养水源、保持水土和固氮释氧等生态效益，故本节首先就森林植被对绿水的贡献展开讨论。

土壤、地形和植被等环境因素以及气象因素在空间上普遍存在变异性，从而导致了绿水在空间、时间分布的异质性。土壤水分异质性分布的描述依赖于对空间变异的表达。经典统计学用方差和变系数对土壤性质变异的描述，是建立在空间变量随机分布基础上的。对于随机性和结构性并存的土壤性质的空间分布，用地统计学方法更能有效地表达其空间变异特征。目前，地统计学方法已被广泛用来描述土壤水分及相关土壤性质的空间异质性。

在南小河沟流域的绿水影响因素研究中，关于绿水的变化主要涉及土壤储水量的变化规律，在不同土地利用类型中，林地、草地和农地占较大的影响。黄土高原沟壑区在不同植被覆盖类型时，其绿水的时间上变化容易在极端情况下持续下去，在空间上容易扩展，尤其表现在流域内垂直的坡面上。在不同深度的土壤绿水研究中发现在坡面上层（<30 cm）和中上层（30～50 cm），其绿水均值倾向于分布在坡面中部的位置。然而在某些林地中土壤上层的绿水量处于极值。许多研究发现，代表流域内平均土壤水分状况的在位置上主要处于具有中间地形属性的部位，在黄土高原沟壑区在土地利用中草地的土壤水分均值点要高于农地，草地一般在 60～70cm 区域为坡面土壤水分平均值均值点，而农地的均值点要集中在坡面的 70～80 cm。

在林地和草地的绿水变化对比研究中发现，黄土高原沟壑区坡面绿水极小点主要分布在坡中和坡底，而绿水极大值主要分布在坡面顶部，这一结果与两个方面的因素有关。首先，土壤水分沿坡面的非线性变化可能导致代表性测点的分布变得复杂；其次，这一情况与植被对土壤水分的消耗有关。在土地利用早期，坡面上会种植林地和草地，由于坡面降雨和径流的坡底聚集效应，坡下部较坡上部水分条件好，位于坡底的植被早期生长较好，对于绿水的转变具有较大作用。随着生长年限的延续，坡底长势良好的植株消耗了更多的土壤水分，植被郁闭度增加到一定程度，坡面降雨不再产生径流，坡底土壤失去了先前水分聚集的优势，从而导致极干点出现在坡面中下部而极湿点出现在坡面上部。

但是在农地土地类型利用中可以发现，农地中绿水量的最大值和最小值同时出现在坡面顶部。这是因为南小河沟流域农地利用基本为年内种植且收割完毕，所以对于不同坡面位置的绿水量影响较小，农地作物根系的深度仅在土壤浅层，当降雨后，降雨和径流主要分布在下部较深层次的土壤中。撂荒地与农地各个深度的极湿点分布在坡面的不同位置，原因在于前者为自然恢复植被，生长季其盖度随恢复年限逐年增加，土壤对降雨的入渗能力逐年提高，后者坡面裸露时间较长，土壤蒸发强烈，降雨时经常产流。

综合考虑土地利用类型对水文循环过程的影响以及南小河沟流域土地利用变

化的特点，采用皆伐法（郑江坤，2011）评估土地利用类型对绿水的定量影响，具体操作方法为：以林地为例，假设皆伐整个流域内所有的林地，那么这就意味着在接下来计算绿水量的过程中，把林地的 w 值从 1.8 调整为 0，其他土地利用类型 w 值不变，保持各类型土地面积不变，模拟林地皆伐后各期的还原绿水量和减少的绿水量（鉴于未利用地和建筑用地的 w 值很小，对这两种土地利用的影响忽略不计）；然后利用以上皆伐原理分别计算草地和农地皆伐后减少的绿水量，最后加权计算出林地、草地和农地在土地利用对绿水变化的影响中所占比例。各土地利用类型对绿水变化定量影响的结果见表 7.16。

表 7.16 南小河沟流域各土地利用类型对绿水变化的定量影响

年份	实际绿水量/mm	林地			草地			农地		
		还原绿水量/mm	减少的绿水量/mm	绿水变化贡献率/%	还原绿水量/mm	减少的绿水量/mm	绿水变化贡献率/%	还原绿水量/mm	减少的绿水量/mm	绿水变化贡献率/%
1954	430.8	427.9	2.9	6.1	414.2	16.6	34.9	402.7	28.1	59.0
1969	431.2	425.6	5.6	12.0	419.4	11.8	25.3	401.9	29.3	62.8
1980	417.8	403.6	14.2	26.8	408.7	9.1	17.1	388.1	29.7	56.1
2000	410.0	398.6	11.4	22.0	400.9	9.1	17.6	378.7	31.3	60.4
2012	408.1	385.9	22.2	54.7	406.6	1.5	3.7	391.2	16.9	41.6
平均	419.6	408.3	11.3	24.3	410.0	9.6	19.7	392.5	27.1	56.0

由表 7.16 可知，南小河沟流域农地在所有土地利用类型中对绿水的影响最大，所占比例平均达到 56%；林地和草地对绿水的影响处于此消彼长的状态，林地自 1954 年以来逐渐递增，而草地在逐年减少，所占比例分别为 24.3%和 19.7%，同时可以发现在 2012 年，林地的贡献率达到了 54.7%，首次超过了农地，说明林地对绿水的影响逐渐占主导地位，这和 7.4 节所得出来的结论是吻合的。

南小河沟流域绿水变化不仅受不同土地利用类型的影响，也会受到土地利用后土壤属性改变的影响。土壤的水分与饱和导水率、容重具有显著相关关系，会引起土壤内水分变异，在大范围土壤和采样深度基础上，土壤饱和导水率模拟值对土壤水分平均相对偏差有显著的影响，同时在林地、草地、农地或建筑用地相互转换后，土壤容重会受到一定改变，同时容重是影响土壤水分平均相对偏差最重要的参数。

黄土区上层土壤水变化受降雨入渗补给、蒸散等因素影响，绿水水分变化剧烈，具有明显的季节性波动变化特征。不同的土地利用类型条件下绿水水分变化剧烈，具有明显的季节性波动变化特征。该层反映的是降雨的入渗深度以及土地利用条件下不同植被覆盖下当年的吸水深度，不同土地利用类型的降雨入渗深度不尽相同，林地为 0～20cm，草地为 0～180cm，农地为 0～120cm。降雨在入渗到土壤后，变成绿水的一部分，但是在入渗层以下难以有水分入渗补充，因此深层次的绿水随时间变化较小。林地中杏树等果树、苜蓿草地对不同深度的绿水变化影响较大，苜蓿草地在南小河沟流域其吸水深度超过 700cm，而杏树等果木林地影响范围接近 600cm，但是农地利用条件下对土壤中绿水的影响仅在 450cm 以内。果树林地、苜蓿深层绿水量随着年限的增加逐渐减少，农地作物因根系较浅，深层次绿水量在降雨补给下有所增加。

　　南小河沟流域土壤上层绿水量动态变化与当地降雨的季节性保持一致，因此在研究不同土地利用类型对绿水变化的贡献必须了解更深层次土壤水分变化规律。黄土高原沟壑区深层土土壤内绿水量亏缺现象是在气候干旱的环境背景下，不合理的土地利用导致地区土壤内绿水蒸发蒸腾消耗过大。随着地区内退耕还林、还草工程的实施，在未来一段时间内，土地利用类型将会发生较大改变，主要出现在草地面积、农地面积减少，但是建筑用地的持续增加会对土地利用结构类型改变造成一定不利影响。因此，必须依据当地土壤中绿水量情况进行土地利用结构的改变，选择合适的植被类型，控制合理的植被密度，土地利用方式的多元化，以对流域内绿水资源给予很好的保护和利用。

7.5.1　地形对土壤水分的影响

　　黄土高原沟壑区的土壤水分背景，由于黄土的独特沉积特性，在呈现明显的区域分异特征的基础上，在区域内部，又受到土壤入渗性能、地形部位、方位和坡度等的强烈影响。本小节拟在小观尺度下研究坡度、坡向、坡位及植被造成的土壤水分效应对径流的影响。相关试验小区基本情况表如表 7.17 所示。

表 7.17　南小河沟流域试验小区基本情况表

试验小区	位置	土地利用	土质	坡向	坡度	坡长（水平）/m	坡宽 m	面积/m²	微地形特征
常 12	常青山东咀东	一般农地	黄土	南	24°00′	8.5	3.6	30.5	直形斜坡
常 16	常青山北塬边	一般农地	黄土	东北	2°10′	20.0	5.0	100.0	直形斜坡
常 14	常青山咀西	一般农地	黄土	东北	12°21′	13.7	5.9	80.5	直形斜坡
常 17	张塔山沟头东	水平梯田	黄土	西	0°08′	38.0	21.4	8.1	平整
杨 6	杨家沟	杏树林	红土	北	22°12′	33.5	不规则	695	扇形凹坡
杨 9	杨家沟	刺槐林	黄土	西	34°10′	24.8	7.42	184	直形凹坡
李 1	李家台	紫花苜蓿	黄土	东北	8°00′	—	—	187	扇形台地
魏 9	魏家台	紫花苜蓿	黄土	西北	10°18′	—	—	126	直形斜坡
董 19	董庄沟	天然荒坡	红土	东北	27°31′	22.5	7.3	164	直形陡坡

1. 坡向对土壤水分的影响

　　黄土高原沟壑区除塬面外，就是山坡和沟谷，从坡向角度考虑包括阴山坡、阳山坡、阴面沟道和阳面沟道。在北半球，南坡为阳坡，北坡为阴坡。通过收集阴面沟道无林区、阴面沟道有林区、阴山坡无林区、阳面沟道无林区、阴山坡有林区和阳山坡有林区一年内各月的土壤水分资料，分析各小区的土壤水分优劣情况，并分析其原因。

通过对位于杨家沟内场号为杨 8 的径流场一年内的试验资料分析（其中有林区植被为多年生刺槐）后可知，土壤水分总体呈现在阴面沟道优于阳面沟道，在无林区平均高出 18.3%，尤其以 20cm 土壤含水率显著；阴山坡优于阳山坡，在有林区平均高出 16%，尤其以 100cm 土壤含水率显著，这主要是由于南北坡下垫面热力状况不同，导致蒸发量具有明显差异。南坡年辐射量大，气温、土温高，利于土壤水分蒸发，加上气温日差较差大，空气对流较北坡强烈，水分易随空气流动而扩散。据观测，南坡蒸发量可比平地高 1.5～4 倍。与南坡相比，北坡较为湿润，即使在夏季，较大坡度坡面的蒸发量也仅有平地的 70%～80%。阴面沟道，在降雨量大且集中的 8 月底到 10 月初时间段内，阴面沟道有林区优于阴面沟道无林区，在其他时间段内阴面沟道无林区优于阴面沟道有林区，这主要由于有林区水土保持措施良好，当雨量较大且集中时，能更多的蓄积水分，促进入渗，以此提高土壤含水率；当降雨量不多时，蒸散发就占主导地位，刺槐较无林荒草地的蒸散发量大，致使土壤含水率低。在同种植被措施下，整体上沟谷的大于坡面的含水率，这主要是地形所引起的蒸发量不同，坡面空气流通快，受力的影响更多，蒸发量大，而且坡面的微地形较沟谷更不易增加入渗量。

以 7 月中旬土壤含水率分布为例进行说明，由于各小区的包括三个影响因素，坡向、植被和地形，表现为阳坡、阴坡，有林、无林和坡面、沟谷。在整体上呈现阴面沟道无林区水分状况最高，其余水分状况依次为阴面沟道有林区、阴坡无林区、阳面沟道无林区、阳坡有林区、阴坡有林区（表 7.18），符合上述内容总结的阴面优于阳面（无林区）的特征。由于该时间段降雨不集中，刺槐林地的蒸腾作用将土壤水分用于树木的生长，故阴面沟道无林区优于阴面沟道有林区，阴坡无林区优于阴坡有林区，在地形方面，阴面沟道无林区优于阴坡无林区，阴面沟道有林区优于阴坡有林区。

表 7.18 南小河沟流域 7 月中旬不同坡向径流小区土壤含水率

土层深度 /cm	阳面沟道 无林区/%	阴面沟道 有林区/%	阴面沟道 无林区/%	阳坡 有林区/%	阴坡 有林区/%	阴坡 无林区/%
10	17.4	22.0	14.7	21.4	20.8	21.8
20	10.3	14.7	16.2	8.5	10.7	8.6
40	9.7	12.3	13.7	8.3	7.2	9.6
60	10.4	10.1	16.4	8.3	7.4	10.2
80	8.6	10.4	15.9	8.5	7.2	9.8
100	9.3	11.2	17.4	8.5	7.8	9.6
120	8.3	10.2	18.6	8.8	8.1	8.5

土层深度 /cm	阳面沟道 无林区/%	阴面沟道 有林区/%	阴面沟道 无林区/%	阳坡 有林区/%	阴坡 有林区/%	阴坡 无林区/%
140	7.7	12.0	17.3	10.4	7.6	9.4
160	8.2	13.3	9.7	8.7	8.6	9.1
180	14.3	13.9	12.7	9.9	13.0	8.9
200	8.8	13.7	14.9	10.8	11.1	9.5
平均	10.3	13.1	15.2	10.2	10.0	10.5
排序	4	2	1	5	6	3

2. 坡度对土壤水分的影响

坡度对土壤水分的影响主要通过农地和林地径流小区的资料进行分析。对于位于塬面、坡面和沟道不同坡度的农地径流小区，利用 SPSS 软件统计分析 1 年内 5～9 月不同土层深度的均值、变异系数、偏度和峰度等，并进行聚类分析，掌握坡度对农地土壤水分的影响，并分析适宜农业种植的合理地形。同时根据坡面上的不同坡度的农地和林地的次降雨径流系数和平均产沙量，分析坡度对产流产沙的影响。

1）土地坡度概况

塬面上的坡度一般在 1°～3°，是农业生产和村庄的基地，占流域总面积的 56.9%。坡是塬与沟谷之间的缓坡地带，从形态和地理年份上说，可视为残存的老沟谷，占流域总面积的 15.7%，坡度一般在 10°～30°，一部分为农耕坡地，一部分为林地和牧荒地。沟谷即新沟，是由塬面汇集起来的水流向沟谷冲切侵蚀塬边土壤逐渐发育而成，其形状在支沟多呈"V"字形，在主沟多呈"U"字形，侵蚀剧烈、破碎、陡峭，坡度一般在 40°～70°，占流域总面积的 27.4%，陡坡多是牧荒地，沟坡中部多为 25°～30° 的坡耕地。

2）农地径流小区

南小河沟流域农地在塬面、坡面和沟道均有分布，但土壤水分状况差异很大坡度是最要的影响因素，除此以外，还有海拔高度带来的降雨量的差异，土壤质地的差异等。以南小河沟农地试验小区常 12、常 16 和常 17 同一年生长期的土壤水分环境进行对比分析，试验小区介绍见表 7.19，其中，常 16、常 12 种植玉米，常 17 种植小麦，分别为塬面，坡面和沟道的农地代表性径流小区。可以看出，土壤水分环境整体上表现为以下特点，即沟道优于塬面优于坡面，变异系数从大到小依次为坡面、塬面和沟道，从峰度值来看，沟道不同土层的变化范围在-0.86～2.7，说明观测值围绕中心点的扩展程度小，数据的分布峰形比正态分布更尖锐，坡面和塬面的值分别为-1.16～0.52 和-1.16～0.63，峰度值偏小，数据越分散，土壤水分变化越剧烈。

表 7.19　南小河沟流域不同农地的土壤水分统计特征值

样地	深度/cm	序号	均值/%	均值的标准误差/%	最小值/%	最大值/%	极差/%	标准差/%	变异系数	偏度	峰度
塬面常 16	0	1	14.41	1.88	0.96	28.88	27.93	8.83	0.61	-0.12	-1.16
	20	2	16.46	1.43	5.90	31.70	25.81	6.71	0.41	0.65	-0.15
	40	3	13.79	0.87	8.78	24.32	15.54	4.08	0.30	0.72	0.45
	60	4	12.25	0.69	7.91	18.71	10.80	3.23	0.26	0.67	-0.64
	80	5	10.63	0.55	5.85	16.81	10.96	2.56	0.24	0.63	0.63
	100	6	11.08	0.56	5.29	16.93	11.64	2.65	0.24	0.07	0.25
坡面常 12	0	1	14.96	2.00	0.86	29.94	29.08	9.38	0.63	-0.30	-1.16
	20	2	16.00	1.20	6.06	24.97	18.92	5.64	0.35	-0.14	-1.07
	40	3	13.46	1.08	6.32	22.42	16.10	5.06	0.38	0.48	-1.09
	60	4	13.01	0.96	6.41	22.28	15.87	4.52	0.35	0.55	-0.71
	80	5	11.15	0.55	6.18	15.34	9.16	2.57	0.23	0.01	-0.86
	100	6	9.97	0.53	4.43	15.47	11.04	2.49	0.25	0.15	0.52
沟道常 17	0	1	16.92	16.92	3.02	30.44	27.42	8.30	0.49	-0.45	-0.86
	20	2	18.25	18.25	11.16	28.11	16.95	4.33	0.24	0.39	-0.07
	40	3	17.85	17.85	14.49	23.64	9.15	2.65	0.15	0.92	-0.24
	60	4	16.75	16.75	10.66	27.15	16.50	3.50	0.21	1.13	2.70
	80	5	15.01	15.01	3.05	21.52	18.48	4.09	0.27	-1.02	2.37
	100	6	14.66	14.66	3.94	20.52	16.59	3.74	0.26	-1.29	2.18

　　通过对各小区内土壤水分状况进行聚类分析（图 7.5），可以看出，沟道分层的土壤水分大于塬面，大于坡面。在单纯考虑地形方面，沟道的土壤水分含量多，变幅小，水分环境最好，有利于农作物生长，其次是塬面，坡面的水分环境最差，变幅大不利于作物生长。

　　在同种种植条件下，坡度越陡，土壤水分环境越差，由此土壤水资源越少，主要原因是坡度越陡，越利于径流的产生。径流具有两种属性：一是灾害性，二是资源性。将坡面径流就地入渗贮存于土壤中，是化害为利的一种有效形式。朱显谟院士提出的"土壤水库"问题，就是千方百计地增加土壤入渗使坡面径流变成植物可以利用的有效水分被土壤保持住。土壤水库面大量广，总的蓄水量十分可观，此外，还可以通过径流聚散工程网络，有序地将汛期的坡面径流拦蓄在贮流设施中，除化害为利，还可作为贮用补灌。

　　对于坡面上的农地，应通过采取农业水土保持的整地措施（如水平梯田），提高雨水利用率。但是，沟道面积较小，太阳辐射较弱，不利于大面积种植和作物的光合作用，对产量有极大的影响。同时，沟道的生物群落复杂，容易发生病虫害、鸟害和鼠害等，故在实际工作中，大面积发展塬面的粮食种植，是有科学依据，且合理可行的。同时，在沟道进行淤地坝建设，在汛期起到减水减沙作用。

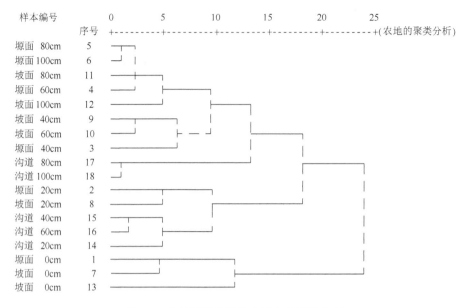

图 7.5　农地不同位置的土壤水分聚类分析

3）产流产沙分析

以农地代表小区常 12、常 14 和林地代表小区杨 6、杨 9 的 28 次降雨径流事件的实测数据，分析坡面上不同农地和林地的径流泥沙情况，结果如图 7.6 和图 7.7 所示。可以看出，在坡度较缓的农地的径流系数和次降雨的平均含沙量累计值是明显高于位于陡坡的林地，可见，在黄土高原沟壑区坡地进行农业耕作，不利于水土保持，在实际工作中不宜采用。

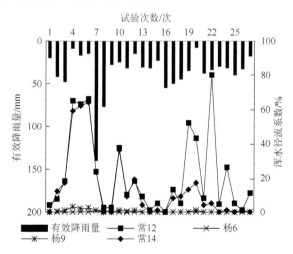

图 7.6　南小河沟流域农地、林地次降雨径流系数变化图

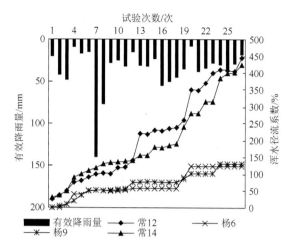

图 7.7　南小河沟流域农地、林地次降雨平均含沙量累计图

坡度较大农地径流小区的常 12，在 18 次降雨事件以后的径流系数突然增大，且变化复杂，是由于当年未来及种植农作物，使其荒草丛生，径流系数变化剧烈，故在此之后与相同土地利用下的常 14 出现明显差异。常 12、常 14、杨 9 和杨 6 的平均径流系数分别是 0.19、0.14、0.0076 和 0.0013。再次说明在相同土地利用下坡度越缓，径流系数越小，土壤水分环境越好，水土保持措施效果越良好。在降雨事件中，林地次降雨的平均含沙量的累计图常常是水平线，表示降雨未产生冲刷，斜率越大，说明增长越快，次冲刷量越大，四小区顺序依次为常 12>常 14>杨 9>杨 6，与径流系数的关系一致。

3. 坡位对土壤水分的影响

在黄土高原沟壑区坡陡沟深，水土流失十分严重，坡长一般为 100～200m，甚至更长。随着黄河水土保持生态工程的大面积实施，黄土高原荒山荒坡得到规模化绿化，主要种植苗木有侧柏、油松等。在同一坡度条件下，不同坡位因拦截降雨量不同及热量分布不均，土壤含水率空间分布差性异很大。根据南小河沟流域阴坡集水造林、普通造林和荒山三种立地类型的试验资料，分析坡位和立地类型的土壤水分效应。其中集水造林选在李家山，普通造林选在杨家山，荒山造林选在杨家山。试验点造林规范，成活率和保存率较高，地形地貌类似，具有较好的对比试验条件。

每种试验处理从沟底往上每隔 5m 取一个试验点，共取 21 个试验点，高差为 100m，每个试验点分别在 2004 年 3 月下旬、7 月中旬、11 月中旬和 2005 年 4 月中旬、6 月上旬分别测定 10cm、20cm、40cm、60cm、100cm、150cm 和 200cm 共 7 个深度的土壤含水率。绘制 2004 年 3 月下旬和 7 月中旬不同立地条件下，土壤平均含水率随坡位的变化曲线，如图 7.8 所示。

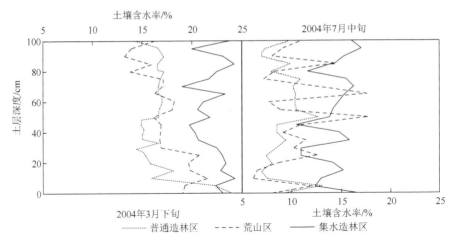

图 7.8　不同立地条件下坡位对土壤含水率的影响

　　由图 7.8 可以看出，土壤含水率沿不同高差的坡面呈不规则锯齿状向上延伸，而且有减小趋势，三种立地条件下，土壤含水率交错变化。在自然环境下，坡面的地形条件变化多样，不同位置对降雨的响应各异，同时不同高差处植被的根系也有相应的影响。由于 3 月下旬测量前无降雨，沿坡面波动小，而在 7 月下旬测量前有大暴雨发生，致使土壤含水率锯齿形变化幅度较大。同时可以看出，在所测时间内不同立地条件下土壤含水率变化依次为集水造林区、荒山区和普通造林区，在右侧图可以看出，荒山区坡面上对暴雨的响应更明显，而集水造林区能改变这种状况，同时提高水分的利用效率。

7.5.2　整地方式对土壤水分的影响

　　整地过程使土壤的结构改变，疏松土壤，加厚活土层，使林木的根系有较大的伸展空间。同时整地后的小地形，使周围的土壤向整地穴内聚积，可以促进土壤中的养分积累，改善了土壤的肥力状况。工程措施通过改变地形而缩短径流线、提高入渗和减小径流量等加强降雨就地拦蓄和入渗，从而使土壤含水率显著提高。根据南小河沟流域阳坡造林区的实际情况，采用合理的整地方法，可以提高雨水利用率，改善造林地的立地条件，增强土壤的抗旱保墒能力，提高苗木的成活率和保存率，并另其生长旺盛。

　　表 7.20 为 2003 年和 2004 年两年不同整地方式下的耗水参数对比，可以看出，菱形蓄水效果最好，其次依次为"V"字形、等高埂、半圆形土堤、水平阶、鱼鳞坑和对照组；不同处理下的树木成活率和增长率也是以菱形最高，其次依次为"V"字形、等高埂、半圆形土堤、水平阶、鱼鳞坑和对照组。从表中还可以看出，在治理效果好的同时，投入成本也随之增高。在实际施工过程中应根据林木的经济价值，选择相应的整地方式，一般水平阶和鱼鳞坑整地形式用于黄土高原坡地

常规造林，菱形和"V"字形对一些经济林建设、高耗水树种或高档苗木较为适用（赵安成等，2006）。

表 7.20　南小河沟流域不同整地方式下的各参数对比表

类型	耗水量/mm		干径增长率/%	树高增长率/%	成活率/%	单株投入/元
	2003 年	2004 年				
水平阶	572.61	462.17	30.49	12.05	90.24	1.54
半圆形土堤	558.49	449.73	36.25	14.80	90.77	2.32
等高堤	557.69	448.65	38.82	15.14	93.23	1.68
鱼鳞坑	592.45	470.13	25.58	9.42	89.91	0.83
"V"字形	556.26	446.29	40.91	16.93	93.81	2.51
菱形	551.03	444.80	44.83	18.58	97.37	2.74
对照组	623.19	485.77	21.84	7.74	78.41	0.00

7.5.3　集水面的化学处理对土壤水分的影响

在 2002～2004 年，西峰水土保持科学试验站人员进行了集水面不同化学处理的试验研究。王斌等（2006）通过对不同处理方法在典型时间蓄水区 0～200cm 土壤含水率变化、耗水规律、生长量和投入的对比分析，优选出合适的处理方法。本小节主要分析 2004 试验区域不同处理方法下土层贮水量随时间的动态变化，同时结合侧柏生长量和投入费用，从另一个角度对比分析出合适的集水面处理方法。

在 2002 年 8 月采用水平阶整地方式将坡度 15°的阳坡整修成长 3.0m、宽 2.0m 的集水区和长为 1.0m、宽为 2.0m 的蓄水区，集蓄比为 3∶1，单株侧柏苗木集蓄小区为 8.0m²。该试验对集流面铲除草皮拍光压实后，分别采取：①喷甲基硅酸钠（处理①）；②喷 RG-100C1 型高分子乳液（处理②）；③喷 3F 克渗王防水剂（处理③）；④掺 3F 克渗王防水剂（处理④）；⑤撒水泥并喷水（处理⑤）；⑥自然坡面（CK）等 6 个处理。2002 年 9 月在每个蓄水区栽植 1 株 2 年生侧柏苗，通过每年 3 次观测蓄水区的土壤含水率，重复 5 次，采用烘干法处理土样，有关测土层次数据如表 7.21，每年年底测定侧柏树苗的成活率、保存率、年生长量和资金投入等。

表 7.21　南小河沟流域侧柏苗木集蓄小区各测土土层有关指标

项目	测土层次						
	1	2	3	4	5	6	7
测土深度/cm	10	20	40	60	100	150	180
土层范围/cm	0～15	15～30	30～50	50～80	80～125	125～175	175～250
土层深度/cm	15	15	20	30	45	50	75
土壤容重/(g/cm³)	1.22	1.30	1.27	1.17	1.18	1.22	1.33

1. 各种处理措施对 2.5m 土层贮水量的影响

在相同整地形式和气象条件下，采取不同的保水剂处理方法进行试验，由此分析试验时间段内 2.5 m 深土层，在 2003 年 6 月 20 日到 2004 年 10 月 28 日，五种处理方法和对 II 试验下需水量的动态变化，如图 7.9 所示。可以看出，土层贮水量的变化在整体上呈现四个阶段：①冬季土壤水分相对稳定阶段，主要集中在头年 12 月至次年 3 月上旬，这段时间降雨量很少，同时气温低，土壤冻结后土壤水由液态变成固态，土壤水分处于相对稳定状态。②春季土壤水分损耗阶段，本阶段为 3 月中旬至 6 月下旬，期间降雨较少，气温回升迅速、相对湿度低导致土壤蒸发加剧，土壤贮水量急剧减少。③夏季土壤水分恢复阶段，由于雨期主要集中在 7 月、8 月和 9 月上旬，土壤水分以恢复过程占主导地位，到本阶段末 2.5m 土层的储水量可增加 100～300mm，使土壤含水率接近田间持水量水平。④秋季土壤水分消退阶段，在 9 月中旬至 11 月下旬，气温明显降低，降雨开始减少，但土壤蒸发缓慢。

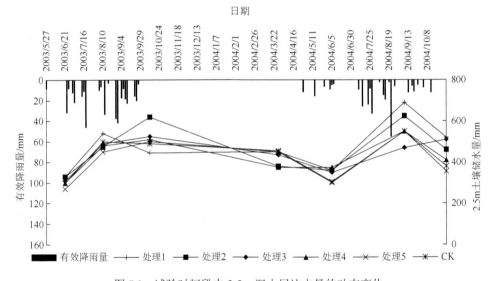

图 7.9 试验时间段内 2.5m 深土层注水量的动态变化

在相同的整地形式和气象条件下，利用 5 种不同处理方法处理集流面以后，体现出不同的集水效果。由于 2004 年土层贮水量变化明显，各处理方法正常发挥作用，故以 2004 年资料分析集水效果，如表 7.22。处理①在土壤水分恢复和消退阶段最能体现保水措施的优势，在 9 月初和 10 月底，比对照条件下的土层贮水量分别增加 117.1mm 和 183.8mm；处理②在土壤水分消退阶段起到减缓作用，10 月底时比对照条件下的土层贮水量增加 111.2mm，在土壤水分快速蒸发阶段初没有对照处理的效果好，但整体集水效果比对照处理好；处理③在土壤水分消退阶段具有优势，10 月底时比对照条件下的土层贮水量多 165.6mm，土壤水分恢复阶段效果很差；当改变施用方式时，即处理④，在土壤水分恢复阶段没有起到作用，而在消退阶段效果不显著，且这两种方法在快速蒸发阶段效果良好，能够抑制蒸发，但在雨期不能达到很好的集水效果；处理⑤对照试验基本无太大差别，效果不理想。

表 7.22 南小河沟流域 2004 年 2.5 m 土层各处理方法与对照试验贮水量差值表

日期	与对照试验相比 2.5m 土层贮水量差值/mm					
	处理①	处理②	处理③	处理④	处理⑤	对照
2004-03-26	6.46	−27.7	−26.20	−59.30	−1.9	0
2004-06-10	57.54	66.89	51.78	70.85	−6.4	0
2004-09-04	117.10	44.85	−89.40	0.00	−5.6	0
2004-10-28	183.80	111.2	165.60	66.77	19.3	0

2. 不同措施下的效益分析

1）生态效益

在分析了 5 种利用化学药剂在集水区处理方法对土壤水分的影响的同时，考虑集水区不同处理下蓄水区侧柏苗的两年生长量，结果如表 7.23。因为前两种处理方法能显著加快苗木的生长，也正好证明了以上对土壤水分的动态分析的有效性，前两种处理方法能最大限度地利用雨水资源，促进林木生长，而后三种方法苗木的高度增长量不及对照苗木，不宜采用。在干旱区大力开展植树种草，恢复植被是防止水土流失，保护生态环境的重要措施。在无灌溉条件下，为改变成活率低、保存率低的现状，利用集雨技术改变降雨的空间分布方式，汇集地表径流，补充树木生长所需的水分，采取不同的整地措施，如鱼鳞坑、水平阶地反坡梯田、扇形和"V"字形等整地方法，同时还可使用现代的防渗材料，如塑料薄膜、喷洒化学药剂。就大面积的荒山坡地而言，水泥、油毡、沥青和覆膜集水面的大面积推广处理，有可能改变区域的水热循环，造成生态环境的变化，因此利用新型、高效、低价和无污染的化学材料是可行且有效的方案。

表 7.23 南小河沟流域各处理方法下侧柏两年的增长量和单株资金投入值

项目	处理①	处理②	处理③	处理④	处理⑤	对照
苗高增长量/cm	42.75	42.25	27.20	19.65	22.90	23.30
干径增长量/cm	1.45	1.08	0.14	1.06	1.34	1.02
单株资金投入/元	5.57	8.27	11.27	11.27	4.87	2.87

2）经济效益

对于前两种化学处理而言，两年的苗高增长量比对照分别高 83.48% 和

81.33%，证明在荒山造林中对集流面处理，能提高集水效率，显著加快苗木的生长。在资金投入方面，该试验的集水区、蓄水区均是在 15°的坡面上整修的，整修水平阶和铲草皮拍光压实，投入的劳务都是一样的，只是处理的材料价格不同，造成投入不同。建一株苗木 8m² 集蓄小区，处理①投入为 5.57 元，处理②投入为8.27 元，处理③投入为 11.27 元，处理④投入为 11.27 元，处理⑤投入为 4.87 元，对照处理的投入为 2.87 元。很明显看出，处理③和④投入资金高且效果不佳，不具有推广意义，处理⑤投入资金低，对侧柏生长没有很好的辅助作用，经济效益差。处理①和处理②效果明显，且由于前者投入少，更具有广泛应用的前景。

7.5.4 不同土地利用的土壤水分效应分析

选取南小河沟流域 4 个代表性地类（包括适宜耕作的塬面农地常 16，坡面林地杨 9，坡面人工草地魏 9 和坡面荒草地董 19），由 1981～1991 年实测径流场土壤含水率数据，分析其土壤水分效应。利用 SPSS 统计分析，不同土地利用的土壤水分垂向分布的差异性；同时绘制 1m 土层土壤贮水量的皮尔逊III型频率曲线，分析各个月份下 20%、50% 和 75% 设计频率下的 1m 土层土壤贮水量的设计值（表 7.24）。

表 7.24　南小河沟流域 5～9 月多年土壤含水率的统计特征表

土地利用类型	土层深度/cm	均值/%	均值的标准误差/%	最小值/%	最大值/%	极差/%	标准差/%	变异系数	偏度	峰度
塬面农地	0～20	14.33	0.66	3.30	45.10	41.80	7.32	0.51	1.63	4.19
	20～40	11.92	0.54	2.80	45.75	42.95	6.01	0.50	1.98	8.05
	40～60	11.82	0.69	1.90	51.00	49.10	7.70	0.65	2.86	11.20
	60～80	11.21	0.72	3.40	56.60	53.20	7.97	0.71	3.61	16.75
	80～100	12.76	0.62	4.40	34.00	29.60	6.93	0.54	1.11	0.61
	0～100	12.41	0.45	4.80	37.40	32.60	5.02	0.40	1.32	4.15
坡面林地	0～20	14.84	0.39	1.60	32.67	31.07	6.41	0.43	0.33	-0.67
	20～40	13.38	0.34	3.67	30.53	26.86	5.47	0.41	0.51	-0.64
	40～60	12.73	0.34	4.07	32.33	28.26	5.52	0.43	0.92	0.52
	60～80	12.05	0.31	4.26	30.24	25.99	5.00	0.41	1.01	0.84
	80～100	11.50	0.28	3.83	28.60	24.77	4.61	0.40	1.28	1.60
	0～100	12.90	0.28	4.64	29.10	24.46	4.59	0.36	0.63	-0.19
坡面人工草地	0～20	14.38	0.47	1.60	47.16	45.56	6.71	0.47	0.78	1.77
	20～40	13.77	0.42	3.20	35.80	32.60	6.04	0.44	0.73	0.63
	40～60	12.58	0.36	2.33	27.20	24.87	5.15	0.41	0.44	-0.38
	60～80	11.87	0.31	2.90	31.10	28.21	4.49	0.38	0.63	0.56
	80～100	11.94	0.35	1.30	47.00	45.70	4.99	0.42	1.93	10.75
	0～100	12.91	0.30	4.82	26.06	21.24	4.29	0.33	0.21	-0.64

续表

土地利用类型	土层深度/cm	均值/%	均值的标准误差/%	最小值/%	最大值/%	极差/%	标准差/%	变异系数	偏度	峰度
坡面荒草地	0～20	16.15	0.38	1.02	46.30	45.28	6.97	0.43	0.39	0.35
	20～40	16.35	0.33	3.10	42.50	39.40	6.63	0.41	0.40	0.21
	40～60	16.18	0.32	0.80	40.10	39.30	6.49	0.40	0.36	0.27
	60～80	16.46	0.31	3.91	42.50	38.59	6.29	0.38	0.49	0.64
	80～100	16.58	0.33	0.20	58.20	58.00	6.56	0.40	0.91	4.50
	0～100	16.37	0.28	3.29	40.08	36.80	5.72	0.35	0.26	0.10

1. 土壤水分的差异性分析

1）不同土地利用下的土壤水分垂向差异性分析

选取南小河沟流域 4 个代表性小流域进行分析,包括适宜耕作的塬面农地长16,坡面林地杨 9,坡面人工草地魏 9 和坡面荒草地董 19。根据 1981～1991 年实测径流场土壤含水率数据,对 5～9 月 0～20 cm、20～40 cm、40～60 cm、60～80 cm、80～100 cm 和 0～100 cm 土层土壤水分特征值进行统计分析,结果见表 7.24。从1m 土层的土壤含水率平均值来看,坡面荒草地最好,其次为坡面人工草地、坡面林地和塬面农地,由此数据可以反应出荒草地对降雨的响应最大,其次是坡面人工草地、坡面林地,最后是塬面农地。在多年平均的条件下,消除了降雨的丰、平、枯的影响,土壤水的状况与植被种植和地形影响有关,可以看出在人工种植下的林地,草地和农地的土壤水分状况明显小于荒草地,在适当的地形条件下,可致力于植被的自然恢复,既节约成本,又起到了水土保持作用。在相同的坡面种植林地和人工草地时,尽管林地的蒸腾量远远大于草地,但土壤水分条件几乎相同,是由于林地一般是林草混合地,水土保持效果好,径流系数小,降雨入渗量多,而草地的径流系数相对较大。由于农地在 5～9 月的降雨已经满足作物的生长,而增加的土壤水分主要是用在第二年 3～4 月,且塬面地势平坦,径流系数大,土壤水分变化不明显,应加强水土保持措施,来保证作物产量。

从不同土层的极差来看,坡面荒草地土壤水分的变化范围最大,坡面林地不同土层土壤水分变化范围最小,说明荒草的适应性强,而林地存活必须在一定条件下的土壤水分环境。从变异系数看,塬面农地变异系数范围在 0.50～0.71,坡面荒草地变异系数范围在 0.38～0.43,坡面林地变异系数范围在 0.36～0.43,坡面人工草地变异系数范围在 0.33～0.47,体现了不同植被的特性,林地的土壤水分相对稳定,而荒草地的土壤水分变化范围广,同时由于农作物生长期根系吸水作用,塬面农地 60～80 cm 的变异系数大,而其他地类土壤水分受表层的降雨和蒸发的影响较大,故在表层的变异系数较大。

从偏度和峰度来看,塬面农地在 60～80 cm 达到最大。其余代表性土地,垂直向下呈增长趋势，在 80～100cm 都达到了最大值，说明土壤水分垂直运动向下时，变化的整体趋势越集中，植物根系的吸水作用使得土壤水分垂直分布在 80～100 cm 处较大且集中，与 1m 土层内 80～100cm 处植被根系发育最强烈相一致，而农地的根系相对较浅主要分布在 60～80cm 处。

2）不同林地的土壤水分差异性分析

主要分析经济林和刺槐林的土壤水分差异性。以南小河沟流域林地试验小区进行对比分析，杨 6 坡度为 22°12'的杏树林，杨 9 坡度为 34°10'的刺槐林，在植被和整地方式相同情况下，缓坡的土壤水分环境优于陡坡的土壤水分环境。通过对比种植经济树种的缓坡和种植抗旱树种陡坡的土壤含水率的数据可以发现，陡坡的垂直平均土壤含水率较缓坡高出 10%左右，而在 7 月底到 9 月初，降雨量多而集中时，陡坡的垂直平均土壤含水率较缓坡高出 30%～70%（图 7.10）。

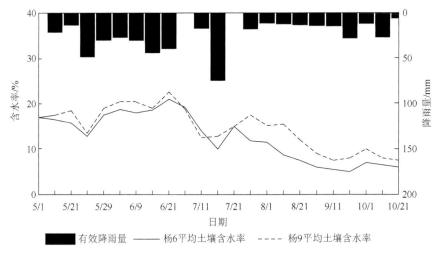

图 7.10　林地坡度对土壤水分的影响

由此说明刺槐林地较杏树林地的土壤水分环境好，水土保持效果好。故在种植经济林时，应充分考虑是否满足生长，并采取相应的工程措施来满足存活和生长的需要。在无法改变坡度的情况下，为充分利用降雨资源，提高入渗水量，应致力于通过不同的整地形式，实现集水造林，在提高水分利用效率的同时防治水土流失，或者采用滴灌等农业措施，来满足果树生长和经济发展的需求。对于沟壑区，降雨直接影响了土体的稳定性，雨量较大时，可能直接发生滑坡、崩塌现象，在这种地形条件下，仅采取保护性措施，还未布设径流小区对重力侵蚀进行长期的试验观测。

2. 浅层土壤水资源的分析

从 5～9 月不同土地利用的浅层土壤水资源的统计参数可以看出，在整体 5～9 月浅层土壤水资源量从大到小依次为：荒草地、人工草地、林地和塬面农地，与上面分析的 4 种土地利用下的垂向土壤水分效应相吻合（表 7.25）。变异系数 C_v 的大小反映了浅层土壤水资源在多年中的变化情况，由于原生植被的荒草地适应降雨量多变的各种环境，最大限度的蓄积降雨和减少损失，而塬面农地结构单一，生命力脆弱，容易引起水土流失，故荒草地的 C_v 值较塬面农地 C_v 值小，在比较林地和草地时，由于林地蒸散发能力远远大于草地，浅层土壤水资源的变化大，故林地的 C_v 值较草地的大。根据频率分析结果可以得到 5～9 月不同土地利用在各频率下的浅层土壤水资源的设计值（表 7.26）。

表 7.25　南小河沟流域 5～9 月土地利用的浅层土壤水资源的统计参数

月份	均值				变异系数 C_v			
	塬面农地	荒草地	人工草地	林地	塬面农地	荒草地	人工草地	林地
5	164	261	168	168	0.53	0.23	0.24	0.27
6	137	232	169	157	0.40	0.32	0.38	0.33
7	128	217	148	144	0.50	0.35	0.33	0.30
8	149	232	167	156	0.46	0.28	0.36	0.40
9	150	246	171	153	0.36	0.27	0.3	0.40

表 7.26　南小河沟流域 5～9 月不同频率 1 m 土层土壤储水量设计值

	塬面农地			坡面林地		
重现期 T	50d	20d	13d	50d	20d	13d
设计 P/%	20	50	75	20	50	75
5 月设计值/mm	214	136	110	204	164	132
6 月设计值/mm	183	134	94	200	153	115
7 月设计值/mm	180	124	84.5	179	140	110
8 月设计值/mm	199	136	96	203	146	105
9 月设计值/mm	195	148	100	198	143	104
	坡面人工草地			坡面荒草地		
重现期 T	50d	20d	13d	50d	20d	13d
设计 P/%	20	50	75	20	50	75
5 月设计值/mm	201	166	148	307	251	218
6 月设计值/mm	220	165	114	292	225	186
7 月设计值/mm	188	114	99.4	279	212	145
8 月设计值/mm	217	163	115	286	230	180
9 月设计值/mm	214	170	116	302	245	199

7.6　本 章 小 结

（1）各植被土壤储水量的季节变化与降雨量的季节性相一致，随季节呈"凹"字形曲线变化，6～8 月土壤储水量最低。不同植被类型土壤储水量也有所不同，整体表现为果树土壤储水量最大，苜蓿最小，具体表现为杏树>苹果>侧柏>刺槐>荒草>苜蓿。不同植被类型土壤储水亏缺量的大小顺序整体表现为：果树地>草地>林地。不同树龄侧柏土壤储水量在垂直剖面上存在极显著差异，随土层深度的不断增加基本呈逐渐下降趋势。土壤储水亏缺量的大小顺序整体表现为：5 年生侧柏>10 年生侧柏>25 年生侧柏>35 年生侧柏。土壤储水量在剖面上存在显著差异，沟道土壤储水量明显高于阳坡土壤储水量，其亏缺量低于阳坡。储水量与储水亏缺量的垂直变化表现为随着土层深度的增大而逐渐减小对不同植被类型生长季各月土壤水分以及 0~100cm 土层不同深度土壤水分进行有效性分析，得出苹果和刺槐在该区域具有较好的适生性。

（2）绿水资源的分析表明，不同植被类型绿水量随时间的变化规律大体一致，均呈"M"字形趋势变化，在 5 月和 8 月都达到峰值，6 月为最低值。从绿水流量来看，荒草的绿水流量最大，果树地次之，而林地绿水流量最小。不同植被类型蒸腾耗水量随季节呈单峰型式变化，8 月达到峰值，6~8 月绿水高效消耗量最大，10 月蒸腾耗水量最小。

（3）各土地利用绿水的年际变化不均，一般在 300~600mm，其中，林地绿水量最大，草地、农地和未利用地次之，建筑用地最小。在不同地貌条件下，阳坡绿水总量和绿水流量比阴坡大，但绿水储存量较小。在不同土地利用情景下，绿水的变化趋势和林地的变化趋势大致保持一致，林地对绿水的影响逐渐增大，逐渐有超过农地的趋势。在不同时期，总体上来讲，农地在所有土地利用类型中对绿水的影响最大，所占比例平均达到 56%；林地自 1954 年以来逐渐递增，而草地在逐年减少，所占比例平均分别 24.3%和 19.7%。在 2012 年时，林地的贡献率达到了 54.7%，首次超过了农地，说明林地对绿水的影响逐渐占主导地位，林地面积的变化逐渐成为绿水变化的主要影响因素。

参 考 文 献

陈晓燕, 2010. 大青山前山区主要植被类型土壤水分动态和植被承载力研究[D]. 呼和浩特: 内蒙古农业大学硕士学位论文.

马玉霞, 2009. 黄土高塬沟壑区土壤水资源与土地利用的耦合研究[D]. 西安: 西安理工大学硕士学位论文.

王斌, 刘文宏, 李怀有, 2006. 高塬沟壑区集水造林新材料试验研究[J]. 甘肃科技, 22(10): 208-211.

易亮, 李凯荣, 张冠华, 等, 2009. 黄土高原人工林地土壤水分亏缺研究[J]. 西北林学院学报, 24(5): 5-9.

张建军, 吴斌, 朱金兆, 等, 1994. 晋西黄土残塬沟壑区水土保持林地土壤水分有效性的研究[J]. 北京林业大学学报, 16(4): 59-65.

赵安成, 1994. 陇东黄土高原沟壑区典型小流域治理模式剖析[J]. 水土保持研究, 1(1): 45-49.

赵安成, 李怀有, 宋孝玉, 2006. 黄土高塬沟壑区水资源调控利用技术研究[M]. 郑州: 黄河水利出版社: 133-140.

郑江坤, 2011. 潮白河流域生态水文过程对人类活动/气候变化的动态响应[D]. 北京: 北京林业大学硕士学位论文.

第8章　绿水对气候变化的响应

气候变化是指气候状态在长时期内的变化，主要表现在降雨、温度等气候要素在不同时期内的统计量差异。这种统计量包括气候平均值和离差值两种，差异则指平均值和离差值的一种或两种随时间的不同发生显著变化。平均值的变化表明气候平均状态的改变，而离差值则表示气候状态的不稳定性，离差值越大，气候异常越明显。气候变化对水文水资源的影响主要体现在气温、降雨、空气湿度、太阳辐射及风速等气候因子的变化对径流、蒸散发以及土壤水的形成过程的改变，主要通过气温和降雨的变化直接或间接地影响到水资源的变化。气温的变化可影响积雪与冰川的融化过程，并且使植物蒸腾、地表水蒸发等发生改变，直接或间接地影响水资源评估。降雨是水资源的主要补给源，对水资源的变化影响有着决定性的作用，降雨的多少直接决定产流、土壤蓄水、植物蒸散总量的多少。降雨的时空分布规律也影响着年际或年内水资源的分布规律。

南小河沟流域地处黄土高原沟壑区，其河川径流主要靠降雨补给。在全球气候变化的背景下，过去几十年内呈现出以干热化为特征的显著的区域变化，降雨减少和温度升高及极端降雨事件增多，这必然会改变流域下垫面植被覆盖和水文循环过程，引起水资源的数量变化和时空重新分布，从而影响当地社会经济发展，并要求生态环境建设和流域管理进行适应性的调整战略。

气候变化对绿水的影响主要体现在降雨变化和气温变化两方面，本章将参考研究区域的历史气候变化，对流域内降雨、气温对绿水的响应规律进行分析研究。

8.1　黄土高原沟壑区气候变化分析

近年来全球气候变化剧烈，IPCC 第五次全球气候变化报告指出，近 30 年地表气温可能是过去 1400 年来最高，降雨减少而极端降雨增加。气温和降雨的变化，会对植被生长环境产生影响，从而影响植被的生长周期、分布及覆盖程度，进而影响生态系统物质能量转换和碳循环。因此，对全球和区域尺度的气候变化研究，是近年来全球变化研究中的热点问题。由于黄土高原地理位置和人文因素的特殊性，许多学者对黄土高原气温和降雨变化进行了研究。大多数研究侧重于降雨量的变化，也有部分学者综合分析了温度和降雨的变化。结果表明，黄土高原自 20 世纪 50 年代到 2000 年温度显著增加而降雨显著减少，并指出，黄土高原 1956～

2008 年年降雨量呈显著减少趋势，1961～2010 年年均气温增加了 1.91℃，降雨量下降了 29.11mm。一些学者也指出黄河流域（包含黄土高原）平均气温自 20 世纪 50 年代中期或 60 年代开始增加，而降雨量有所下降。上述研究多集中于对 20 世纪 50 年代到 21 世纪初黄土高原地区气温和降雨进行研究，而 20 世纪 80 年代至今的研究较少，全面细致的理解与卫星监测植被生长相对应时期黄土高原的气候变化情况可更好的理解气候变化机制，为研究植被与气候的关系提供理论支撑。

8.1.1　研究方法

目前，研究气候变化的方法较多，在不同地区和地形条件下诸多方法也体现了不同的适应性，其中典型的包括气候周期性变化的小波分析、多分频率分析、基准期的模型方法、时间序列分析法、Mann-Kendall 突变性检验、滑动 t 检验和最大熵谱分析等方法。

1. 小波分析

小波分析（Wavelet Analysis）理论由研究者 Morlet 为了弥补时域分析和频域分析在时间和频率上的缺陷于 20 世纪 80 年代提出。小波分析的提出，为研究地学时间序列问题提供了更好的科学方法，近年来被广泛应用到大气科学、水科学、生态学及遥感科学领域。小波分析通过平移或伸缩小波函数来分析时间序列，以便描述非平稳时间序列的趋势性、周期性、突变性及多尺度性（不同时间尺度的趋势变化）。

小波分析的基本思路是将某一信号在不同时间和空间尺度上分解为一系列基本函数，这一系列基本函数是通过母小波 $\psi(t)$ 在尺度轴的伸缩及时间轴的平移而构成。小波基函数公式为

$$\psi_{a_s,b}(t) = \frac{1}{\sqrt{a_s}} \psi\left(\frac{t - b_p}{a_s}\right), \quad a_s > 0, \quad -\infty < b < \infty \tag{8.1}$$

式中，a_s 是缩放因子，调整小波的周期，对应于频率信息；b_p 是平移参数，决定小波的位置，反应时间轴上的平移，对应于时空信息（a_s，$b_p \in R$ 且 $a_s \neq 0$）；母小波 $\psi(t)$ 解译时间域上不同的信号和周期，并分析信号不同尺度的变化。

通常，母小波为满足以下两个条件的任意函数：

$$\begin{cases} \int_{-\infty}^{+\infty} \psi(t)\, \mathrm{d}t = 0 \\ \int_{-\infty}^{+\infty} \psi(t)\, \mathrm{d}t = 1 \end{cases} \tag{8.2}$$

由上面这两个条件可以看出，母小波函数一般以有限的宽度在 0 值附近呈波态小幅震荡，这也是小波名称的由来。在实际应用中，母小波还需满足可容许条件。这一属性允许使用连续小波变换重建函数。

对于给定的在时间维上的真值函数 $f(t)$，其连续小波变换公式为

$$W(a_\mathrm{c}, b_\mathrm{p}) = \int_{-\infty}^{+\infty} \bar{\psi}(t) f(t) \mathrm{d}t = \frac{1}{\sqrt{a_\mathrm{c}}} \int_{-\infty}^{+\infty} \bar{\psi}_{a,b_\mathrm{p}} \left(\frac{t - b_\mathrm{p}}{a} \right) f(t) \mathrm{d}t \qquad (8.3)$$

式中，$\bar{\psi}$ 是母小波的复共轭；$W(a_\mathrm{c}, b_\mathrm{p})$ 表示与每一个尺度 a_c 对应的一组和 b_p 相关的不同位置的系数，是连续小波变换的结果。对于特定的尺度参数 a_0 和位置参数 b_0，有一个特定的系数。如果在 b_0 附近的信号频谱分量与尺度 a_0 定义的缩放因子一致，那么小波系数值则相对较大。这种现象也发生在其余 a_c，b_p 组合（如其他基函数），使信号可以分解到时间尺度空间。这使得小波变换可以有效地评估这种尺度随时间的变化。

连续小波被离散化后进行信号处理，即是离散小波变换（discrete wavelet transform，DWT）。对于一组 N 个观测值的离散变量 $f(t_i)$，$i = 1, \cdots, N$，式中 $t_i = t_0 + i\Delta t$，t_0 是一个偏移量，Δt 为采样间隔。DWT 一般采用二进小波作为小波变换函数，即使用 2 的整数次幂进行变换（$a_\mathrm{c} = 2^j$）。对于一个给定整数，$b_\mathrm{p} = k2^j$，k_d 为位置指数，取值从 1 到 $2^{-j}N$，通常表示小波基向量非 0 部分出现的位置。信号分辨率为尺度因子 a_c 的倒数 $1/a_\mathrm{c} = 2^{-j}$，j 为分解层数。分解层数 j 越低，时间尺度 a 越短，能访问到更小更精细的信号成分。分解层数取值从 0 到 j，j 为使用的总尺度数目，与第 j 层数据相关的物理尺度 $s_j = \Delta t 2^j$。综合上述分析，可以得到离散小波基为

$$\psi_{j,k}(t) = 2^{-j/2} \psi(2^{-j}t - k_\mathrm{d}) \qquad (8.4)$$

进而 $f(t)$ 的 DWT 系数可表示为

$$\psi_{j,k}(t) = W(2^j, k_\mathrm{d}2^j) = 2^{-j/2} \int_{-\infty}^{+\infty} f(t) \overline{\psi(2^{-j}t - k_\mathrm{d})} \, \mathrm{d}t, j = 0,1,\cdots, k_\mathrm{d} \in Z \qquad (8.5)$$

然后使用 DWT 用小波系数 W_j，k_d 对信号进行重建，公式为

$$f(t) = \sum_{j=-\infty}^{\infty} \sum_{k=-\infty}^{\infty} W_{j,k_\mathrm{d}} 2^{-j/2} \psi(2^{-j}t - k_\mathrm{d}) \qquad (8.6)$$

将小波系数的平方值在时空信息 b_p 上积分，得到小波方差，公式为

$$\mathrm{Var} = \int_{-\infty}^{+\infty} \left| W(a, b_\mathrm{p}) \right|^2 \mathrm{d}b_\mathrm{p} \qquad (8.7)$$

小波方差描述了信号波动随尺度 a_c 的分布，可用来确定不同尺度信号波动的强弱程度和存在哪些主要时间尺度（主周期）。

2. 气候倾向率时间序列分析法

采用时间序列分析法分析气象因子的年际变化趋势，主要指标为气候趋势系数和气候倾向率（刘兆飞等，2011）。气候趋势系数 r_{xt} 为 n_a 个时刻（年）所对应的要素序列与自然数列 $1, 2, \cdots, n_\mathrm{a}$ 的相关系数：

$$r_{xt} = \frac{\sum\limits_{i=1}^{n_a}(x_i - \overline{x})(i - \overline{t})}{\sqrt{\sum\limits_{i=1}^{n_a}(x_i - \overline{x})^2 \sum\limits_{l=1}^{n_a}(i - \overline{t})^2}} \tag{8.8}$$

式中，n_a 为年数，x_i 若是第 i 年要素值，$\overline{x}$ 为其样本均值，$\overline{t} = (n_a + 1)/2$。通常使用 t 检验法检验气候趋势是否显著。

气候倾向率是将气象要素的趋势变化用一次线性方程表示，即：$\hat{x}_t = a_0 + a_1 t$，$t = 1, 2, \cdots, n$。式中，$\hat{x}_t$ 为气象要素拟合值；$a_1 \times 10$ 为气候倾向率，它表示气象要素每 10 年的变化率。

8.1.2　降雨周期分析

大气降雨是陆地水资源的主要补给来源，地表水资源总量与降雨量大小成正相关。降雨也是绿水资源的最主要来源，在我国西北地区降雨量的变化对当地农业以及黄土区的植被覆盖有重要的影响。我国北方整体的降雨变化特征不能代表具体流域的降雨变化趋势，中小流域的水土保持工作和农业生产受区域内降雨的影响要远大于总体的降雨影响，南小河沟流域降雨的变化规律见 3.1 节的内容。

周期是指事物在运动变化的发展过程中，某些特征反复出现，其连续两次出现所经历的时间（王红瑞等，2010）。在流域水文循环中的降雨、径流和蒸发等过程都存在一定的周期性，但这里的周期不像数学上的周期函数那样有规律。对降雨来说，由于多种因素的影响，降雨周期并不固定，还有随机因素的影响（王双银等，2008）。降雨周期研究的方法有：波谱分析（杨秋明，2009）、周期图分析（郭新宇等，2001）、小波分析（王燕等，2009）、灰色理论周期分析（冯新建，2001）、方差分析与多元回归分析（杨长登，1998）。

小波分析目前是国际研究的热点，完美地将纯粹数学和应用数学结合起来，是对傅立叶分析的突破，可同时分析时域和频域，具有"数学显微镜"的美誉（王文圣等，2002）。小波分析可分为连续小波变换（continuous wavelet transform，CWT）、离散小波变换（DWT）和多分辨率分析（multi-resolution analysis，MRA）等（王文圣等，2005）。

对降雨等水文时间序列 $f(t)$ 进行连续小波变换（CWT），其形式为

$$W_f(a_c, b_t) = |a_c|^{-1/2} \int_{-\infty}^{+\infty} f(t) \overline{\psi}\left(\frac{t-b}{a_c}\right) dt = \langle f(t), \psi_{a_c, b_t}(t) \rangle \tag{8.9}$$

离散形式为

$$W_f(a_c, b_t) = |a_c|^{-1/2} \Delta t \sum_{k=1}^{N} f(k\Delta t) \overline{\psi}\left(\frac{k\Delta t - b_t}{a_c}\right) \tag{8.10}$$

$$\psi_{a_c,b_t}(t) = |a_c|^{-1/2} \psi\left(\frac{t-b_t}{a_c}\right) \tag{8.11}$$

式中，a_c 为尺度因子，反映小波的周期长度；b_t 为时间因子，反映时间上的平移；$W_f(a_c,b_t)$ 为小波变换系数；$\psi_{a_c,b_t}(t)$ 为分析小波，是由 $\psi(t)$ 伸缩和平移而成的一族函数；$\overline{\psi}(t)$ 为小波函数 $\psi(t)$ 的复共轭；Δt 为取样时间间隔；$\langle f(t), \psi_{a_c,b_t}(t)\rangle$ 为降雨等水文序列函数 $f(t)$ 和分析小波的内积。

利用小波分析法研究降雨序列变化时多采用墨西哥帽小波（Mexican Hat 小波，又称 Mexhat）（王澄海等，2012）和 Morlet 小波（刘兆飞等，2011），其形式分别为式（8.12）和式（8.13）（王文圣等，2005）。

$$\psi(t) = (1-t^2)e^{-t^2/2} \tag{8.12}$$

$$\psi(t) = e^{-iw_0 t}e^{-t^2/2} \tag{8.13}$$

式中，w_0 为常数。墨西哥帽小波是高斯函数二阶导数的负数，其傅立叶变换为

$$\hat{\psi}(w) = \sqrt{2\pi}w^2 e^{-w^2/2} \tag{8.14}$$

又因为：

$$C_\psi = \int_{-\infty}^{+\infty} \frac{|\hat{\psi}(w)|^2}{|w|}\mathrm{d}w = 0 < \infty \tag{8.15}$$

所以满足允许性条件。当满足允许性条件时，对于信号的连续小波变换可进行无信号损失的逆变换，从而恢复原始信号。

Morlet 小波傅立叶变换为

$$\hat{\psi}(w) = \sqrt{2\pi}e^{-(w-w_0)^2/2} \tag{8.16}$$

只是在 $w_0 \geq 5$ 时近似满足允许性条件。

在用小波分析法分析降雨等水文序列变化时，在边界部分会产生较大误差，称为边界效应（Torrence，1998）。该效应对研究长时间序列变化以及边界上的降雨变化特征是十分不利的。产生边界效应的原因是所取得的降雨序列资料是有限的（Zheng，2000）。相对于整个降雨序列来说取得的降雨资料只是其中的一个样本，通过样本研究整体，并不能完全精确描述整体的性质。通过扩展资料长度减小边界效应的影响是较好的方法，Torrence 等（1998）用"0"将资料结尾进行扩展，Zheng（2000）则通过非线性模型（LSTSA）在资料开始与结尾处同时扩展。针对降雨序列资料的扩展方法主要有零边界法、对称延伸法、相似延伸法和趋零延伸边界法等。目前，国内研究降雨所取得的资料长度大多在 50～60 年，大部分地区长系列资料难以获得，个别地区可通过历史文献记载获得较长的降雨序列资料。

降雨量是一个随时间随机变化的量，通过分析降雨量可能存在的周期，可以较好的估计未来降雨量。降雨序列周期方法有多种，有较为严格的数学方法也有用图形表示的目估判别法。其中小波分析是属于严格的数学方法。目前比较常用

的小波基函数有 Mexhat 小波和 Morlet 小波。相比于 Morlet 小波，Mexhat 小波符合容许性条件，而且 Mexhat 小波为实数函数，没有复数。

将南小河沟流域 1951~2012 年的年降雨资料进行距平化处理，得到图 8.1。对图 8.1 进行分析可知，原始降雨序列和距平后的序列变化仍然不明显，仅从这张图中不能看出降雨序列的周期。小波分析的输入信号为距平后的序列。因为距平信号可使降雨序列的波动更加明显，更便于发现降雨序列的周期。而且距平值为原始值与平均值的差，因此距平信号的周期与原始信号的周期是一致的。

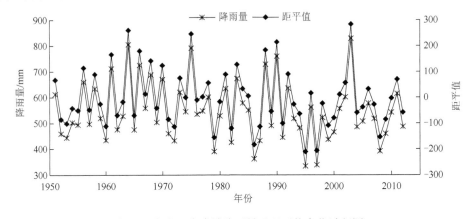

图 8.1　南小河沟流域降雨量及距平值变化过程图

对距平信号进行 Mexhat 小波变换后得到其变换系数图（图 8.2）。由图 8.2 可以看出，降雨偏多的年份在 1970 年左右，近 20 年（1990~2012 年）降雨偏少。在 $a_c = 4$ 和 $a_c = 20$ 左右处有较为明显的波动变化，降雨序列的周期可能出现在这两处。对小波系数进行方差分析，得到图 8.3。从图 8.3 可知该降雨序列含有 3 年和 21 年的周期。

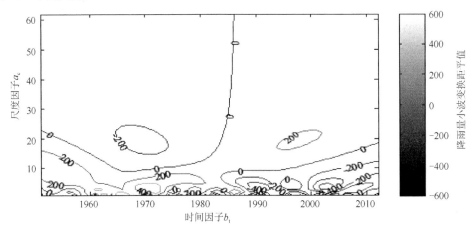

图 8.2　南小河沟流域降雨量 Mexhat 小波变换系数时频分布

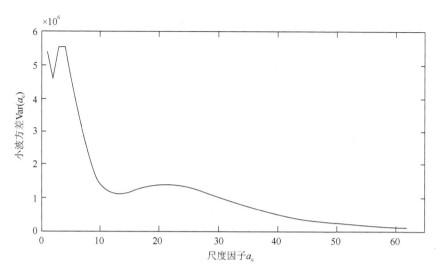

图 8.3　南小河沟流域降雨量小波变换方差

8.1.3　温度变化规律

1. 气温逐年变化规律

据统计，1951～2005 年平均气温为 8.48℃，在统计期中，年均气温和年最低气温随着时间呈线性增加趋势，线性相关系数分别为 0.5907 和 0.6805，显著性水平超过 0.001（55 个样本的相关系数的临界值为 0.1618）。年最高气温与时间的非线性拟合达显著水平，1975 年以后，年最高气温逐渐升高。55 年间西峰气温呈明显上升趋势，年平均气温以每 10 年 0.14℃的速度增加，其中春、夏、秋、冬各季的平均气温分别以每 10 年 0.143℃、0.118℃、0.138℃和 0163℃的速度增加，冬季增温最明显。年份际间的增温幅度以 20 世纪 90 年代最为明显，80 年代增温最小（表 8.1）。55 年来气温呈波动上升，80 年代后期前以负距平为主，之后以正距平为主，气温在 1993 年发生暖突变，与全国年平均气温在 1993 年后发生突变的结论一致。

表 8.1　西峰气象站 1951～2005 年平均年气温及季节气温平均值

年份	平均气温/℃				
	全年	春季	夏季	秋季	冬季
1951～1960	8.0	8.8	19.7	8.3	-4.8
1961～1970	8.1	8.9	19.9	8.0	-4.3
1971～1980	8.4	9.1	19.9	8.5	-3.9
1981～1990	8.4	9.0	19.6	8.6	-3.5
1991～2000	9.2	9.8	20.5	9.1	-2.5
2000～2005	9.8	11.2	20.6	9.3	-2.1

2. 气温变化的阶段性分析

距平值为某一年份特征值与多年平均值之差，能够很好反映降雨和气温的多年变化特征，距平值减小，说明降雨量和气温小于平均值，反之亦然。距平百分比累计曲线下降，说明某一时段降雨量和气温持续低于平均水平，反之亦然。为说明气候变化特征，对55年资料分别进行了非线性拟合，年均气温 $y(t)$ 符合一元二次方程，方程为：$y(t) = 0.1242x^2 - 491.93x + 486936$，$R^2 = 0.8009$，拟合结果均超过 0.001 显著性水平。

3. 不同月份逐年气候变化

表 8.2 为 55 年系列各月气温特征值逐年变化相关分析结果。总体来看，各月平均气温均呈增加趋势，其中 1 月、9 月和 10 月线性相关显著性达到 0.01 水平，而 2 月、4 月、5 月、7 月和 11 月线性相关显著性达到 0.1 水平。最高气温变化趋势分析表明，有 5 个月的最高气温随时间减小，但线性关系不明显，但对 3 月份最高气温的非线性拟合表明（显著性水平 0.1），近 30 年来，最高气温呈增加趋势。9 月和 12 月最高气温呈显著的线性相关。各月的最低气温均呈明显上升趋势，其中 1 月、2 月、5 月和 6 月线性升高的显著性较高，达到 0.01 水平，而 7 月、8 月、9 月和 12 月最低气温升高的线性相关显著性水平达到 0.1。

表 8.2 西峰气象站各月气温特征值逐年变化相关分析

月份	平均气温	最高气温	最低气温
1	0.4221**	0.0715	0.5567***
2	0.2611*	0.1253	0.3829**
3	0.0795	−0.1191	0.1287
4	0.3075*	−0.0443	0.2112
5	0.3535*	0.0723	0.4356**
6	0.0155	−0.1408	0.3783**
7	0.2728*	0.1681	0.2552*
8	0.2080	−0.0981	0.2459*
9	0.4341**	0.4496***	0.3272*
10	0.2225	−0.0322	0.0764
11	0.2579*	0.1445	0.2083
12	0.3972**	0.2565*	0.2491*
全年	0.5907***	0.1774	0.6805***

*相关系数的显著性检验小于 0.1；**相关系数的显著性检验小于 0.01；***相关系数的显著性检验小于 0.001。

8.2　绿水与气候变化的关系

8.2.1　绿水与降雨的关系

黄土高原沟壑区陡坡地地下水位低，无灌溉条件，自然降雨是土壤水分的唯一补给项。一般而言，降雨量大，土壤水分补给量大。在降雨量和土壤条件一致的情况下，土壤水分补给量的大小因植被类型、地形条件的不同而存在较大差异。降雨落到地表时，部分被冠层截留，部分被直接蒸发，部分渗入土壤，部分沿坡面流失。研究陡坡地植被的土壤水分的补给状况，必须搞清植被的冠层截留和地表径流；而雨水入渗和地表径流密切相关，入渗深度和入渗量可以反映土层中水分的渗漏和储备情况，也是研究土壤水分与植物生长关系的重要参数。

1. 降雨对土壤水分的影响

本小节主要分析降雨对土壤水分的影响，包括两部分：一是通过分析不同历时和强度的次降雨的产流产沙情况，来间接分析降雨类型对土壤水分的影响；二是通过绘制刺槐林地 5～9 月实测土壤含水率和有效降雨量的动态变化，分析两者之间的响应关系，并利用 SPSS 软件，统计分析刺槐地不同土层的统计参数值，及 10cm、20cm、40cm、60cm、80cm、100cm、0～100cm 含水率和有效降雨量之间的相关关系。

1）降雨特征分析

南小河沟流域降雨量具有年内分配高度集中，季节分配很不均匀的特点。根据南小河流域雨量站 1954～2012 年降雨量资料进行统计分析，结果表明，该流域多年平均降雨量为 531.2 mm，汛期降雨量为 409.3 mm，占全年降雨量的 77.1%，7～8 月降雨量为 210.1 mm，占全年降雨量的 39.6%。表 8.3 反应的是逐月平均降雨量情况，从逐月平均降雨量值可以看出，降雨量的年内分配呈单峰型变化，1～6 月降雨量逐渐增加，至 7 月达到最大值为 111.6mm，7 月降雨量占全年降雨量的 21%，8～12 月降雨量又开始逐渐下降，12 月降雨量最小为 4.3mm，仅占全年降雨的 0.8%。

表 8.3　南小河沟流域 1954～2011 年逐月平均降雨量统计

项目	1 月	2 月	3 月	4 月	5 月	6 月	7 月	8 月	9 月	10 月	11 月	12 月	合计
降雨量/mm	5.7	8.4	20.0	30.4	47.3	65.1	111.6	98.5	79.2	45.9	14.6	4.3	531.2
百分比/%	1.1	1.6	3.8	5.7	8.9	12.3	21.0	18.6	14.9	8.7	2.7	0.8	100.0

土壤水分的研究表明土壤水分不仅与当年降雨关系密切，而且还受上一年降雨情况的影响。分析 2011 年的降雨也是十分必要的。参照气象科学研究院所

拟定的降雨量 5 级判别标准，以降雨量距平值百分率在±15%之间为正常，±15%～±40%为偏涝或偏旱，+40%以上为特涝，-40%以上为特旱。根据南小河沟流域雨量站 2011 年降雨观测资料统计（表 8.4），2011 年南小河沟流域全年降雨量为 657.2mm，相当于其多年平均降雨量的 1.24 倍，变化率为 23.7%，大于 15%，属偏涝年（俗称丰水年）。由表 8.4 可以看出，2011 年降雨明显后移，前期降雨量较小，1～6 月降雨仅占全年降雨量的 15.6%，而 10～12 月降雨占全年降雨量的 22.3%，9 月降雨最多，为 171.5mm，占全年降雨的 26.1%。2012 年南小河沟流域生长季降雨量为 491.2mm，相当于该流域多年生长季平均降雨量的 1.05 倍，变化率为 4.9%，小于 15%，因此可以认为 2011 年属平水年。

表 8.4　南小河沟流域 2011 年各月份降雨量表

项目	1 月	2 月	3 月	4 月	5 月	6 月	7 月	8 月	9 月	10 月	11 月	12 月	合计
降雨量/mm	4.6	16.2	13.7	3.2	35.1	30.0	139.0	97.5	171.5	59.1	84.2	3.1	657.2
百分比/%	0.7	2.5	2.1	0.5	5.3	4.6	21.2	14.8	26.1	9.0	12.8	0.5	100.0

2）降雨量对土壤水分的影响

在黄土高原沟壑区，天然降雨是补给土壤水分的重要途径，降雨量的大小会直接影响土壤水分的补给程度和深度。一次降雨的降雨量大小对土壤水分的影响效果是不同的（王红梅等，2004）。根据试验期间降雨情况，选取不同水平降雨量（P_{max}=65.6mm，P_{min}=4.9mm，P=11.8mm）条件下的土壤含水率进行数据分析，研究不同降雨量对土壤水分的影响，如表 8.5 所示。

表 8.5　南小河沟流域不同降雨量与土壤水分关系表

降雨量/mm	土壤含水率/%			F 值	显著性
	林地	草地	果树地		
4.9	14.95	15.74	16.58		$p<0.05$
11.8	17.14	16.61	18.07	5.19	影响显著
65.6	18.49	16.85	18.03		
相关系数	0.979	0.741	0.990		

可以看出，不同植被类型条件下土壤含水率随着降雨量的增加也有逐渐增大的趋势。对各样地土壤含水率与降雨量进行相关分析，相关系数分别为 0.979、0.741 和 0.990，表明降雨量对土壤含水率具有重要的影响，对各样地在降雨量为 65.6mm、4.9mm 和 11.8mm 三种水平下的土壤含水率进行方差分析，结果 F 值为 5.19（$p<0.05$），表明不同的降雨量对土壤含水率影响显著。

降雨通过入渗作用由土壤表层进入土体内部，而降雨量不同会直接影响入渗作用，从而导致土壤剖面水分含量的不同。图 8.4 中（a）、（b）和（c）分别是降雨量为 65.6mm、4.9mm 和 11.8mm 时林地土壤剖面水分的变化情况。由图 8.4 可知，降雨量不同，土壤剖面水分变化有所不同。其中，图 8.4（a）表明，当降雨量为 65.6mm 时，土壤水分具有明显增大趋势，同时由于浅层土壤蒸发作用较大，随着土层深度的增加，土壤水分增大的趋势有所减缓，在 80cm 处雨后土壤含水率突然低于降雨前，原因是在 80cm 处根系较发达，根系吸水作用较强，故此处土壤水分出现波动；图 8.4（b）表明，4.9mm 的降雨量对林地的土壤水分几乎无影响，一方面是因为降雨量较小，林冠层的遮蔽作用使降雨不能直接作用于土壤，另一方面，土壤日蒸发强度较大，为 1.6mm，因此降雨后的土壤含水率较降雨前反而出现了下降；从图 8.4（c）中可以看出，降雨后 40cm 以上土层土壤含水率明显大于降雨前土壤含水率，而 40cm 以下土层土壤含水率变化不大，这说明 11.8mm 的降雨对 40cm 以上土层作用明显，而对 40cm 以下深层土壤影响不大。

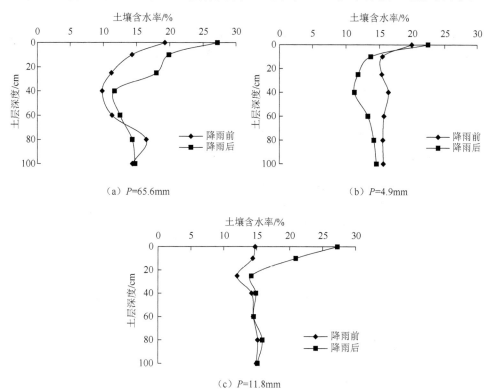

图 8.4　南小河沟流域不同降雨量条件下林地土壤剖面水分变化

3）雨型对土壤水资源的影响

按照暴雨的成因和降雨特点，可把黄土高原的暴雨分为三种类型，A 型暴雨是由局地强对流条件引起的小范围、短历时和高强度的暴雨，主要发生在热对流和地形比较特殊的地区（山仑，2000）。这类暴雨历时一般在 30～120min，最长一般不超过 180min，最短只有几分钟。最常见的暴雨历时在 60min 以内。主降雨历时大都只有几分钟至 20~30min。这类暴雨的降雨量为 10~30min，一般不超过 50mm。从不同时段雨量的集中程度看，最大 10min 降雨量一般占总降雨量的 25%~75%，最大 30min 降雨量占总降雨量的 55%~95%，最大 60min 降雨将占总降雨量的 85%~100%。也就是说这类暴雨 90% 的雨量集中在 60min 内，80% 的雨量集中在 30min 内，50% 的雨量集中在 10min 内。这类暴雨的时程分布为单峰型，其雨型有三种。B 型暴雨由锋面型降雨夹有局地雷暴性质的较大范围、中历时和中强度的暴雨，这类暴雨历时一般在 3~18h，最长一般不超过 24h。最常见的暴雨历时在 6~12h。这类暴雨的降雨量为 30~100mm。从不同时段雨量的集中程度看，最大 10min 降雨量一般占总降雨量的 10%~25%，最大 30min 降雨量占降雨量的 20%~50%，最大 60min 降雨量占降雨量的 30%~70%。由于这类暴雨个体差异较大，降雨量的时间集中程度也不同。这类暴雨的时程分布为双峰型或多峰型，其中最大高峰值降雨量一般为其他峰的 3~5 倍。C 型暴雨为由锋面型降雨引起的大面积、长历时和低强度的暴雨，这类暴雨历时一般大于 24h，次降雨量为 60~130mm，从不同时间段雨量的集中程度看，最大 10min 降雨量仅占总降雨量的 5% 左右，最大 30min 降雨量占总降雨量的 5%~15%，最大 60min 降雨量占仅占总降雨量的 8%~25%，最大 120min 降雨量占总降雨量的 10%~30%。在南小河沟流域，三种类型暴雨同时存在，以 A、B 型暴雨居多，C 型暴雨次之，具体暴雨参数如表 8.6。

表 8.6　南小河沟流域三种典型暴雨的特征参数

暴雨类型	历时	降雨量/mm	最大时段降雨量/mm				占总降雨的比例/%			
			10min	30min	60min	120min	10min	30min	60min	120min
A 型	60min	46.1	9.2	27.7	46.1	—	20	60	100	—
B 型	16h	54.6	2.6	7.6	15.5	19	4.8	13.9	28.4	34.8
C 型	25h	56.6	1.8	5.4	10.8	16.1	3.2	9.5	19.1	28.4

由于以上三次暴雨后的土壤含水率资料缺乏，根据水量平衡分析，在同一地理环境，同场降雨条件下，降雨量扣去径流量和蒸散发量，是入渗量，即为对土壤水资源的贡献。由于所选三次暴雨的雨前土壤含水率基本一致，处于 15%~16%，可以不考虑土壤前期含水率对入渗的影响，同时降雨过程中的蒸散发量很小，也消除了对分析结果的影响。即可根据南小河沟流域杨家沟场号为杨 9 刺槐林径流场在各暴雨类型下的径流泥沙资料，分析暴雨类型对径流的影响。杨 9 面积为 184 m²，坡度 34°10′，微地形是直形凹坡，栽植有树龄约为 50 年的刺槐，覆盖率为 99%，水土保持措施良好，使得三次暴雨均为产沙。

在所选 A 型暴雨下，清水径流系数 0.2%，清水径流深 0.11 mm；在所选 B 型暴雨下，由于产流量较小，选取其他表达方式，径流量为 4.78dm³，或表示为 26.03m³/km²；在所选 C 型暴雨下，未产流。很明显地看出三种暴雨类型从 A 型到 C 型的降雨量依次增多，但相应的产流量依次减少，说明入渗到土壤的水量在次降雨量中所占的比例与次降雨量的关系不大，而是与暴雨类型有关，在相同的降雨量下，历时越长，降雨越平缓，入渗到土壤的水量越多，越能提高土壤水资源的存储量。在黄土高原沟壑人们无法改变降雨的类型，且该地区以 A 和 B 型暴雨居多，由此更能体现出水土保持措施的重要性。

4）雨型对土壤水分的影响

降雨是土壤水资源的主要补给来源，也是土壤水资源总量的最主要影响因素。一般来说，土壤水资源由于植物蒸腾、土面蒸发而消耗，由于降雨入渗而恢复，理论上水量保持动态平衡。以杨 9 刺槐林地 5～9 月 100 次 1m 土层实测土壤平均含水率与测土前相应有效降雨量对比分析可知，土壤水分在时间上的变化受降雨的影响，且有滞后效应，如图 8.5 所示。

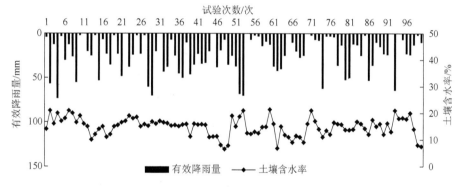

图 8.5　南小河沟流域土壤平均含水率和测前有效降雨量的对比图

土壤含水率的变化是对降雨量变化的响应，降雨季节和年际分配不均，导致在枯水年无水可补、丰水年水土流失，从而使旱情难以得到缓解。在不同的水文年型，降雨对多种作物的供给率也不同，枯水年（占 75%）平均为 24%～75%，平水年（占 50%）平均为 31%～97%，丰水年（占 25%）平均为 41%～129%（王政友等，1999）。同时土壤水分的变化幅度明显小于试验前降雨的变化幅度，即说明由于植被和土壤的作用，削弱了降雨这一气象因素的变化幅度和变化频率，5～9 月土壤平均含水率的变化幅度可将降雨量的变化幅度削弱 63.2%，有效降雨量越大，削弱程度越强，也正说明了降雨速率越大历时越短，产流越多，而入渗到土壤中水量越少，削弱程度越强，同时，土壤含水率的增减变化的频率也小于测土前有效降雨量的变化的频率。土壤含水率与测前有效降雨量具体变化幅度如图 8.6 所示，图中从 0° 开始到 360° 共分析连续 100 次实测土壤含水率和测前有效降雨量试验数据，得出土壤含水率变幅较小，均在 50% 以下，而测前有效降雨量变幅较大。

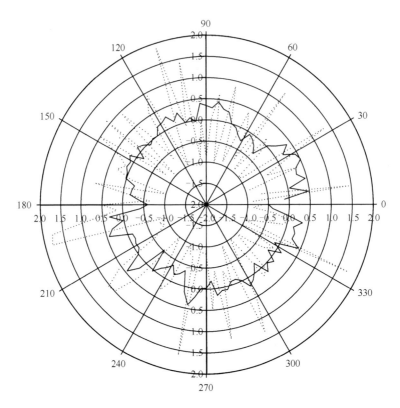

图 8.6　南小河沟流域土壤平均含水率变化幅度和测前有效降雨量变化幅度的对比图
实线为土壤平均含水率的变化幅度，虚线为有效降雨量变化幅度

5～9 月不同深度的土壤水分统计要素的分析表明，刺槐林地土壤水分平均值自上而下逐渐减小，变异系数先逐渐减小，后增大，由于表层区域受降雨的直接影响，故表层的变异系数最大（表 8.7）。偏度和峰值都在 80～100cm 处达到最大，说明由于降雨入渗和植物耗水引起的土壤水分垂直分布在 80～100cm 处剧烈变化。李鹏等（2003）采用土钻法针对黄土高原地区主要造林树种刺槐的根系分布特征进行调查，可以看出 80～100cm 处刺槐根系根系分布剧烈减小，与偏度和峰度值较大相一致。

表 8.7　南小河沟流域 5～9 月刺槐地土壤含水率特征值

项目	测土深度/cm					
	10	20	40	60	80	100
均值/%	18.998	17.540	15.153	12.939	11.927	10.991
均值的标准误差/%	0.625	0.490	0.402	0.392	0.363	0.351
最小值/%	1.820	3.600	4.940	2.000	3.300	3.500
最大值/%	39.300	41.630	30.210	34.700	34.800	31.100

续表

项目	测土深度/cm					
	10	20	40	60	80	100
标准差/%	7.729	6.055	4.977	4.854	4.488	4.340
变异系数 C_v	0.407	0.345	0.328	0.375	0.376	0.395
偏度	−0.213	0.387	0.025	0.820	1.238	1.290
峰度	−0.255	0.992	−0.544	1.604	3.441	2.453

使用 SPSS 中 Pearson 简单相关系数方法，对不同土层深度 10cm、20cm、40cm、60cm、80cm 和 100cm 处土壤含水率、0～100cm 平均土壤含水率及试验前有效降雨量 8 个变量之间进行相关分析，结果见表 8.8。

表 8.8　南小河沟流域不同土层土壤含水率及有效降雨量间的相关分析及显著性检验结果

土层深度		10cm	20cm	40cm	60cm	80cm	100cm	0～100cm	有效降雨
10cm	相关系数 R^2	1.000	—	—	—	—	—	—	—
	显著性检验 Sig.								
20cm	相关系数 R^2	0.457**	1.000	—	—	—	—	—	—
	显著性检验 Sig.	0.000							
40cm	相关系数 R^2	0.330**	0.540**	1.000	—	—	—	—	—
	显著性检验 Sig.	0.000	0.000						
60cm	相关系数 R^2	0.136	0.394**	0.746**	1.000	—	—	—	—
	显著性检验 Sig.	0.094	0.000	0.000					
80cm	相关系数 R^2	0.023	0.390**	0.367**	0.498**	1.000	—	—	—
	显著性检验 Sig.	0.778	0.000	0.000	0.000				
100cm	相关系数 R^2	0.012	0.322**	0.300**	0.388**	0.844**	1.000	—	—
	显著性检验 Sig.	0.880	0.000	0.000	0.000	0.000			
0～100cm	相关系数 R^2	0.583**	0.779**	0.7780**	0.721**	0.672**	0.610**	1.000	—
	显著性检验 Sig	0.000	0.000	0.000	0.000	0.000	0.000		
有效降雨	相关系数 R^2	0.331**	0.366**	0.128	0.081	0.004	−0.018	0.256**	1.000
	显著性检验 Sig.	0.000	0.000	0.123	0.331	0.961	0.834	0.002	—

**相关系数的显著性检验小于 0.01。

为了判断样本对总体的代表性大小，需要对相关系数进行假设检验。首先假设总体相关系数为零，即 H_0 为两总体无显著的线性相关关系。如果相伴概率值小于或等于制定的显著性水平，则拒绝 H_0，认为两总体存在显著的线性相关关系；如果相伴概率值大于指定的显著性水平，则不能拒绝 H_0，认为两总体不存在显著的线性相关关系。

从表 8.8 中可以看出，10cm 与 60cm 以下土层，显著性检验 Sig.>0.05，表示无相关关系，其余土层土壤含水率均有一定的相关关系，对于同一土层位置，由此向下的相关系数依次减小（0.540>0.394>0.390>0.322），也正体现了上层土壤水分对下层土壤水分的影响，距离越长，对其影响越小。0～100cm 的平均含水率与20cm、40cm 和 60cm 的土壤含水率相关关系最为密切，由于该层土壤水分较为稳定，变异系数小。有效降雨量与 10cm、20cm 处有相关关系，由于该土层直接受到降雨的影响，而在 40cm 以下土层，无线性相关关系，说明 40cm 以下土层不能受到降雨的直接作用，而是通过土壤的传导作用体现。

2. 降雨对绿水的影响

气候变化对绿水的影响主要通过降雨的改变表现出来，本研究以黄土高原沟壑区典型小流域——南小河沟流域为研究对象，收集并分析多年降雨资料，旨在流域尺度上为脆弱的黄土高原生态系统的维系、水资源合理调配和区域水资源合理开发利用提供相关的科学依据。

降雨是水循环中中最重要的环节，它是绿水的直接水分来源，其变化直接影响着绿水的变化，理论上来说，绿水量与降雨量成正比关系。利用多年平均绿水量和降雨量数据，分析年际间绿水与降雨之间的关系。

由图 8.7 可知，绿水量和降雨量在年际间变化趋势几乎一致，都呈现了微弱的下降趋势。在 1954～2012 年内降雨量减少 67.1mm，减少了 11.7%，绿水量减少了 53.5mm，减少了 11.4%。若将降雨和绿水作为 y，年份作为 x 则有如下关系：

$$y = -1.1577x + 2842.5, \quad R^2 = 0.303 \tag{8.17}$$

$$y = -0.9229x + 2274.0, \quad R^2 = 0.567 \tag{8.18}$$

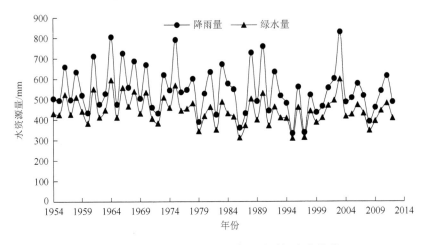

图 8.7　南小河沟流域绿水和降雨随时间变化趋势

由式（8.17）、式（8.18）可知，虽然相关系数均是很小，但是从平均角度上是可以看出降雨以平均每年 1.1577mm 速度减少，绿水以每年 0.9229mm 的速度减少。

为了揭示年际绿水和降雨的关系，对绿水资料和降雨资料进一步分析，得到二者相关关系，见图 8.8。

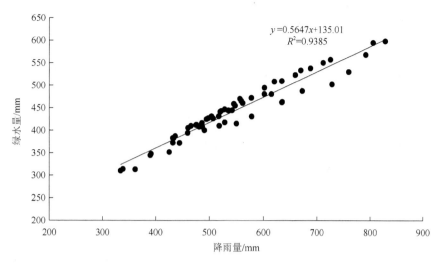

图 8.8　南小河沟流域多年平均绿水量和降雨量相关关系

由图 8.8 可知，绿水与降雨的相关系数非常高，相关系数 R^2 达到了 0.9385，是极为显著的，这说明降雨是影响绿水变化的一个重要因素。

8.2.2　绿水与气温的关系

流域蒸散发能力除了取决于供水条件以外，还受气温、日照和风速等气象因子影响，但其中气温最为重要。一般来说，气温升高，下垫面蒸散发加快，即绿水量增加。

由图 8.9 可知，在研究期间，气温随时间变化呈上升趋势，而绿水量呈下降趋势，这有可能和降雨变化的影响有关。

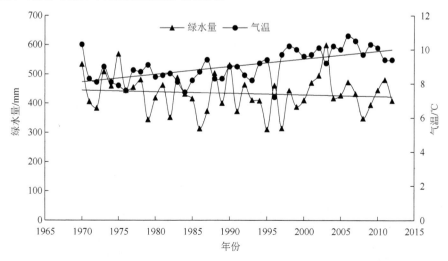

图 8.9　南小河沟流域绿水和气温随时间变化趋势

8.2.3 降雨、气温和绿水的关系

在气候变化中，降雨的变化和气温的变化是影响绿水的主要原因：降雨是水源补给的直接影响因素，而气温的变化直接影响蒸散发的变化。在研究期间，两者表现为降雨减少，气温升高。在两者共同作用下，绿水表现出下降现象。本小节借助 SPSS 和 SAS 软件,对降雨和气温共同影响下的绿水变化规律进行研究，旨在探寻降雨和气温对绿水影响的作用机理（表 8.9）。

表 8.9　南小河沟流域绿水量与降雨量、气温皮尔逊相关系数

指标	绿水量	降雨量	气温
绿水量	1		
降雨量	0.969**	1	
气温	−0.078	−0.195	1

**表示显著性水平 $p = 0.001$。

经过 Person 相关检验，在显著水平为 $p = 0.001$ 时，降雨量和绿水量之间相关性较大，达到 0.969，是极为显著的；而温度则表现出相关性较小。也就是说，在南小河沟流域，降雨是影响绿水的主要限制因素。

绿水是受到降雨、气温和他们交互作用共同影响的，需要对降雨和气温以及它们之间的交互作用对绿水变化的贡献率进行研究。气象因子对绿水变化的贡献率，由各气象因子共同变化中单个气象因子变化的贡献所决定，而单个气象因子变化引起的绿水的变化量和该因子的敏感性和变化幅度有关。基于此，本小节根据多元方程的全微分方程，提出了气象因子对绿水的贡献率方程：

$$dET_a = \frac{\partial ET_a}{\partial T} \Delta T + \frac{\partial ET_a}{\partial P} \Delta P \qquad (8.19)$$

式中，方程右端第一、第二项分别表示由温度、降雨单独变化时引起的绿水变化量，方程左端为两者共同变化引起的绿水变化量，那么偏导系数即为气象因子的贡献率。分析结果表明，降雨贡献率 72.1%，气温贡献率为 10.7%，两者交互作用贡献率为 17.2%。这说明在气温和降雨变化对绿水的共同影响中，降雨变化起到了决定性的作用。

8.3　本　章　小　结

（1）用滑动 t 假设检验近 20 年的降雨变化，结果显示，近 20 年降雨没有发生显著变化，降雨稳定。用 Mann-Kendall 法对研究区降雨序列进行趋势分析，发现该序列整体呈现下降趋势，60 年代中期到 70 年代中期降雨偏多，近 20 年

（1990～2012 年）的降雨偏少，该序列中没有出现突变点。对降雨序列进行 Mexhat 小波分析，得出该序列存在 3 年和 21 年左右的周期。

（2）对多年水文气象资料分析表明，南小河沟流域降雨减少，气温升高。在两者共同作用下，绿水表现出下降现象。通过 Person 相关检验，在显著水平为 $p = 0.001$ 上，降雨量和绿水量相关性较大，达到 0.969，是极为显著的；而温度则表现出较小的相关性。这说明，在南小河沟流域，降雨是影响绿水变化的主要限制因素。通过对降雨和气温以及它们之间的交互作用对绿水变化的贡献率进行研究，发现降雨贡献率为 72.1%，气温贡献率为 10.7%，两者交互作用贡献率为 17.2%。

参 考 文 献

冯新建, 2001. 利用灰色周期分析预测气象要素[J]. 贵州气象, 25(3): 16-18.

郭新宇, 蒋全荣, 2001. 河套地区 4～5 月雨量变化周期特征及其趋势预测[J]. 南京气象学院学报, 24(4): 576-580.

李鹏, 李占斌, 郝明德, 等, 2003. 黄土高原天然草地根系主要参数的分布特征[J]. 水土保持研究, 10(1): 144-145.

刘兆飞, 王翊晨, 姚治君, 等, 2011. 太湖流域降雨、气温与径流变化趋势及周期分析[J]. 自然资源学报. 26(9): 1575-1584.

山仑, 2000. 怎样实现退耕还林还草[J]. 林业科学, 36(5): 2-4.

王澄海, 李健, 李小兰, 等, 2012. 近 50a 中国降雨变化的准周期性特征及未来的变化趋势[J]. 干旱区研究, 29(1): 1-10.

王红梅, 谢应忠, 陈来祥, 2004. 黄土高原坡地土壤水分动态特征及影响因素[J]. 宁夏农学院学报, 25(4): 62-66.

王红瑞, 刘昌明, 2010. 水文过程周期分析方法及其应用[M]. 北京: 中国水利水电出版社: 56-61.

王双银, 宋孝玉, 2008. 水资源评价[M]. 郑州: 黄河水利出版社: 45-55.

王文圣, 丁晶, 李跃清, 2005. 水文小波分析[M]. 北京: 化学工业出版社: 22-29.

王文圣, 丁晶, 向红莲, 2002. 小波分析在水文学中的应用研究及展望[J]. 水科学进展, 13(4): 515-520.

王燕, 干润元, 王毅荣, 等, 2009. 近 37 年甘肃省降雨特征分析[J]. 干旱区资源与环境, 23(4): 94-99.

王政友, 马喜来, 陈卫星, 1999. 降雨对土壤水资源的影响[J]. 山西水利, (5): 39-40.

杨长登, 1998. 用方差分析周期叠加外推法预报年降雨量[J]. 贵州气象, 22(1): 23-25.

杨秋明, 2009. 全球环流 20-30d 振荡与长江下游强降雨[J]. 中国科学: D 辑, 39(11): 1515-1529.

TORRENCE C, COMPO G P, 1998. A practical guide to wavelet analysis [J]. Bulletin of the American Meteorological Society, 79(1): 61-78.

ZHENG D, CHAO B, ZHOU Y, et al., 2000. Improvement of edge effect of the wavelet time-frequency spectrum: application to the length-of-day series[J]. Journal of Geodesy, 74(2): 249-254.

第9章　土地利用和气候变化对绿水影响的定量评价

人类活动和气候变化对水文的影响是水科学研究中的热点问题之一。早在1980年，由世界气象组织（World Meteorological Organization，WMO）、国际科学理事会（International Council for Science，ICSU）和政府间海洋学委员会（Intergovermental Oceanographic Commission，IOC）共同组建的世界气候研究计划（World Climate Research Programme，WCRP）成立，旨在研究气候的可预报程度以及人类活动对气候的影响。随后，在1988年由世界气象组织、联合国环境规划署合作成立的政府间气候变化专门委员会（Intergovermental Panel on Climate Change，IPCC），旨在研究由人类活动所造成的气候变迁。

在过去的20多年里，WCRP配合IPCC的科学需求，连续进行了气候变化的评估和预测。其中最重要的一个成果是根据气候模式得到了新的强有力的证据，表明最近50年观测到的大部分增暖可归因于人类活动。增强了全球关于气候变化与人类影响气候系统的公众意识，促进了可持续发展和各国应对气候变化能力的建设。2007年，IPCC对全球气候变化发布了第4次评估报告。报告中数据表示：根据高可信度的预估，在较高纬度地区和某些潮湿的热带地区，包括人口密集的东亚和东南亚地区，到21世纪中叶径流将会增加10%~40%；而在某些中纬度和干燥的热带地区，由于降雨减少而蒸腾率上升，径流将减少10%~30%。气候的变化改变了降雨量、蒸发量，从而影响了水循环过程，驱动了径流量等水文要素的变化，改变了区域水量平衡。

随着社会科学技术的进步，人类活动对流域水循环的干预强度日益增大。人类活动引起的水文循环状况和水量平衡要素在时间、空间和数量上发生着不可忽视的变化。而人类土地利用方式的改变、在河流上兴修水工建筑物、大面积灌溉和排水以及都市化和工业化等活动，必然会在不同程度上改变土地的覆盖状态，进而影响到以土地为下垫面的水文循环和水资源形成过程，这就是人类活动LUCC带来的水文水资源效应（陈晓宏等，2010）。气候变化是通过气温、降雨等因素的改变来影响陆地水文循环系统，从而影响水文径流过程。而人类活动对水文的影响，主要是通过土地利用、水土保持和雨水集蓄等方式改变了流域下垫面，使产流机制发生了变化。因此，开展土地利用和气候变化对水文的影响研究，对变化环境下的水资源规划管理与应用，具有十分重要的科学意义和应用价值。如何区分气候变化与人类活动（土地利用/覆盖变化），对水文变化的贡献率，是研究其影响的一个核心问题。本章在总结土地利用和气候变化对水文影响的研究进展的基础上，归纳气候变化和人类活动对水文要素影响的区分方法，并定量分析土地利用和气候变化对绿水变化的贡献率。

9.1　土地利用和气候变化对水文的综合影响及区分

水文要素变异主要受两类因素影响：气候变化驱动因素和人类活动驱动因素（陈晓宏等，2010）。气候变化对水文的影响主要是通过降雨和蒸发的变异来实现，而人类活动主要通过下垫面 LUCC 以及取水用水的变异来实现。在过去的 50 年里，全球气候变化和人类活动对全球的水文水资源都产生了深远的影响，但是大部分研究都只是单纯地针对气候变化和人类活动其中一个驱动因素，很少有学者综合考虑两种驱动因素对水文的影响，而对于区分两者对水文的影响的研究则是更少。

在对气候变化和人类活动给水文带来的综合影响研究方面，Barlage 等（2002）应用气象模型对气候变化与土地利用变化对于流域降雨与径流的影响作了研究分析，并对未来气候与土地利用变化情景下的径流进行了模拟。Seguis 等（2004）采用分布式水文模型对 3 个不同时期地表条件下的年径流变化趋势进行了研究，并对人类活动及气候因素对径流的影响程度进行了分析。Franczyk 等（2009）利用基于不同未来经济、人口等发展速度下 2040 年的气候变化和土地覆盖综合情景，采用半分布水文模型 AVSWAT 来分析气候变化和不同土地覆盖变化对平均年径流深的影响。Tu（2009）应用基于 GIS 的流域水文模型 AVGWLF，在不同气候变化和土地利用变化情景下，模拟径流和氮负荷的未来变化，得出气候变化和土地利用变化对径流和氮负荷的季节分布的影响较年平均量要大得多。Hu 等（2009）采用 Mann-Kendall 和 Spearman 无参数检验了太湖流域的降雨和蒸发数据的长期变化趋势，并采用 Morlet 小波转化法分析了其波动类型，最后分析了气候变化和人类活动对太湖年最高水位的影响。

在区分气候变化和人类活动对水文的影响研究方面，Yang 等（2004）通过分析气候变化情景下水文要素的变化规律，揭示了人类活动较之气候变化对径流有着更大的影响。Guo 等（2008）采用 SWAT 模型检验了过去气候变化和土地覆盖变化对年径流和季节径流的影响，结果发现：年径流的变化主要源于气候变化，而土地覆盖的变化影响了季节径流，并改变了流域的年水文过程。Qi 等（2009）应用美国地质调查局开发的分布式水文模型 PRMS，并采用 2 个全球气候模式情景和 7 个假设的土地利用变化情景，来研究气候变化和土地利用对产流量的影响，发现土地利用变化对径流的影响没有气候变化大。王国庆等（2006）应用 SIMHYD 模型分开分析了气候变化和人类活动对黄河中游汾河径流情势的影响。陈利群等（2007）利用 2 个分布式水文模型（SWAT 和 VIC）模拟了黄河源区土地覆被变化与气候波动对径流的影响，并区分了两者影响的贡献率。王云琦等（2011）采用分布式水文模型 PRMS，对美国 Trent 森林流域进行研究，结果发现，流域蒸散量和产流量对土地利用和气候变化的敏感程度为：降雨量变化＞城市土地利用变化＞气温变化＞农作物和草地（林地）变化。但是，上述研究都没有明确提出区分两者对水文影响的方法，只是利用数据对比分析法研究过去的气候变化和人类活动对水文的影响，本章在前人的基础上，总结了气候变化和人类活动（土地利用/覆盖变化）对水文影响的研究方法，分析气候变化和人类活动对水文的影响。

在有长期气候、水文以及人类活动资料的流域，一般将资料划分为两个时期，即基准期（人类活动前或人类活动对流域未产生显著影响之前）和人类活动影响期。在这种资料充足的情况下，区分气候变化和人类活动对流域水文影响的方法主要有以下 3 类。

（1）分项调查法在假定人类活动和气候变化是影响径流变化的两个相互独立的因子前提下，首先调查人类活动影响期间主要人类活动因素和其用水量；然后将各项主要人类活动用水量与实测径流资料进行叠加，还原得到自然径流量；接着，将人类活动影响期的自然径流量与基准期的实测径流量对比，就可以得到气候变化引起的径流变化量；最后，将气候变化与人类活动引起的径流变化进行比较分析，得到流域径流变化的主要驱动因素。

（2）流域水文模型法利用基准期的水文气象资料来率定水文模型参数，保证模型能基本上反映流域的自然产流状况；然后保持模型参数不变，将人类活动影响期间的变化气候资料输入水文模型，进而可模拟相应时期的自然径流量。通过对比人类活动影响期间的实测径流量、模拟的自然径流量和基准时期的实测自然径流量，进而可区分人类活动影响期间气候变化与人类活动对流域径流的影响（陈晓宏等，2010）。

（3）当人类活动较为复杂，资料不全的情况下，可以利用遥感系统（RS）和地理信息系统（GIS）的土地利用/覆盖图片来分析人类活动引起的土地利用/覆盖变化（LUCC）；然后保持分布式模型中的气象输入资料不变，将 LUCC 信息作为分布式模型的输入，得到 LUCC 影响下的径流变化；接着保持 LUCC 信息不变，将变化的气候资料作为输入，得到气候变化下的径流变化；最后，将 LUCC 和气候变化引起的径流变化比较，区分气候变化和人类活动对水文要素变异的贡献率。

以上 3 种方法中，后两种方法都用到水文模型，但流域水文模型法选择的水文模型可以是集总式，也可以是分布式；而 LUCC 法必须采用融合了 LUCC 的空间变异性的分布式水文模型（徐宗学等，2010；吕允刚等，2008）。表 9.1 给出了常用的分布式水文模型。

表 9.1　常用于评估气候变化和土地利用/覆盖变化的分布式水文模型

	模型	开发机构	功能	模拟尺度	模型特点
半分布式	SWAT	美国农业部	径流模拟，土地管理，水质水量	连续模拟	基于物理体制，计算效率高
	PRMS	美国地质勘探局	降雨、融雪的径流模拟，土壤水变化	连续模拟	可应用于极端降雨和融雪对水文的影响
	HBV	瑞典水文气象局	径流模拟，农田灌溉，水力发电，气候变化	连续模拟	适用于寒冷多雪地区
分布式	MIKESHE	丹麦水力研究所	截留、蒸散发、坡面流、河道流、融雪的模拟	连续模拟	参数多，需要大量数据资料，可以模拟整个水文过程
	TOPKAPI	欧洲委员会和西班牙政府	蒸散发、融雪、土壤水、地下水、地表水的模拟	连续模拟	适用于较大尺度的流域

9.2　土地利用和气候变化对绿水影响的研究方法

根据 9.1 节所述，在研究土地利用和气候变化对绿水资源的影响时，可以采用分项调查法，也可以利用水文模型，通过数字高程图以及土地利用资料以及土壤资料进行分析计算。但是南小河沟流域面积较小，土地利用资料和土壤资料难以获取，因此本节进行相关计算时采用的是分项调查法，主要是应用情景分析法和分离评判法，在 Zhang 模型法的基础上，计算这两个因素对绿水变化的贡献率，定量评价土地利用和气候变化对绿水的影响。

9.2.1　情景分析法

情景模拟被广泛应用于环境变化影响评价，是环境变化影响评价中必不可缺的分析工具。情景模拟可有效提供研究环境系统各元素发展相互影响作用的连贯性框架，并可激发创造性思维、促进讨论，集中精力于所感兴趣的问题。为了进一步揭示流域土地利用与气候变化的绿水响应规律，研究运用情景模拟进行分析测试。

南小河沟流域在过去 60 年间期间，气候变化、土地利用变化是影响该流域水资源变化的两个主要因素。因此，本节将从以下三个情景进行。情景 A：采用 1954

年的土地类型和1954年的气候条件,故情景A也是参照情景;情景B:采用1954年的土地类型和2012年的气候条件;情景C:采用2012年土地类型和2012年气候条件。同时,为了减少因为样本造成的误差,年绿水资源量的计算取值采用临近5年平均值。通过分析以上三个情景下绿水的变化,分析气候因素、土地利用因素综合变化条件下的绿水演变规律,具体方案如图9.1所示。

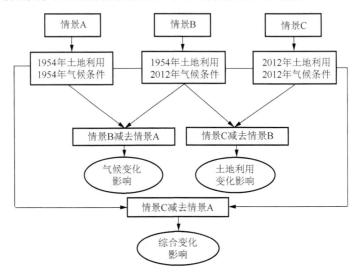

图9.1　南小河沟流域情景分析法基本框架

9.2.2　分离评判法

南小河沟流域内无大型水利工程,且灌溉用水量较小,因此本小节将土地利用变化对绿水的影响转移为人类活动通过改变土地利用对绿水造成的影响,即分析气候变化和人类活动对绿水的影响。

分离评估气候变化和人类活动对流域水文影响的关键在于基准时期的确定,通常将人类活动对流域显著影响之前的时期作为基准期,之后作为人类活动影响的期间。前面第6章已经做过了绿水的突变分析,认为绿水量在1978年左右发生突变,因此本研究将1978年作为突变开始的年份。

首先将水文气象序列按时序划分为"天然阶段"(1954～1977年)和"人类活动影响阶段"(1978～2012年),然后以流域"天然阶段"的实测绿水量作为基准值,则人类活动影响时期的实测绿水量与基准值之间的差值包括两部分:其一为人类活动影响部分,该部分可以由人类活动影响期间还原的天然绿水量与相应时期的实测绿水量计算得到;其二为气候变化影响部分,该部分为人类活动影响期间还原的天然绿水量与基准值之间的差值,具体分割方法表述如下。

$$\Delta G_{\mathrm{T}} = G_{\mathrm{HR}} - G_{\mathrm{B}} \tag{9.1}$$

$$\Delta G_{\mathrm{H}} = G_{\mathrm{HR}} - G_{\mathrm{HN}} \tag{9.2}$$

$$\Delta G_{\mathrm{C}} = G_{\mathrm{HN}} - G_{\mathrm{B}} \tag{9.3}$$

$$\eta_{\mathrm{H}} = \frac{\Delta G_{\mathrm{H}}}{\Delta G_{\mathrm{T}}} \times 100\% \tag{9.4}$$

$$\eta_{\mathrm{C}} = \frac{\Delta G_{\mathrm{C}}}{\Delta G_{\mathrm{T}}} \times 100\% \tag{9.5}$$

式中，ΔG_{T} 为绿水变化总量；ΔG_{H} 为人类活动对绿水的影响量；ΔG_{C} 为气候变化对绿水的影响量；G_{B} 为天然时期的实际绿水量；G_{HR} 为人类活动影响时期的实际绿水量；G_{HN} 为人类活动影响时期的天然绿水量，由还原计算得出。η_{H}、η_{C} 分别为人类活动和气候变化对绿水影响百分比。

9.3　土地利用和气候变化对绿水变化的贡献

首先利用情景分析法来评价对绿水的影响，计算结果见表 9.2。由表 9.2 可知，在 1954～2012 年，南小河沟流域绿水量减少了 19.1mm。其中，因气候因素影响而减少的绿水量为 23.6mm，贡献率为 123.6%；因土地利用因素影响而增加的绿水量为 4.5mm，贡献率达到了-23.6%，可见气候变化是南小河沟流域绿水减少的主要因素。

表 9.2　土地利用和气候变化对绿水的定量影响（情景分析法）

绿水	综合变化量 /mm	气候因素		土地利用	
		变化量/mm	贡献率/%	变化量/mm	贡献率/%
	-19.1	-23.6	123.6	4.5	-23.6

用分离评判法来定量评价对绿水的影响要考虑到对绿水的还原计算，由于尚未有文献对绿水做过还原计算，本节鉴于绿水和降雨的良好相关关系，通过建立线性回归方程来还原人类活动影响时期的绿水量。

利用 SPSS 软件，建立天然时期的降雨绿水模型，见式（9.6）：

$$G_{\mathrm{a}} = 148.105 + 0.562 P_{\mathrm{a}} \tag{9.6}$$

式中，G_{a} 为年绿水量（mm），P_{a} 为年降雨量（mm），相关系数 R^2 达到了 0.987，说明拟合效果非常好。

将受人类活动影响后的各年降雨量数据带入回归方程，即求得人类活动影响时期的天然绿水量。再根据式（9.6），计算人类活动和气候变化对绿水的影响量。分离评判法所求各项数据结果见表 9.3。

表9.3　土地利用和气候变化对绿水的定量影响（分离评判法）

天然阶段	人类活动影响阶段		绿水总变化量	气候因素		土地利用	
实际绿水量/mm	天然绿水量/mm	实际绿水量/mm	/mm	变化量/mm	贡献率/%	变化量/mm	贡献率/%
471.2	450.4	425.0	-46.2	-63.6	137.8	17.4	-37.8

　　由分离评判法计算出来的结果为绿水总量减少了46.2mm，气候变化和土地利用变化对绿水减小的贡献率分别为137.8%和-37.8%，气候因素对绿水的影响要远大于土地利用因素。这和情景分析法所得出来的结论是大致吻合的。两种方法所推求的绿水总变化量值有一定差异，这主要是因为两种方法评价角度不同。

9.4　本 章 小 结

　　（1）情景分析法中，建立三种不同情景：情景 A（1954 年土地利用和 1954 年气候条件）、情景 B（1954 年土地利用和 2012 年气候条件）和情景 C（2012 年土地利用和 2012 年气候条件），通过对这三种情景进行比对，得出土地利用和气候变化对绿水的定量影响。

　　（2）南小河沟流域内无大型水利工程，且灌溉用水量较小，因此情景分析法将土地利用变化对绿水的影响转移为人类活动通过改变土地利用对绿水造成的影响，即分析气候变化和人类活动对绿水的影响。

　　（3）根据情景分析法和分离评判法计算出来的结果，在 1954～2012 年期间，气候变化和土地利用变化对绿水变化的贡献率分别为130.7%和-30.7%，气候变化所造成的影响要远大于土地利用变化。南小河沟流域经过多年的生态恢复，林地面积大幅度增加，土地利用变化使得流域绿水量增加。

参 考 文 献

陈利群, 刘昌明, 2007. 黄河源区气候和土地覆被变化对径流的影响[J]. 中国环境科学, 27(4): 559-565.

陈晓宏, 涂新军, 谢平, 等, 2010. 水文要素变异的人类活动影响研究进展[J]. 地球科学进展, 25(8): 800-811.

吕允刚, 杨永辉, 樊静, 等, 2008. 从幼儿到成年的流域水文模型及典型模型比较[J]. 中国生态农业学报. 16(5): 1331-1337.

王国庆, 张建云, 贺瑞敏, 2006. 环境变化对黄河中游汾河径流情势的影响研究[J]. 水科学进展, 17(6): 853-858.

王云琦, 齐实, 孙阁, 等, 2011. 气候与土地利用变化对流域水资源的影响[J]. 水科学进展, 22(1): 51-58.

徐宗学, 程磊, 2010. 分布式水文模型研究与应用进展[J]. 水利学报, 41(9): 1009-1017.

BARLAGE M J, RICHARDS P L, SOUSOUNIS P J, 2002. Impacts of climate change and land use change on runoff from a Great Lakes watershed[J]. Journal of Great Lakes Research, 28(4): 568-582.

FRANCZYK J, CHANG H, 2009. The effects of climate change and urbanization on the runoff of the Rock Creek in the

Portland metropolitan area, OR, USA[J]. Hydrological Processes, 23(6): 805-815.

GUO H, HU Q, JIANG T, 2008. Annual and seasonal streamflow responses to climate and land-cover changes in the Poyang Lake basin, China[J]. Journal of Hydrology, 355: 106-122.

HU Q, WANG Y, 2009. Impact assessment of climate change and human activities on annual highest water level of Taihu Lake[J]. Water Science and Engineering, 2(1): 1-15.

QI S, SUN G, WANG Y, et al., 2009. Streamflow response to climate and land use changes in a coastal watershed in North Carolina[J]. Transactions of the ASABE, 52(3): 739-749.

SEGUIS L, CAPPELAERE B, MILESI G, 2004. Simulated impacts of climate change and land-clearing on runoff from a small Sahelian catchment[J]. Hydrological Processes, 18(17): 3401-3413.

TU J, 2009. Combined impact of climate and land use changes on streamflow and water quality in eastern Massachusetts, USA[J]. Journal of Hydrology, 379(3-4): 268-283.

YANG D Q, YE B S, SHIKLOMANOV A, 2004. Discharge characteristics and changes over the Ob River watershed in Siberia[J]. Journal of Hydrometeorology, 5(4): 595-610.

第 10 章　流域绿水的未来变化预测

目前为止，水文气象领域常用到的预测方法有传统预测方法、专家评价方法及情景分析方法等。

传统预测方法以趋势外推为主，利用历史统计资料，分析资料变化趋势，建立各种数学模型的方法，根据资料的历史趋势推测其未来的发展趋势。这种方法数学建模等都比较成熟，数据较易处理，容易实现。

情景分析法是建立在对研究对象的未来状态或者趋势进行多种可能性推断的一种预测方法，其基本假设是事物的发展变化存在很大的不确定性，难以精确预测，因此通常给出研究对象未来发展的多种可能性，可以较为科学有效地制定相关计划，降低预测风险。

专家评价法是通过匿名方式广泛征求相关领域专家意见，经过反复的信息交流和意见反馈、修正，使专家意见趋于一致，最后做出定性定量相结合的一种预测结论。德尔菲法由于广泛采纳专家意见尽量避免了相关信息的遗漏，但其也存在一些固有的缺陷，多轮反复的意见征询不可避免的需要更多的时间；难以避免主观因素的影响；德尔菲法得出的结论趋于定性，不能很好地解决定量预测问题。

本章分别应用传统预测方法——马尔可夫链方法和情景分析法对绿水未来变化情况进行预测，以期为南小河沟流域水资源规划管理和防旱抗旱提供参考建议。

10.1　基于马尔可夫链的绿水预测

10.1.1　马尔可夫链法的基本原理

马尔可夫预测方法是由原苏联数学家马尔可夫创造并以自己名字命名的一种预测方法，它应用概率论中的马尔可夫链理论和方法研究分析随机事件变化规律，利用某一变量的现状和动向去预测未来的状态及动向的分析手段，研究某一事物的状态及状态之间转移规律的随机过程，并借此预测未来变化趋势，马尔可夫过程模型在国内外具有广泛的应用，并取得良好的预测效果（游广永，2007）。

流域的绿水量是一个随机变动的时间序列，作为一个随机过程，它的时间和状态都是离散的，并且具有无后效性特点。马尔可夫链预测是根据状态之间的转移概率来推测系统未来发展变化，转移概率反映了各种随机因素的影响程度，马尔可夫链适合于随机变动的序列预测问题。水文气象系列可以看作是马尔可夫过程，其特点是无后效性，即未来状态的变化只与当前状态有关，而与过去状态无关。

马尔可夫模型涉及基本概念范畴和运算原理如下。

1）马尔可夫过程

在事件发展过程中，如果状态转移过程无后效性，或者说，每次状态转移都与而且只与前一时刻状态有关，则这样的过程为马尔可夫过程。即如果随机过程 X_n 在时刻 $t+1$ 状态的概率分布只与时刻 t 的状态有关系，而与 t 以前的状态无关，则称随机过程为一个马尔可夫链。在 t 时刻它处于状态 X_i，在 $t+1$ 时刻，它将以概率 P_{ij} 处于状态 X_j，而转移概率 P_{ij} 则反映了各种随机因素的影响。其条件概率为

$$P_{ij} = P\left\{X_{t+1} = a_j \middle| X_r = a_i\right\} \tag{10.1}$$

式中，P_{ij} 为在时刻 t 的一步转移概率。

2）状态转移概率

在事件发展过程中，从某一种状态转移到下一时刻其他状态的可能性，称为状态转移概率，记为 P_{ij}。在土地利用结构预测中，通常所指的状态即指土地利用类型，如耕地和林地等。

3）状态转移概率矩阵

如果随机过程的状态空间是有限的，则称此随机过程为有限马尔可夫链。在固定时刻 t，由一步转移概率 P_{ij} 构成的一步状态转移概率矩阵为

$$\boldsymbol{P} = \begin{bmatrix} P_{11} & P_{12} & \cdots & P_{1n} \\ P_{21} & P_{22} & \cdots & P_{2n} \\ \vdots & \vdots & & \vdots \\ P_{11} & P_{n2} & \cdots & P_{nn} \end{bmatrix} \tag{10.2}$$

其中，第 1 行表示由状态 S_1 经 1 步转移到各种状态的概率，第 1 行各个元素之和为 1。同理，其他各行各个元素之和也为 1。

4）状态转移概率矩阵的计算

计算状态转移概率矩阵 $\boldsymbol{P}$，即求每个状态转移到其他任何一个状态的状态转移概率 P_{ij}，（其中 i，j 为 1，2，$\cdots$，n 中的任意值）。如果马尔可夫链的转移概率 P_{ij} 与 t 无关，即无论在任何时刻，从状态经过一步转移到达状态的转移概率矩阵都相等，则称此链为齐次马尔可夫链。通常研究的马尔可夫链都具有无后效性和齐次个特征，其基本方程为

$$\boldsymbol{P}(k) = P(0)P^k \tag{10.3}$$

式中，$\boldsymbol{P}$ 为一步转移概率矩阵，$\boldsymbol{P}(0)$ 为初始分布。

10.1.2 马尔可夫链的应用

本研究将年绿水量划分为 5 个标准（表 10.1），即为枯水、偏枯、平水、偏丰和丰水，从而确定年绿水量的分级标准：1 为枯水年，2 为偏枯水年，3 为平水年，4 为偏丰水年，5 为丰水年。本小节采用 1954～2010 年的年绿水量数据建立了马尔可夫链，用于绿水预测研究，利用 2011 和 2012 年的绿水量数据用于模型预测检验。

表 10.1　绿水量分级表

丰平枯级别	划分标准
丰水年	$G_p > 20\%$
偏丰水年	$10\% < G_p \leqslant 20\%$
平水年	$-10\% < G_p \leqslant 10\%$
偏枯水年	$-20\% < G_p \leqslant -10\%$
枯水年	$G_p < -20\%$

注：表中的 G_p 为距平百分率：G_p =（某年年绿水量−多年平均绿水量）/多年平均绿水量×100%。

首先根据表 10.1 对绿水量的划分标准，将南小河沟流域 1954～2012 年各年绿水量所处的状态进行划分，结果见表 10.2。

表 10.2　南小河沟流域 1954～2012 年绿水量状态

年份	状态	年份	状态	年份	状态	年份	状态
1954	3	1969	3	1984	3	1999	2
1955	3	1970	5	1985	3	2000	3
1956	4	1971	3	1986	1	2001	3
1957	3	1972	2	1987	2	2002	3
1958	4	1973	2	1988	4	2003	5
1959	3	1974	3	1989	3	2004	3
1960	2	1975	5	1990	4	2005	3
1961	5	1976	3	1991	2	2006	3
1962	3	1977	3	1992	3	2007	3
1963	3	1978	3	1993	3	2008	1
1964	5	1979	1	1994	3	2009	2
1965	3	1980	3	1995	1	2010	3
1966	5	1981	3	1996	3	2011	3
1967	3	1982	1	1997	1	2012	3
1968	5	1983	4	1998	3		

结果表明，处于枯水年有 6 年，处于偏枯水年有 7 年，处于平水年有 34 年，处于偏丰水年有 5 年，处于丰水年有 7 年。建模的多年绿水系列中，包含了这 5 种不同类型，具有较好的代表性。

选取 1954～2010 年绿水量状态数据，利用 DPS 软件的多元分析模块，构建马尔可夫链，从而求得 1 步转移概率矩阵

$$\boldsymbol{P}_{\text{绿水}} = \begin{bmatrix} 0.000 & 0.200 & 0.600 & 0.200 & 0.000 \\ 0.000 & 0.167 & 0.500 & 0.167 & 0.167 \\ 0.208 & 0.125 & 0.333 & 0.125 & 0.208 \\ 0.000 & 0.200 & 0.800 & 0.000 & 0.000 \\ 0.000 & 0.000 & 1.000 & 0.000 & 0.000 \end{bmatrix}$$

现以 2010 年作为基准期，由于 2010 年状态为 3，则初始分布为：$\boldsymbol{P}(0)=$ (0，0，1，0，0)，根据计算公式得 2011 年和 2012 年的预测向量

$$\boldsymbol{P}(2011) = \boldsymbol{P}(0)\boldsymbol{P}_{\text{绿水}} = (0.208, 0.125, 0.333, 0.125, 0.208)$$

$$\boldsymbol{P}(2012) = \boldsymbol{P}(2011)\boldsymbol{P}_{\text{绿水}} = (0.069, 0.129, 0.607, 0.104, 0.090)$$

2011 年和 2012 年的预测向量表明，这两年出现状态 3 的概率最大，即 2011 年和 2012 年的绿水量将处于平水年状态，这和实测结果相一致，说明在南小河沟流域，应用马尔可夫链对绿水进行未来变化趋势的预测有一定的适用性。

采用 1954～2012 年的年绿水量数据重新构建一个马尔可夫链，具体的建模过程同上，结果表明，下一步发生状况将是 3 级，预测向量为（0.159，0.134，0.468，0.107，0.132），说明在短期内南小河沟流域绿水的未来状态将处于平水年。

10.2　基于不同土地利用情景的绿水预测

土地利用变化受政治、经济、社会和自然等多方面因素影响。在全球变化背景下进行土地利用情景推算具有一定难度，同时也出现多种不同方法。情景设计应综合考虑研究目的、空间尺度、自然与社会经济特点，以及研究区约束条件等因素。本章节在充分考虑各方条件的基础上，采用极端土地利用法和土地利用空间配置法来对未来的绿水变化情况进行预测。

1. 极端土地利用情景

流域绿水资源量不仅因土地利用类型不同而不同，不同土地利用类型的面积也起到了很大的作用。为有效认识在未来情况下土地利用变化带来的的影响作用，首先采用极端土地利用法进行情景模拟，比较流域极端土地利用相互转变引起的响应灵敏程度，并认识流域各研究土地利用类型对模拟绿水水文过程的重要程度。基于南小河沟流域 2012 年的土地利用现状，极端土地利用变化情景设计如表 10.3。

表 10.3　南小河沟流域极端土地利用情景设计

情景名称	情景描述
情景 1	除建筑用地外，流域其余全部土地转变为林地；生长状况同流域 2012 年对应土地利用类型
情景 2	除建筑用地外，流域其余全部土地转变为草地；生长状况同流域 2012 年对应土地利用类型
情景 3	除建筑用地外，流域其余全部土地转变为农地；生长状况同流域 2012 年对应土地利用类型

2. 土地利用空间配置情景

为进一步了解植被覆被变化与绿水量变化的关系，以退耕还林还草及生态环境恢复为依据，采用空间配置法逐步转换流域现有土地利用为林地和草地，逐步增加流域林地植被覆盖探讨林地植被变化对流域水文响应的影响。各流域情景设计如表 10.4。

表 10.4　南小河沟流域土地利用空间配置情景设计

情景名称	情景描述
情景 4	在原有土地利用基础上，将未利用地转变为林地；此时林地覆盖度增加到 35.8%
情景 5	在情景 4 基础上，将农地转变为林地；此时林地覆盖度增加到 85.0%

以上土地利用情景均以流域 2012 年的降雨气温等数据为基础作为模型的输入。

3. 不同土地利用情景的绿水预测

根据建立的不同土地利用情景，采用 Zhang 模型法对南小河沟流域未来的绿水变化情况进行模拟，结果见表 10.5。

表 10.5　不同土地利用情景下绿水的未来变化趋势预测结果

情景名称	情景描述	绿水量/mm	绿水量变化率/%
情景 1	除建筑用地外，流域其余全部土地转变为林地，生长状况同流域 2012 年对应土地利用类型	432.7	6.01
情景 2	除建筑用地外，流域其余全部土地转变为草地，生长状况同流域 2012 年对应土地利用类型	400.0	-2.00
情景 3	除建筑用地外，流域其余全部土地转变为农地，生长状况同流域 2012 年对应土地利用类型	394.4	-3.37
情景 4	在原有土地利用基础上，将未利用地转变为林地，此时林地覆盖度增加到 35.8%	414.2	1.48
情景 5	在情景 4 基础上，将农地转变为林地，此时林地覆盖度增加到 85.0%	430.3	5.43

2012 年流域绿水资源量为 408.1mm，与该初始情景相比，绿水量增加量最大的情况出现在情景 1，当流域其余全部土地（除建筑用地外）转变为林地，此时的绿水量为 432.7mm，比初始情景下增加 24.6mm，变化率为 6.01%。绿水量减少量最大的情况出现在情景 3，此时的绿水量为 394.4mm，比初始情景下减少 13.7mm，变化率为-3.37%。比较各土地利用情景与初始情景的绿水变化情况，可以发现：若流域的土地利用更多地向林地或草地转移，则绿水量会增加，特别是林地面积的增加对于绿水量的变化有着重要的影响；若流域的土地利用更多地向农地转移，则流域蒸散发减小，绿水量也随之变小，由此也可以看出生态恢复的重要性。

10.3　基于不同气候情景的绿水预测

预测模型包括传统的回归分析模型和时间序列模型，以及近年来得到广泛应用的人工神经网络方法、灰色系统模型和混沌理论方法等（袁作新，1990）。本节将采用多元回归法和 BP 神经网络模型对南小河沟流域在不同气候变化条件下的绿水资源量进行模拟。

10.3.1　多元回归法

由于气象要素对绿水的影响不是简单的累加关系，考虑降雨和气温交互作用，利用 1970～2000 年的绿水量、降雨量和气温的数据，应用二元二次多项式回归建立起绿水与降雨、气温的相关关系，使用 2001～2012 年数据进行预测检验，其模型表述为

$$E_\mathrm{T} = 61.052 + 0.871P - 2.138T - 0.00039P + 0.0122PT - 0.1765T \qquad (10.4)$$

式中，E_T 为绿水量（mm）；P 为降雨量（mm）；T 为气温（℃）。

将 1970～2012 年降雨和气温数据带入该模型，对绿水进行模拟，与 Zhang 模型所求的实际值相对比（表 10.6）。

由表 10.6 可以看出，由多元回归模型模拟的预测值与实际值之间差异较小。从 1970～2012 年来看，最大偏差的绝对值为 7.8mm，平均偏差的绝对值仅为 2.79mm；2001～2012 年的预测检验效果很好，最大偏差的绝对值为 4.3mm，平均偏差的绝对值仅为 1.44mm。结果表明，应用多元回归法进行绿水量的预测，不仅建模年份的拟合率高，对于预测样本年份，其预测效果也非常好。

表 10.6　南小河沟流域绿水预测值与实际值对比

年份	实际绿水量 /mm	多元回归模型		年份	实际绿水量 /mm	多元回归模型	
		预测值/mm	偏差/mm			预测值/mm	偏差/mm
1970	533.8	512.6	-4.0	1992	463.5	491.7	6.1
1971	405.6	396.0	-2.4	1993	410.2	430.1	4.8
1972	383.3	378.1	-1.3	1994	408.1	409.2	0.3
1973	508.6	485.6	-4.5	1995	310.2	310.9	0.2
1974	459.1	444.8	-3.1	1996	460.9	451.8	-2.0
1975	568.6	554.3	-2.5	1997	313.9	313.8	0.0
1976	444.5	438.5	-1.3	1998	443.3	434.1	-2.1
1977	455.0	447.1	-1.7	1999	387.4	381.0	-1.6
1978	480.8	475.5	-1.1	2000	410.0	399.8	-2.5
1979	344.4	350.4	1.7	2001	470.2	453.3	-3.6
1980	417.8	436.1	4.4	2002	494.9	478.3	-3.4
1981	462.6	491.4	6.2	2003	598.8	573.3	-4.3
1982	351.7	374.1	6.4	2004	416.5	412.5	-1.0
1983	487.9	507.8	4.1	2005	426.5	425.2	-0.3
1984	431.2	461.0	6.9	2006	472.4	466.2	-1.3
1985	415.3	447.6	7.8	2007	431.5	431.6	0.0
1986	313.2	331.2	5.8	2008	347.8	351.1	1.0
1987	372.5	378.3	1.6	2009	394.2	396.0	0.4
1988	502.7	532.3	5.9	2010	444.7	445.6	0.2
1989	400.2	414.3	3.5	2011	480.7	483.8	0.6
1990	530.5	547.3	3.2	2012	408.1	412.8	1.1
1991	372.1	386.5	3.9	平均	433.4	435.9	2.8

10.3.2　BP 神经网络方法

近年来全球性的神经网络研究热潮的再度兴起，不仅仅是因为神经科学本身取得了巨大的进展。更主要的原因在于发展新型计算机和人工智能新途径的迫切需要。而人工神经网络中的 BP 神经网络，集中了人工神经网络最精华的部分，也是目前被广泛运用在水资源学科的一种神经网络模型（白鹏等，2011）。BP 神经网络不仅可以模拟入渗过程，同样适用降雨、径流预报的工作。BP 神经网络属于人工智能系统，具有很强的处理非线性问题的能力和自组织、自学习及自适应等优良特性，应用于短期预测时，比一般物理统计方法有更大的优势。

BP 神经网络在训练过程中，输入值从输入层，经隐含层到输出层逐层处理得到实际输出值，若输出层的实际输出与期望的输出之间的误差超过了误差允许值，则网络自动重新调整各层神经元之间的连接权重，从而达到输出值与目标值的无限逼近（苑希民等，2002）。本小节通过运用 DPS 软件，对南小河沟流域气候变化条件下的绿水进行模拟。

1. 网络参数确定原则

网络参数的确定原则详见 3.2.2 小节。

2. BP 神经网络模拟

为了验证降雨和气温是否能作为气候变化对绿水造成影响的主要因素，通过
DPS 软件中的 BP 神经网络模块，利用 1970～2000 年的数据进行两次建模：①以
年降雨量和年气温值为预报因子，并将其称之为主要因子预报，以 1970～2012
年的年绿水量为预报对象（输出对象），其中 2001～2012 年作为预测检验样本。
在本次模拟中，输入项为，即网络输入层神经元节点数为 2；输出项为年绿水量，
即输出层神经元节点数为 1。隐藏节点按经验选取，一般为输入层神经元节点数
的 75%，由于本次输入项较少，故在模拟时隐藏节点值需取 1、2 进行验证，根据
结果最终选择的隐藏节点值为 2。②选择年尺度下的风速、平均相对湿度、年平
均气温、年最高气温、日照时数、实际水汽压及降雨量等 7 个参数作为预报因子，
称之为多因子预报。在本次预报模型的模拟中，经过大量的计算分析比对，隐藏
节点值最终选定为 4。

两种预报模型的预测结果见表 10.7 和表 10.8。

表 10.7　南小河沟流域 BP 神经网络模型绿水预测结果（主要因子预报）

年份	实际绿水量 /mm	BP 神经网络模型		年份	实际绿水量 /mm	BP 神经网络模型	
		预测值/mm	偏差/mm			预测值/mm	偏差/mm
1970	533.8	519.8	-2.6	1992	463.5	493.9	6.5
1971	405.6	379.8	-6.4	1993	410.2	417.3	1.7
1972	383.3	363.0	-5.3	1994	408.1	400.2	-1.9
1973	508.6	490.3	-3.6	1995	310.2	334.6	7.9
1974	459.1	435.3	-5.2	1996	460.9	437.7	-5.0
1975	568.6	538.8	-5.2	1997	313.9	336.5	7.2
1976	444.5	423.4	-4.7	1998	443.3	438.3	-1.1
1977	455.0	443.6	-2.5	1999	387.4	377.5	-2.5
1978	480.8	477.5	-0.7	2000	410.0	393.1	-4.1
1979	344.4	349.9	1.6	2001	470.2	458.1	-2.6
1980	417.8	426.5	2.1	2002	494.9	488.9	-1.2
1981	462.6	493.5	6.7	2003	598.8	549.0	-8.3
1982	351.7	362.7	3.2	2004	416.5	412.1	-1.0
1983	487.9	507.3	4.0	2005	426.5	425.7	-0.2
1984	431.2	451.9	4.8	2006	472.4	480.4	1.7
1985	415.3	439.7	5.9	2007	431.5	437.7	1.4
1986	313.3	339.3	8.3	2008	347.8	353.3	1.6
1987	372.5	371.1	-0.4	2009	394.2	394.5	0.1
1988	502.7	526.9	4.8	2010	444.7	451.7	1.6
1989	400.2	399.2	-0.2	2011	480.7	490.6	2.1
1990	530.5	537.4	1.3	2012	408.1	406.0	-0.5
1991	372.1	375.6	0.9	平均	433.4	433.3	3.3

从表 10.7 中可以看出，BP 神经网络模型（主要因子预报）对绿水量的预测结果较好：1970～2012 年期间，最大偏差的绝对值为 8.3mm，平均偏差的绝对值为 3.3mm；2001～2012 年的预测检验效果较好，最大偏差的绝对值为 8.3mm，平均偏差的绝对值为 1.85mm。

从表 10.8 中可以看出，BP 神经网络模型（多因子预报）对绿水量的预报结果亦较好，从 1970～2010 年的预报值来看，最大相对误差为 15.16%，相对误差绝对值绝大部分在 10% 以下。2011 年和 2012 年两年的预报检验结果很好，2011 年的预报结果偏大，2012 年的预报结果偏小，但其相对误差的绝对值均小于 10%。1970～2012 年绿水预报相对误差绝对值平均值仅为 5.36%，2011 年和 2012 年预报检验的相对误差绝对值平均值为 6.81%。

表 10.8　南小河沟流域 BP 神经网络绿水预测结果（多因子预报）

年份	实况值/mm	预报值/mm	相对误差/%	年份	实况值/mm	预报值/mm	相对误差/%
1970	533.8	533.6	-0.03	1992	463.5	533.8	15.16
1971	405.6	358.8	-11.53	1993	410.2	368.0	-10.28
1972	383.3	381.2	-0.56	1994	408.1	413.2	1.25
1973	508.6	503.2	-1.06	1995	310.2	351.9	13.43
1974	459.1	438.9	-4.41	1996	460.9	476.4	3.36
1975	568.6	544.0	-4.32	1997	313.9	355.4	13.22
1976	444.5	450.9	1.44	1998	443.3	427.0	-3.68
1977	455.0	432.1	-5.04	1999	387.4	379.9	-1.93
1978	480.8	491.2	2.16	2000	410.0	424.3	3.49
1979	344.4	332.6	-3.44	2001	470.2	497.5	5.81
1980	417.8	391.1	-6.38	2002	494.9	525.0	6.09
1981	462.6	424.8	-8.18	2003	598.8	567.4	-5.25
1982	351.7	345.1	-1.87	2004	416.5	428.4	2.86
1983	487.9	493.5	1.14	2005	426.5	435.5	2.10
1984	431.2	398.2	-7.66	2006	472.4	437.6	-7.37
1985	415.3	391.0	-5.85	2007	431.5	449.5	4.18
1986	313.2	321.4	2.63	2008	347.8	332.5	-4.40
1987	372.5	375.2	0.73	2009	394.2	417.4	5.88
1988	502.7	503.5	0.15	2010	444.7	489.7	10.12
1989	400.2	379.8	-5.10	2011	480.7	508.2	5.73
1990	530.5	472.4	-10.95	2012	408.1	375.9	-7.90
1991	372.1	326.2	-12.33	平均	433.4	429.8	5.4

综合对比两个预报模型，可以看出以年降雨量和年气温值为预报因子的预报模型的模拟效果要优于多因子模型，这说明在南小河沟流域降雨和气温可以作为气候变化对绿水造成影响的主要因素来分析。

10.3.3　多元回归法和 BP 神经网络方法预测结果的比较

从表 10.6 和表 10.7 可以看出，多元回归法的预测结果要略优于 BP 神经网络方法：无论是从整体样本 1970～2012 年上来看，还是在预测样本 2001～2012 年上，多元回归法预测结果的最大误差绝对值和平均偏差绝对值均小于 BP 神经网络方法。

对两种方法 1970～2012 年的预测值和实际值进行统计分析，结果表明：多元回归法的预测值和实际值的相关系数为 0.917，均方根误差为 15.56；BP 神经网络的预测值和实际值的相关系数 R^2 为 0.893，均方根误差为 17.8，波动性比多元回归法明显。

综合以上分析，本研究在对于绿水资源量的模拟上，多元回归方法具有更为稳定的结果和更高的预测精度，应用多元回归法对绿水的预测可信度较高。

10.3.4　未来气候变化条件下的绿水预测

1.　研究背景

目前，全球气候情景包括两部分：全球气候模式和排放情景。从排放情景反演出的浓度情景作为气候模式的输入数据，以计算气候预估结果。

气候模式是用来描述气候系统、系统内部各个组成部分以及各个部分之间、各个部分内部子系统间复杂的相互作用，它已经成为认识气候系统行为和预估未来气候变化的定量化研究工具。随着全球气候变化研究的不断发展，世界各国已经研制了 40 多个全球气候模式。排放情景是指一种关于对辐射有潜在影响的物质（如温室气体、气溶胶）未来排放趋势的合理表述。它基于连贯的和内部一致的一系列有关驱动力（如人口增长、社会经济发展和技术变化）及其主要相关关系的假设。目前，IPCC 提供了 4 种排放情景：①A1 情景，即经济增长非常快，全球人口数量峰值出现在 21 世纪中叶，新的和更高效的技术被迅速引进；②A2 情景，即人口快速增长，经济发展缓慢，技术进步缓慢；③B1 情景，即全球人口数量与 A1 情景相同，但经济结构向服务和信息经济方向更加迅速地调整；④B2 情景，即人口和经济增长速度处于中等水平，强调经济、社会和环境可持续发展的局地解决方案。

2.　不同气候变化情景的建立

采用气候假定方法建立研究区气候变化情景，即根据气候变化趋势，人为假定未来某一时段内降雨及气温的变化量，并交叉组合为多种情景模式。对这些情景模式分别进行模拟，分析未来气候变化情况下绿水的响应。

IPCC 第四次评估报告指出，到 2100 年，全球平均气温将上升 1.1～6.4℃，最有可能的范围是 1.8~4℃，在未来 20 年中，气温大约以 0.2℃每年的速度升高。在研究区所在中西部地区，到 2050 年随着二氧化碳浓度增加，气温升高 2~4℃，而降雨随着区域的变化呈现不同的变化趋势。

根据报告指出的气候变化趋势，本小节利用 2012 年的土地利用状况，以 1970~2012 年的气象数据（年均降雨量 547mm、年均气温 9.1℃）为基准，在土地利用和其它气象因子（温度、相对湿度和太阳辐射等）不变的情况下，分别设置气温+1℃、+2℃、+3℃、+4℃，降雨+10%、+20%、-10%、-20%情景，交叉组合后建立包括原始气候条件在内共 25 种情景模式，然后模拟各种情景下绿水的变化情况并进行对比分析。

3. 不同气候情景下的绿水预测

本章采用多元回归模型[式（10.4）]，应用降雨和气温将来的预测值，对南小河沟流域的绿水进行模拟，结果见表 10.9。

表 10.9　南小河沟流域不同气候情景下绿水的未来变化趋势预测结果

项目	降雨变化					气温变化
	ΔP=-20%	ΔP=-10%	ΔP=0	ΔP=10%	ΔP=20%	
绿水量/mm	373.2	409.3	441.3	470.3	497.2	ΔT=0℃
	374.5	409.9	442.3	472.0	499.5	ΔT=1℃
	375.5	410.0	443.0	473.4	501.5	ΔT=2℃
	376.1	410.3	443.3	474.3	503.1	ΔT=3℃
	376.4	410.4	443.3	475.0	504.4	ΔT=4℃
绿水量变化率/%	-15.43	-7.24	0.00	6.59	12.67	ΔT=0℃
	-15.13	-7.10	0.23	6.97	13.20	ΔT=1℃
	-14.91	-7.08	0.39	7.27	13.65	ΔT=2℃
	-14.76	-7.01	0.46	7.49	14.02	ΔT=3℃
	-14.70	-7.01	0.45	7.64	14.31	ΔT=4℃

从表中可以看出，绿水量增加量最大的情况出现在气温增加 4℃，降雨增加 20%的情景下，此时的绿水量为 504.4mm，比初始情景下增加 63.1mm，变化率为 14.31%。绿水量减少量最小的情况出现在气温不变，降雨减少 20%的情景下，此时的绿水量为 373.2mm，比初始情景下减少 68.1mm，变化率为-15.43%。

比较各气候情景与初始情景的绿水变化情况，可以得出以下结论。

（1）随气温的升高和降雨的增加，绿水量均增大。当降雨量不变时，随着气温的升高，绿水量逐渐增加；当气温不变时，随着降雨量的增加，绿水量也会相应的增加。

（2）降雨变化对绿水量的影响明显要大于气温的影响。保持气温不变，如当 ΔT=0℃时，降雨变化从-20%~+20%，绿水量从 373.2mm 增加到 497.2mm；而当

$\Delta P=0$ 时，温度变化从 0℃到 4℃，绿水量仅仅从 441.3mm 增加到 443.3mm，增加幅度明显要小于前者。产生这种现象的原因是由于降雨对绿水量的贡献率要大于气温。

（3）流域降雨量增加带来的绿水增加幅度小于降雨量减少幅度的影响。例如，当 $\Delta T=0$℃，降雨量分别减少 20%和增加 20%时，绿水量分别减少了 15.43%和增加了 12.67%，减少的幅度要小于增加的幅度。

10.4　本章小结

（1）采用 1954～2010 年的年绿水量数据建立了马尔可夫链，并对 1954～2012 年的年绿水量所处的状态进行划分。利用 1954～2010 年的年绿水量数据建立的马尔可夫链，对 2011 年和 2012 年的绿水量进行模型的预测检验，检验效果较好，这说明应用马尔可夫链对南小河沟流域绿水未来变化趋势预测的可信度较高。同时采用 1954～2012 年的年绿水量数据重新构建一个马尔可夫链，结果表明，在短期内南小河沟流域绿水将处于平水年状态。

（2）以南小河沟流域 2012 年的气候条件和土地利用为基础，建立了 5 种不同的土地利用情景，可以发现：若流域的土地利用更多的向林地或草地转移，则绿水量会增加，特别是林地面积的增加对于绿水量的变化有着重要的影响；若流域的土地利用更多的向农地转移，则流域蒸散发减小，绿水量也随之变小，由此也可以看出生态恢复的重要性。

（3）基于不同气候条件，分别建立多元回归模型和 BP 神经网络模型对绿水进行模拟。结果表明，在南小河沟流域，多元回归模型对于绿水量的预测有更好的适应性，多元回归法的预测值和实际值的相关系数为 0.917，均方根误差为 15.56，平均偏差的绝对值仅为 2.79%，应用多元回归法对绿水的预测可信度较高。建立 25 种未来气候变化情景，分析未来气候变化情况下绿水的响应。比较各气候情景与初始情景的绿水变化情况，得出以下三个结论：随着降雨的增加和气温的升高，绿水量均增大；降雨对绿水量的影响要大于气温的影响；流域降雨量增加带来的绿水增加幅度小于降雨量减少的影响。

参 考 文 献

白鹏，宋孝玉，王娟，等，2011. 遗传算法优化神经网络的坡面入渗产流模型[J]. 干旱地区农业研究, 29(2): 209-212.

游广永, 2007. 用 Markov 模型揭示岱海地区气候变化的周期性[D]. 石家庄: 河北师范大学硕士学位论文.

苑希民，李鸿雁，刘树坤，等，2002. 神经网络和遗传算法在水科学领域的应用[M]. 北京: 中国水利水电出版社: 66-87.

袁作新, 1990. 流域水文模型[M]. 北京: 中国水利水电出版社: 98-103.